信息科学技术学术著作丛书

恶意软件分析与检测

王俊峰　汪晓庆　张小松　苏璞睿　著

U0228415

科学出版社

北　京

内 容 简 介

　　本书系统介绍了恶意软件分析的理论与研究现状,重点介绍了新型恶意软件检测方法中的各类模型和关键技术,内容涵盖恶意软件分析与检测所需的基础知识、软件加壳及检测技术、基于机器学习的恶意软件静态检测方法以及恶意软件动态检测方法等内容。本书对恶意软件检测方法的构造原理、实施过程、实验环境和检测性能等多方面进行了全面的分析,以便读者能够更加深刻地理解这些方法的实现原理与应用特点。本书部分反映了当前恶意软件分析领域的最新研究成果,并提供了详尽的参考文献。

　　本书结构清晰,内容丰富,论述详细,可作为信息安全或计算机相关专业研究生和高年级本科生相关课程的教材,也可供恶意软件分析领域的研发和管理人员参考。

图书在版编目(CIP)数据

恶意软件分析与检测/王俊峰等著. —北京:科学出版社,2017.2
(信息科学技术学术著作丛书)
ISBN 978-7-03-051300-7

Ⅰ.①恶⋯　Ⅱ.①王⋯　Ⅲ.①计算机网络-安全技术　Ⅳ.①TP393.08

中国版本图书馆 CIP 数据核字(2016)第 314833 号

责任编辑:张海娜　纪四稳 / 责任校对:郭瑞芝
责任印制:赵　博 / 封面设计:左讯科技

科 学 出 版 社 出版
北京东黄城根北街 16 号
邮政编码:100717
http://www.sciencep.com

北京厚诚则铭印刷科技有限公司印刷
科学出版社发行　各地新华书店经销
*
2017 年 2 月第 一 版　开本:720×1000 1/16
2025 年 1 月第四次印刷　印张:19 1/2
字数:390 000
定价:138.00元
(如有印装质量问题,我社负责调换)

《信息科学技术学术著作丛书》序

21世纪是信息科学技术发生深刻变革的时代,一场以网络科学、高性能计算和仿真、智能科学、计算思维为特征的信息科学革命正在兴起。信息科学技术正在逐步融入各个应用领域并与生物、纳米、认知等交织在一起,悄然改变着我们的生活方式。信息科学技术已经成为人类社会进步过程中发展最快、交叉渗透性最强、应用面最广的关键技术。

如何进一步推动我国信息科学技术的研究与发展;如何将信息技术发展的新理论、新方法与研究成果转化为社会发展的新动力;如何抓住信息技术深刻发展变革的机遇,提升我国自主创新和可持续发展的能力? 这些问题的解答都离不开我国科技工作者和工程技术人员的求索和艰辛付出。为这些科技工作者和工程技术人员提供一个良好的出版环境和平台,将这些科技成就迅速转化为智力成果,将对我国信息科学技术的发展起到重要的推动作用。

《信息科学技术学术著作丛书》是科学出版社在广泛征求专家意见的基础上,经过长期考察、反复论证之后组织出版的。这套丛书旨在传播网络科学和未来网络技术,微电子、光电子和量子信息技术、超级计算机、软件和信息存储技术,数据知识化和基于知识处理的未来信息服务业,低成本信息化和用信息技术提升传统产业,智能与认知科学、生物信息学、社会信息学等前沿交叉科学,信息科学基础理论,信息安全等几个未来信息科学技术重点发展领域的优秀科研成果。丛书力争起点高、内容新、导向性强,具有一定的原创性;体现出科学出版社"高层次、高质量、高水平"的特色和"严肃、严密、严格"的优良作风。

希望这套丛书的出版,能为我国信息科学技术的发展、创新和突破带来一些启迪和帮助。同时,欢迎广大读者提出好的建议,以促进和完善丛书的出版工作。

中国工程院院士
原中国科学院计算技术研究所所长

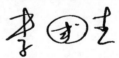

前　　言

恶意软件是指人为设计、内含安全风险的计算机软件,它们运行时会威胁到信息系统中程序或数据的机密性、完整性、可用性和可控性等安全特征。恶意软件研究是信息安全研究领域的重要内容之一,在维护国防安全、保障国民经济以及保护个人隐私等方面也起到了重要的作用。

随着软件在数据产生、交换以及处理等过程中起到日益重要的作用,新的恶意软件也不断地被开发,同时原有恶意软件的变种也层出不穷。卡巴斯基实验室公布的报告显示,实验室在 2015 年第三季度共发现 38233047 种恶意软件,包括脚本、网页、Exploits 和可执行程序等形式,恶意软件已经被看成与互联网软件生态系统长期共存的一部分。2016 年 7 月发布的《第十五次全国信息网络安全状况暨计算机和移动终端病毒疫情调查结果》显示:2015 年我国计算机用户的病毒/木马感染率高达 60.5%,比 2014 年增长了 9.1%。

面对恶意软件的常态化及其破坏性,计算机用户不得不投入更多的成本来维护系统安全;同时,信息安全人员也希望通过对恶意软件的工作原理和行为规律进行更深入的认识和研究,开发出新的理论和技术以应对恶意代码分析、检测和抑制中出现的新问题。

恶意软件检测技术是计算机代码安全性的判定方法,它是恶意软件研究的重要组成部分。许多恶意软件分析技术,如恶意代码结构分析、功能分析和防御技术等,都是以检测技术为前提的。检测方法先进性和完备性在很大程度上决定了其他恶意软件分析方法的有效性。

尽管传统基于特征码的恶意软件检测方法在工业领域有着广泛的影响,但在应付不断涌现出的恶意软件时容易表现出响应不够及时、分析成本过高等缺陷,尤其是在面对 zero-day 恶意软件时,漏报率会大大增加。而一些部署在计算机系统上的启发式动态检测工具,其检测规则由系统或用户自行定义,不但增加了系统负载,而且无法适应多变的用户需求,经常会出现误报的情况。

针对当前恶意软件攻击手段更加多样性、制作技术更加复杂以及隐蔽性更强等特点,研究新型的恶意软件检测技术成为保障信息系统安全的当务之急,此类技术在借鉴传统检测方法的基础上,主要突出以下特点:

(1) 高效的分析处理能力。能够克服传统人工分析方法中分析速度慢、成本高等缺点,检测模型需要保证自动或少量人工干预情况下,完成对软件信息尤其是恶意软件特有的信息进行快速提取、识别和重构等过程。

（2）更加广泛的适应性。恶意软件采用加壳、多态或变形等隐藏技术时，部分代码会经常发生变化，很难使用固定的特征值来描述。新型检测方法应该更加注重软件内部比较稳定的特征，或者使用多类型特征抽象出恶意软件特有的结构或行为。

（3）识别 zero-day 恶意软件。zero-day 恶意软件的特征很少完全出现在原有的特征库中，新型检测方法需要利用统计或数据挖掘等方式建立更广谱的检测规则，识别这类恶意软件的新特征，同时还需要保持较低的误报率。

本书结合当前国内外恶意软件领域的研究现状，总结作者在恶意软件研究领域近年来的研究成果。主要介绍并讨论当前主流操作系统平台上的新型恶意软件检测技术，结合各种类型的软件结构和运行机制，重点分析恶意软件特征的不同抽象表示方法，基于机器学习和数据融合中经典算法提出多种恶意软件检测方法，并且利用真实的软件样本进行实验，详细分析检测性能的各项数据指标。

本书共 15 章，具体内容如下：第 1 章介绍 Windows、Linux 和 Android 操作系统中可执行文件的内部结构格式以及运行机制；第 2 章主要介绍恶意软件抽象理论和基于机器学习的恶意软件检测所需的算法和工具软件；第 3 章详细讨论 x86 平台下的常用加壳技术和代码保护技术；第 4 章阐述基于机器学习的加壳检测框架；第 5 章研究基于函数调用图签名的恶意软件检测方法；第 6 章重点介绍基于挖掘格式信息的恶意软件检测方法；第 7 章重点介绍基于控制流结构体的恶意软件检测方法；第 8 章讨论基于控制流图特征的恶意软件检测方法；第 9 章介绍软件局部恶意代码识别通用方法；第 10 章介绍基于多视集成学习的恶意软件检测方法；第 11 章介绍基于动态变长 Native API 序列的恶意软件检测方法；第 12 章介绍基于多特征的移动设备恶意代码检测方法；第 13 章介绍基于实际使用的权限组合与系统 API 的恶意软件检测方法；第 14 章介绍基于敏感权限及其函数调用图的恶意软件检测方法；第 15 章介绍基于频繁子图挖掘的异常入侵检测新方法。

本书相关研究工作得到了国家科技重大专项项目（2015ZX01040101）、国家重点研发计划项目（2016YFB0800605）和装备预研教育部联合基金（青年人才基金）等的大力资助；课题组的赵宗渠博士、白金荣博士、丁雪峰博士、刘辉硕士、祝小兰硕士，博士研究生杜垚、吴鹏、方智阳、袁保国，硕士研究生郭文、肖锦琦、刘留等在分析技术的研究和书稿的撰写中付出了大量心血，在此一并致谢。

软件技术的发展日新月异，恶意软件的规模越来越大，所涉及的专业技术日趋复杂，对其进行准确高效的分析与检测难度极大，由于作者学识及经验有限，书中难免会有疏漏或不当之处，恳请广大读者批评指正。

目　　录

第 1 章　二进制可执行文件简介

可执行文件作为操作系统最重要的文件类型之一,是功能操作的真正执行者。操作系统支持的可执行文件格式与操作系统的文件加载机制密切相关,不同的操作系统支持不同格式的可执行文件,而可执行文件的格式决定了可执行文件的大小、运行速度、资源占用、扩展性、移植性等文件的重要特性。

对可执行文件结构及相关技术的研究是病毒研究的基础,因为病毒程序的执行必将直接或者间接地依赖于可执行文件。本章简要介绍 Windows 操作系统、Linux 操作系统、Android 操作系统的可执行文件格式及相关技术。

1.1　Windows PE 文件

微软 Win32 环境可执行文件的标准格式是 PE(portable executable)文件,其目标是为所有 Windows 平台设计统一的文件格式,即为 Windows 平台的应用软件提供良好的兼容性、扩展性[1]。微软自 Windows NT3.1 首次引入 PE 文件格式以来,后续操作系统结构变化、新特性添加、文件存储格式转换等都没有影响 PE 文件格式。Window 下常见的 EXE、DLL、OCX、SYS、COM 等多种文件类型都属于 PE 文件格式。

1.1.1　PE 文件结构

PE 文件结构是 Windows 操作系统管理可执行文件的代码、数据及其相关资源的数据组织方式。从资源存储角度来看,PE 文件使用一个平面地址空间,将所有代码、数据合并在一起组成一个大结构。从文件结构来看,PE 文件由文件头部和文件体组成,文件头部包含文件的结构、属性等信息,如该文件支持的操作系统、程序的入口地址等;文件体包含代码、数据及相关资源等。

为了管理可执行文件的资源,PE 文件从两个维度来对数据资源进行规范管理:其一是数据类型,主要按照数据功能对数据进行集中管理,如将数据资源划分为导入表、资源表等;其二是数据属性,不同的数据需要不同的访问权限,即代码的只读、只写、可读、可写等属性,如代码数据在运行时不允许修改,而数据段数据允许读写等。如何方便地查找资源、实现资源定位是资源管理面临的另一个重要问题。PE 文件数据资源定位采用链表与固定格式相结合的方式,前者利用链表管理资源,资源的具体位置灵活,后者要求数据结构大小固定,其位置也相对固定。

典型的 PE 文件结构如图 1.1 所示。

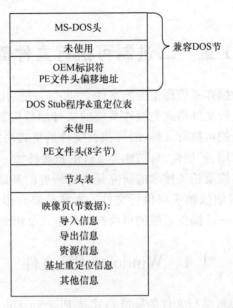

图 1.1　PE 文件结构

1. MS-DOS 结构

PE 文件引入初期,为兼容 DOS 操作系统,设计了 4 字节的 MS-DOS 可执行文件体。PE 文件 MS-DOS 头部的数据结构如下:

```
_IMAGE_DOS_HEADER{
    WORD e_magic; //魔幻数,EXE 文件标志"MZ"
    ……
    LONG e_lfanew; //PE 头文件的文件相对地址
}IMAGE_DOS_HEADER;
```

e_magic(魔幻数)字段是 DOS 文件的标志,其值固定为 0x5A4D,对应的字符串为"MZ",是 DOS 操作系统设计者的名字缩写;

e_lfanew 字段是一个 4 字节的文件偏移量,代表 PE 文件头的偏移地址,PE 文件头部利用此字段来定位。

2. PE 结构

PE 结构是 PE 文件的主体,实现对 PE 文件所有代码、数据信息的存储、管理,在 PE 文件布局中 DOS 节以外的部分都属于 PE 结构。

PE 文件采用节作为存放代码或数据的基本单元,PE 文件常用的节有代码节

(.text)、数据节(.data)、资源节(.rsrc)等。节是一个没有大小限制的连续结构,可以存放不同的数据类型(如代码、数据、资源等),每一个节都有独立的访问权限,文件的内容被分割为不同的节,各节按页边界来对齐,相同属性的文件内容必须放到同一个节中,节的名字仅用于节标识。

节的管理使用节表技术实现,节表是节的索引目录,包含节名及节内容的位置指针,节表内部按照顺序依次对齐排列,节表中节内容的位置指针指向真实的节。节表总尺寸=每个节表的尺寸×节的数目,其中每个节的描述信息长度固定 40 个字节,而节的个数是不确定的,最小取值为 1,且节的数目必须与 PE 文件头中 IMAGE_FILE_HEADER 数据结构中的 NumberOfSections 一致。

1.1.2　PE 文件头结构

PE 文件头结构是 PE 文件最重要的结构之一,由 PE 头标识(Signature)、标准 PE 头(IMAGE_FILE_HEADER)和扩展 PE 头(IMAGE_OPTIONAL_HEADER32)三部分组成[1]。从数据结构的角度来看,PE 文件结构如图 1.2 所示。

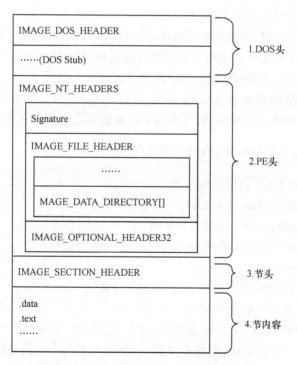

图 1.2　PE 文件结构图(数据结构视角)

1. IMAGE_NT_HEADERS 数据结构

```
_IMAGE_NT_HEADERS{
    DWORD Signature;//PE 头标识
    IMAGE_FILE_HEADER FileHeader;//标准 PE 头
    IMAGE_OPTIONAL_HEADER32 OptionalHeader;//扩展 PE 头(32位 CPU)
}IMAGE_NT_HEADERS32;
```

Signature 字段与 MS-DOS 头中的魔幻数(e_magic)功能类似,是 PE 文件的标识,该字段的高 16 位为 0,低 16 位为固定的值 0x4550,对应的字符为“PE”,完整的 Signature 值为“PE\0\0”。

IMAGE_FILE_HEADER 类型的 FileHeader 字段代表 PE 文件基本信息和属性,即本字段描述了 PE 文件的概貌。PE 文件加载时会用本字段的属性来检查当前的运行环境,如果不一致则会终止加载 PE 文件。

IMAGE_OPTIONAL_HEADER32 类型的 OptionalHeader 字段包含 PE 文件基本信息外的其他信息(如代码段、数据段的基准位置、数据目录等),本字段在 Object 文件(编译中间文件)无具体内容。

对 PE 文件头的数据结构有了整体认识后,接下来详细介绍 PE 文件头中的具体细节,主要是 PE 文件头中两个主要的数据结构 IMAGE_FILE_HEADER、IMAGE_OPTIONAL_HEADER32 的详细信息。

说明:数据结构均来自 Microsoft 官方的 WINNT. H,本章只给出重要的字段,针对各字段侧重于功能说明,具体的字段取值信息请参考官方手册[2]。

2. 标准 PE 头(IMAGE_FILE_HEADER)

标准 PE 头的概要数据结构如下:

```
_IMAGE_FILE_HEADER{
    WORD Machine;//运行平台
    WORD NumberOfSections;//文件节的数目
    ……
    WORD Characteristics;//文件属性
}IMAGE_FILE_HEADER;
```

Machine 字段代表 PE 文件支持的 CPU 类型,PE 文件的设计初衷是兼容主流的 CPU 型号。不同 CPU 的指令集是不相同的,不同平台编译的可执行文件依赖的运行硬件环境由此字段确定,如此字段取值为 0x14C,代表 PE 文件支持的 CPU 类型是 Intel 386 及其后续兼容处理器。

NumberOfSections 字段记录当前 PE 文件中节的数目,必须与节表中节的数目一致,如节表中新增或删除节的数据,此字段的值要同步更改,本字段的取值范围是 1~96。

　　Characteristics 字段用字节的位表示文件属性,包括两个字节共 16 位,每一位的不同取值代表一种属性,多种属性可以通过"或运算"形成属性组合,如可执行文件默认值是 0x102H 对应的二进制为(0000000100000010),DLL 文件默认值是 0x210EH。

　　3. 扩展 PE 头(IMAGE_OPTIONAL_HEADER)

　　扩展 PE 头的概要数据结构如下:

```
_IMAGE_OPTIONAL_HEADER{
    WORD Magic;//可选头的类型
    ……
    DWORD AddressOfEntryPoint;//程序执行入口
    DWORD BaseOfCode;//代码节的起始位置
    DWORD BaseOfData;//数据节的起始位置(64 位已废弃)
    DWORD ImageBase;//程序装载地址
    ……
    WORD Subsystem;//PE 文件需要的子系统
    ……
    DWORD NumberOfRvaAndSizes;//数据目录的项数
      IMAGE_DATA_DIRECTORY DataDirectory[IMAGE_NUMBEROF_DI
      RECTORY_ENTRIES];//数据目录
    }IMAGE_OPTIONAL_HEADER32;
```

Magic 字段表示文件的类型,字段值为 0x10B 表示 PE 文件,值为 0x107 表示 ROM 镜像文件,值为 0x20B 表示 64 位的 PE 文件。

　　AddressOfEntryPoint 字段表示 PE 文件的入口点,对可执行程序映像代表启动地址,对设备驱动程序代表初始化函数的地址。

　　BaseOfCode 字段表示内存中代码节的起始位置相对于映像基址的偏移地址,即代码节的相对虚拟内存地址(relative virtual address,RVA)。

　　ImageBase 字段表示 PE 加载映像到内存的基地址,必须为 64K 的整数倍,不同类型的 PE 文件有不同的基地址,DLL 文件的基地址默认值是 0x10000000,EXE 文件的基地址默认值是 0x00400000。

　　Subsystem 字段表示系统为程序建立初始界面的方式,不同的取值对应不同的应用程序界面,如字段取值为 IMAGE_SUBSYSTEM_WINDOWS_CUI 表示系统自动为程序创建控制台窗口。

　　DataDirectory 字段是 16 个数据目录(IMAGE_DATA_DIRECTORY)字段组成的数组,管理多种资源的偏移位置及大小,管理的资源包括导出表、导入表、资源、重定位表等。数据目录(IMAGE_DATA_DIRECTORY)数据结构定义如下:

```
_IMAGE_DATA_DIRECTORY{
    DWORD VirtualAddress;
    DWORD Size;
}IMAGE_DATA_DIRECTORY;
```

　　VirtualAddress 记录了各个数据项的起始 RVA(对于某些不需要加载到内存的数据,记录的是文件偏移地址),Size 记录了数据项的长度。

1.1.3　PE 导入表

　　PE 导入表包含 PE 文件调用外部函数名称、在动态链接库(DLL)中的存放位置等信息,Windows 操作系统使用导入表信息实现 PE 文件动态链接库的加载及重定位,Windows 程序员常用的 DLL 函数调用就依赖于 PE 文件的导入表机制。

　　1. PE 导入表的位置索引

　　PE 头结构中 IMAGE_OPTIONAL_HEADER32 结构体的 DataDirectory 的值对应 PE 导入表偏移位置(virtual address)及大小(size),利用该偏移位置可定位 PE 导入表。

　　2. PE 导入表及其关联结构

　　导入表(IMAGE_DIRECTORY_ENTRY_IMPORT):PE 文件加载过程中根据本表内容加载依赖的 DLL,并填充相关函数的地址。

　　绑定导入表(IMAGE_DIRECTORY_ENTRY_BOUND_IMPORT):PE 文件加载前对导入地址进行修正——解决地址冲突,PE 加载机制不再处理地址冲突,这对多个 DLL 或者函数的加载会显著提高效率。

　　延迟导入表(IMAGE_DIRECTORY_ENTRY_DELAY_IMPORT):PE 文件需导入多个 DLL,程序初始化并不加载所有 DLL,程序访问到某个外部函数才加载对应的 DLL 及函数的地址修正。

　　导入地址表(IMAGE_DIRECTORY_ENTRY_IAT):前三个表是对导入函数的描述,本表存放相关函数的地址。

　　3. PE 导入表的工作原理

　　导入表的基本结构(IMAGE_IMPORT_DESCRIPTOR)对导入函数的名字、地址等基本信息进行全面描述,一个 DLL 文件对应一个基本结构。导入表是由基本结构组成的数组,且数组的最后一个元素内容全为 0。

基本结构(IMAGE_IMPORT_DESCRIPTOR)数据结构定义如下:

```
_IMAGE_IMPORT_DESCRIPTOR{
    union{
    DWORD Characteristics;
    DWORD OriginalFirstThunk;
    }DUMMYUNIONNAME;
    ……
    DWORD FirstThunk;
}IMAGE_IMPORT_DESCRIPTOR;
```

OriginalFirstThunk 代表一个 RVA,指向一个 IMAGE_THUNK_DATA 结构类型的数组,与导入表的结构组织类似。数组中的每一个元素代表一个导入函数,数组最后一个元素是内容为 0 的 IMAGE_THUNK_DATA 结构。

FirstThunk 指向一个与 OriginalFirstThunk 的 RVA 所指向数组结构的复制,即导入表中有两份内容完全一样的函数地址列表,OriginalFirstThunk 所指向的函数地址列表数组称为 INT(import name table),而 FirstThunk 指向的函数地址列表数组称为 IAT(import address table)。

PE 文件中为什么设计两个相同的 IMAGE_THUNK_DATA 数组呢? 当 PE 文件被装入内存后,FirstThunk 字段指向的 IMAGE_THUNK_DATA 结构类型数组中的元素会转化为函数入口地址,而 OriginalFirstThunk 指向的数组内容保持不变,这样既能实现函数的正常调用,又能反过来查询地址所对应的导入函数名。图 1.3 中描述了 OriginalFirstThunk 与 FirstThunk 加载前后的差异。

1.1.4　PE 资源表

1. PE 资源类型

PE 文件设计之初,为统一管理所有的资源预定义了 16 种资源类型,分别是加速键(Accelerator)、位图(Bitmap)、光标(Cursor)、光标组(CursorGroup)、对话框(DialogBox)、菜单(Menu)、字符串表(StringTable)、工具栏(Toolbar)、版本信息(VersionInformation)、字体(Font)、字体目录(FontDirectory)、消息表(MessageTable)、图标(Icon)、图标组(IconGroup)、未知类型(UnknownType)及未格式化资源(UnformatResource)。但是随着技术的进步,新的资源类型层出不穷,预定义的资源类型不能满足要求,于是微软利用 IMAGE_RESOURCE_DIRECTORY_ENTRY 结构中的第一个字段来进行资源类型扩展,如该字段的高位为 1,表示用户自定义的资源类型[2]。

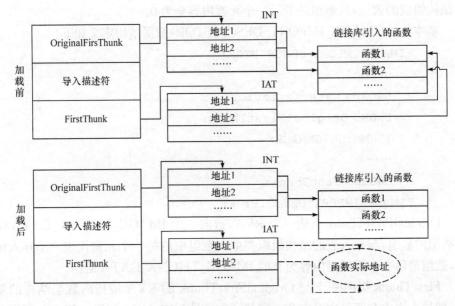

图 1.3　PE 导入表链接对比图

2. PE 资源组织方式

PE 资源组织使用类磁盘目录的管理方式,按照资源类型→资源 ID→资源代码页三层树形目录来组织资源,利用多层索引实现资源的定位。

资源管理的顶层目录是资源类型,二级目录是资源 ID,三级目录是资源代码页,如字体(Font)作为一级目录,各种字体的不同 ID 作为二级目录,第三级目录指向资源数据的偏移地址及大小。资源组织结构如图 1.4 所示。

3. PE 资源工作原理

PE 头结构中 IMAGE_OPTIONAL_HEADER32 结构体的 DataDirectory[2]的值对应 PE 资源表偏移位置(virtual address)及大小(size),利用该偏移位置定位数据目录结构体,该结构体由资源目录与资源目录项组成,如图 1.5 所示。

资源目录项(IMAGE_RESOURCE_DIRECTORY_ENTRY)结构定义如下:

```
_IMAGE_RESOURCE_DIRECTORY_ENTRY{
    DWORD Name;
    DWORD OffsetOfData;
}IMAGE_RESOURCE_DIRECTORY_ENTRY;
```

Name 字段表示目录项的资源标识,可以是资源名称或资源 ID,具体含义与所处的目录结构密切相关:处于第一层目录时,表示资源类型;处于第二层目录时,表

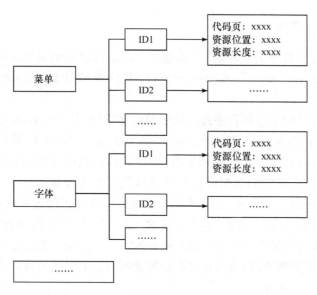

图 1.4　资源组织结构

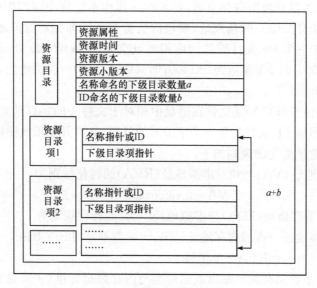

图 1.5　资源目录结构图

示资源的名称;处于第三层目录时,表示代码页编号。

　　OffsetOfData 字段表示资源地址指针,当最高位为 1 时,低位数据指向下一层目录块的起始地址;当最高位为 0 时,指向资源数据结构,并利用该结构指向真实的数据资源。

1.1.5　PE 地址变换

PE 文件地址管理主要有如下三类地址:虚拟地址(virtual address,VA)、相对虚拟地址(relative virtual address,RVA)、文件偏移地址(file offset address,FOA)。

虚拟地址(VA)是应用程序进程使用的内存空间,是一个逻辑地址,其大小由 CPU 的位数确定,32 位 CPU 的虚拟内存大小为 4GB,4GB 虚拟内存范围为 00000000H～0FFFFFFFFH,采用平坦(flat)内存模式即虚拟内存只有 1 个段＋偏移量的方式,PE 文件的虚拟内存地址可以表示为进程基地址＋相对虚拟内存地址。虚拟内存是 Windows 操作系统为解决应用程序占用过多内存导致内存耗尽的问题提出的一种技术方案,即将磁盘的部分空间充当内存,磁盘空间中提供一个大的"交换文件"(又称分页文件或交换页)专门用于内存数据交换,当系统需要读取未在内存中的数据时,将内存中不经常读写的页面交换出内存,把要读取的数据利用交换页读入内存。

相对虚拟地址(RVA)是定位 PE 文件中各个数据结构的地址。PE 文件将使用的全部资源加载到虚拟内存空间,Windows 操作系统将不同的加载数据定义为模块,并为模块分配唯一的基地址,模块内资源的地址即相对虚拟地址。如 Windows 加载器把一个 PE 文件映像到虚拟地址空间的 0x400000 处,某模块的虚拟地址为 0x401000,且 RVA 值为 0x1000,即 RVA0x1000＝虚拟地址 0x401000－基地址 0x400000。

文件偏移地址(FOA)是文件在磁盘中相对于文件头的偏移地址,文件偏移地址是线性的,即从 PE 文件的第一个字节开始计数,从 0 开始依次递增。

PE 文件地址变化的规则如下:

(1) 虚拟地址(VA)与相对虚拟地址(RVA)的转化规则为

$$VA＝Imagebase＋RVA$$

(2) 文件偏移地址(FOA)与虚拟地址(VA)的转化规则为

文件偏移地址＝虚拟内存地址(VA)－装载基址(ImageBase)－节偏移

＝RVA－节偏移

节偏移由于数据存放的磁盘数据标准与内存数据标准(主要是存放的基本单位不一致,磁盘是 0x200 字节,内存是 0x1000 字节)导致文件偏移地址和相对虚拟内存的差异。

1.1.6　PE 重定位机制

PE 文件在地址变换中,通常需要重新为资源分配地址,即 PE 文件重定位。常见的重定位有三种类型:虚拟地址(VA)转物理地址(physical address,PA)、动态加载地址冲突和代码段重定位。PE 文件的重定位必须依赖 PE 头结构中的重定位表。

1. 虚拟地址(VA)转物理地址(PA)

Windows 应用程序编写、链接过程中,应用程序以某个逻辑地址为基址及所有资源分配地址,应用程序加载运行时,需要将逻辑地址转化为内存地址,即操作系统需要把用户程序指令中的相对地址变换成所在存储中的绝对地址。根据转化的时机分为两种类型:静态重定位及动态重定位。前者在程序运行前,由操作系统为目标程序分配绝对地址空间,并将程序指令中的地址修正为正确的存储位置,保证程序的正确运行;后者在程序执行寻址时进行重定位,动态重定位需要定位寄存器、加法器等硬件支持。

2. 动态加载地址冲突

PE 文件地址冲突主要体现为 DLL 的地址冲突。DLL 不能直接运行,必须依赖于某个应用程序,DLL 必须加载到应用程序可用内存空间,其导出函数位置才能被应用程序访问。

Windows 操作系统提供默认机制将 DLL 加载到应用程序可用内存空间的某个固定位置。例如,一个 PE 应用程序引用多个 DLL,Windows 操作系统加载第一个 DLL 后,占用应用程序空间 DLL 的默认位置,其余 DLL 继续加载时应用程序空间默认位置已被占用,且不能直接覆盖,这就需要将地址重新分配到新的应用程序空间位置,此部分由操作系统管理。

3. 代码段重定位

代码段重定位是可执行代码移动位置或新增可执行代码段并保证程序正常运行的技术。代码改变的同时需将代码相关位置进行同步修改,即需将代码中的绝对地址修改为相对地址。

PE 重定位的本质是地址变换,主要的计算方法如下:

(1) 直接寻址指令中的地址＋模块实际装入地址－模块建议装入地址;

(2) 计算公式需要三个地址:需要修正的机器码地址在 PE 文件的重定位表,模块建议装入地址定义在 PE 文件头中,模块实际装入地址在 Windows 装载器装载文件时确定[1]。

4. 重定位表

PE 头结构中 IMAGE_OPTIONAL_HEADER32 结构的 DataDirectory[2] 数组对应重定位表偏移位置及大小,利用该偏移位置定位重定位表。重定位表结构

由多个重定位块组成,每个重定位块由多个重定位表项构成,重定位表项描述一个
4KB 大小的分页内重定位信息。

重定位表项(IMAGE_BASE_RELOCATION)数据结构如下:

```
_IMAGE_BASE_RELOCATION{
    DWORD VirtualAddress;//重定位数据 RAV
    DWORD SizeOfBlock;//重定位表项数目
}IMAGE_BASE_RELOCATION;
```

VirtualAddress:重定位数据块的 RAV,重定位结构块以一个 VirtualAddress
为 0 的重定位表项(IMAGE_BASE_RELOCATION)结束,描述 0x1000 字节大小
区域的重定位信息,因此该字段的值是 0x1000 的倍数。

SizeOfBlock:重定位块中重定位表项数量,该字节的高四位用于描述重定位
表项的类型,重定位表的结构如图 1.6 所示。

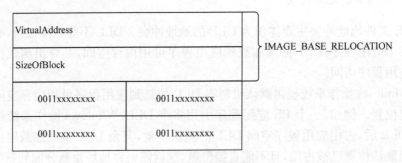

图 1.6　重定位表结构

1.1.7　PE 文件变形机制

　　PE 文件变形是改变 PE 文件内容,扩大或者缩小文件尺寸,用于测试 PE 文件
加载器的健壮性,这一特性常被病毒或恶意软件利用,以及在 PE 变形文件的适当
空间添加恶意代码,以及在 PE 文件加载执行时完成对恶意代码的加载执行[1]。
PE 文件采用线性组织与链表结合实现对自身资源、数据组织管理,正常 PE 文件
的偏移值与资源位置一一对应,恶意软件常采用减小或者增大偏移值的方式实现
对 PE 文件的改变,前者称为节重叠,后者称为节间缝。如 DOSHeader 的 e_
lfanew 字段指向 IMAGE_NT_HEADERS 文件头,正常值为 0x40 代表 64 字节,
当 e_lfanew 小于 0x40 时,即 IMAGE_NT_HEADERS 起始位置位于结构 IM-
AGE_DOS_HEADER 内,从而实现与 DOS 文件头的重叠。

　　PE 文件结构可用于变形的有三种结构,分别是 PE 文件头部、PE 文件节区、
PE 文件各种数据结构中未启用的字段。

1. PE 文件头部

PE 文件头部中有三种可利用的间隙,其一是由 DOSHeader 的 e_lfanew 确定大小,其二是由大于标准尺寸的 PEHeader 中的 SizeOfOptionalHeader 来创建,其三是由节表 SizeOfRawData 确定。

2. PE 文件节区

PE 文件格式规定每个节的大小必须是 FileAlignment 的整数倍,而节的实际大小很少满足这个标准,通常会填充空字节来满足 PE 文件格式规定,而空字节位置可用于恶意代码存储,著名的 CIH 病毒就采用了这种隐藏方式。

3. PE 文件结构中未启用的字段

组成 PE 文件的数据结构中都存在部分未启用的字段,即字段的取值不影响 PE 文件的功能,如 IMAGE_FILE_HEADER 结构中的 TimeDateStamp、PointerToSymbolTable、NumberOfSymbols 三个字段共 12 字节就属于这一类别。但却可用来隐藏恶意代码或数据,对于此类字段的操作分为如下四类。

1) 可以填入任意值的字段

DOSHeader 结构中除 e_magic 和 e_lfanew 字段,其余任何字段都可以填入任意值,且这些字段分配的地址空间是连续的,可用于隐藏恶意代码或数据。PE 文件头中的其他部分(如 IMAGE_NT_HEADERS、IMAGE_DATA_DIRECTORY、IMAGE_SECTION_HEADER 三个结构)也存在部分字段可填入任意值,由于地址空间并非连续空间,在使用上相对困难。

2) 只能填入一定范围或特殊要求值的字段

可执行文件头中的部分字段只能填入特定范围的值,这些字段不多且不能正常使用,但可以填入一些特殊值来干扰反调试或反汇编。

3) 在特定条件下可以使用的字段

FileHeader 中的 IMAGE_FILE_HEADER. SizeOfOptionalHeader 在大多数情况下是不能修改的,但是对于无节表的程序,SizeOfOptionalHeader 取值只要小于等于可以分配内存的值就是合法的。

4) 任意字段都可以作为变量使用

PE 文件如果没有输出表,程序加载后,可执行文件头就没有意义,且几乎所有的字段都可以作为变量使用,这种做法有很强的反调试作用,如果将节表、输入表、程序入口(ImageBase)等作为变量使用,那么程序运行后完全不可能被反编译。

1.2　Linux ELF 文件

Linux 可执行文件格式 ELF(executable and linked format)是 Unix 系统实验室开发的应用程序二进制接口(application binary interface,ABI)标准,主要包括目标模块格式、可执行文件格式及调试记录信息格式等。这种标准格式被用于 32 位 Intel 体系结构上的一系列操作系统之间可移植的二进制文件格式。Linux ELF 文件主要有三种类型[3]:

(1) 可重定位文件用于保存代码和数据,并与其他目标文件共同创建可执行文件,与 Windows 下编译后的目标文件(.obj)类似。

(2) 可执行文件用于保存可执行的程序,文件定义了系统如何创建程序进程映象,与 Windows 下的可执行文件(.exe)类似。

(3) 共享文件用于保存代码和数据,在两种情况下可以被链接。一是可与其他可重定位和共享目标文件来创建其他目标文件;二是通过链接一个可执行文件和其他共享目标文件来共同创建一个进程映像,与 Windows 下动态链接库文件(.dll)类似。

1.2.1　ELF 结构

ELF 文件结构既要参与程序的链接(构建程序),又要参与程序的执行(运行程序),ELF 提供两种并行视图来满足上述要求[3]。ELF 基本结构如图 1.7 所示。

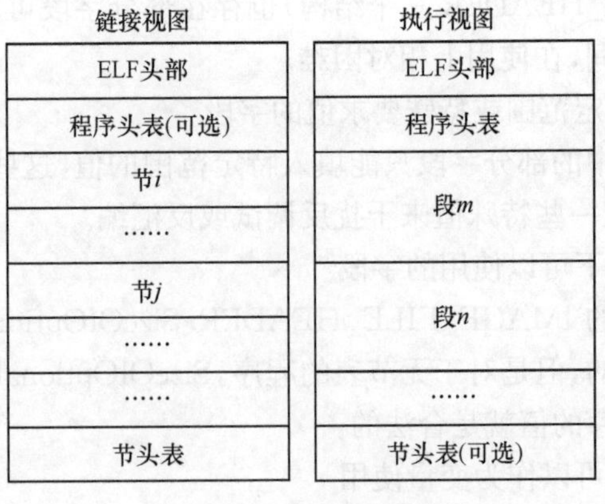

图 1.7　ELF 基本结构

ELF 文件由 ELF 头部、程序头表(可选)、节或段、节头表(可选)组成,其中程序头表描述文件中段的信息,节头表描述文件中节的信息。ELF 链接时以节为单位,运行时以段为单位。

　　ELF 文件头位于文件的开始,用来描述文件的组织情况,包含 ELF 文件所有的结构信息,大致分为四部分:系统相关的信息、目标文件类型、加载相关的信息、链接相关的信息。

　　程序头描述文件中段的信息,用于操作系统构造可执行进程映像,每个段在程序头表中对应一个表项描述,包含段的类型、段的文件偏移位置、段在内存中首字节地址、段的物理地址、段在文件映像中的字节数、段在内存映像中的字节数、段的对齐标记等,故程序头表在执行视图是必需的,而在链接视图中是可选的。

　　节是针对链接过程而设计的,主要包含链接时所需要的指令、数据、符号表、重定位等信息,根据存放数据的用途,节分为多种类型,每种类型都有字节组织数据的方式,图 1.7 中 i、j、m、n 表示节号或段号,表明节或段的顺序是非固定的。

　　节头表描述文件中节的属性信息,具体包括节名、节大小、节在字符表中的索引、节的类型、节的文件偏移地址、节在运行时的虚拟地址、节对齐等信息,链接目标文件必须有一个节头表。

1.2.2　ELF 头结构

　　ELF 头结构(ELFHeader)是对 ELF 文件的结构描述,记录 ELF 文件的基本信息、程序入口的虚地址、程序头表的偏移量及入口、节区头部表的偏移量及入口等,这部分信息独立于处理器,也独立于文件中的其他内容。

　　ELFHeader 结构的数据结构如下:

```
ELF32_Ehdr{
    unsigned char e_ident[16];//目标文件标识
    Elf32_Half e_type;//目标文件类型
    Elf32_Half e_machine;//运行该目标文件需要的体系结构
    Elf32_Word e_version;//目标文件版本
    Elf32_Addr e_entry;//程序入口的虚地址
    Elf32_Off e_phoff;//程序头表在目标文件中的偏移量
    Elf32_Off e_shoff;//节头表在目标文件中的偏移量
    Elf32_Word e_flags;//保存于文件相关的特定于处理器的标志
    Elf32_Half e_ehsize;//ELFHeader 的大小
    Elf32_Half e_phentsize;//程序头表的入口大小
    Elf32_Half e_phnum;//程序头表的入口个数
    Elf32_Half e_shentsize;//节头表的入口大小
    Elf32_Half e_shnum;//节头表的入口个数
    Elf32_Half e_shstrndx;//节头表中与节名称字符串表的表项索引
};
```

e_ident[]数组中包含 ELF 的标识信息,数组大小默认为 16,其中前 7 个数组元素包含 ELF 的重要信息:0~3 个元素是魔幻数,作为 ELF 文件的标识,记录的内容为 0x7F、"E"、"L"、"F";第 5 个元素是操作系统文件类型,该元素取值为 0,表示非法类别,1 表示支持 32 位系统,2 表示支持 64 位系统;第 6 个元素是处理器的编码方式,该元素取值为 0 表示非法编码,取值为 1 表示高位在前,取值为 2 表示低位在前;第 7 位表示 ELF 头部的版本号,通常固定值为 EV_CURRENT。

e_type 字段表示当前文件的类型,该字段取值为 0 表示未知目标文件类型,取值为 1 表示可重定位文件,取值为 2 表示可执行文件,取值为 3 表示共享文件,取值为 4 表示转储格式,取值为 0xFF00 及 0xFFFF 表示特定处理器文件。

e_machine 字段表示文件支持的体系结构类型,该字段取值为 1 表示支持 AT&T,取值为 2 表示支持 SPARC,取值为 3 表示支持 Intel80386,取值为 4 表示支持 Motorola68000,取值为 5 表示支持 Motorola88000,取值为 7 表示支持 Intel80860,取值为 8 表示支持 MIPS。

1.2.3 ELF 节区

ELF 节区包含目标文件的全部信息,主要由节区头部表及多个节区组成,主要为编译器、链接器提供数据。ELF 节区的规则约束:节区头部表包含所有节区的信息描述,甚至包括不存在真实节区;每个节区必须是连续字节区域;文件中的节区不能重叠;特别地,对于 obj 类型的 ELF 节区,可包含不属于任何头部或节区内容的部分。

ELF 节区的位置及大小由 ELF 头文件中的 e_shoff、e_shnum、e_shentsize 三个字段决定,其中 e_shoff 成员给出从文件头到节区头部表格的偏移字节数;e_shnum 给出表格中条目数目;e_shentsize 给出每个项目的字节数。

ELF 的节区头表(section header table)是一个节区描述结构(Elf32_Shdr)的数组,数组的下标为节头表索引,节区头部的数据结构定义如下:

```
Elf32_Shdr{
    Elf32_Word sh_name;//节区的名字(如.text、.data 等)
    Elf32_Word sh_type;//节区类型(如 SHT_SYMTAB、SHT_RELA 等)
    Elf32_Word sh_flags;//节区内容属性(如是否可以修改、可执行等)
    Elf32_Addr sh_addr;//内存映像节区的第一个字节的偏移位置
    Elf32_Off sh_offset;//节区在文件中的偏移
    Elf32_Word sh_size;//节区大小
    Elf32_Word sh_link;
    Elf32_Word sh_info;
    Elf32_Word sh_addralign;//对齐
```

```
    Elf32_Word sh_entsize;//节区每个元素数据结构的大小
};
```

　　sh_type 字段表示节区类型,该字段取值为"0"表示节区头部是非活动的,没有真实的节区;取值为"1"表示节区包含程序定义的信息;取值为"2"表示节区包含符号表;取值为"3"表示节区包含字符串表;取值为"4"表示节区包含重定位表;取值为"5"表示节区包含符号哈希表(所有动态链接的目标都包含哈希表);取值为"6"表示节区包含动态链接的信息;取值为"7"表示节区包含以某种方式标记文件的信息;取值为"8"表示节区不占用文件中的空间;取值为"9"表示节区包含重定位表项;取值为"10"表示节区被保留;取值为"11"表示节区作为一个完整的符号表。

　　sh_flags 字段表示节区中包含的内容是否可修改、可执行等信息,该字段取值为 0x1 表示节区的数据在进程执行过程可写,取值为 0x2 表示节区在进程执行过程中需要占用内存,取值为 0x3 表示节区包含可执行的机器指令,0xF0000000 表示处理器专用的语义。

　　ELF 文件中还有一些特殊的节区,包含程序和控制信息,如 .dynamic 节区包含动态链接信息,.dynsym 节区包含动态链接符号表,.text 节区包含程序的可执行指令等。

1.2.4　ELF 字符串表

　　ELF 字符串表是集中管理 ELF 文件中用到的各种变长字符串,如变量名、节区名等。字符串表的设计思想是将所有的字符串集中存放到一个表中,每一个字符串利用 NULL 作为结束的标记,并利用字符串表中首字符的偏移地址来引用字符串。

　　字符串表的构成规则:字符串表以二维数组作为基本数据结构,但对偏移量的计算却采用线性计算,保证存储在字符串表中每一个偏移量唯一。

　　字符串表的内容组成规则:字符串表的首字节定义为 NULL 字符;ELF 文件中的每一个字符串依次存放在字符串表中,每一个字符串也以 NULL 作为终止符;字符串表以一个字符定义为 NULL 字符结束。

　　字符串的应用规则:字符串表索引可查找节区中任意字节;字符串可以出现多次;同一个字符串可以被引用多次;字符串表中可存放未引用的字符串。

　　ELF 节头的 sh_name 成员保存对应于该节头字符表部分的索引,利用字符串在字符串表中的索引完成对某个字符串的引用。字符串表可以不包含任何字符串,对应的节头中的 sh_size 成员的取值必须为 0。

　　ELF 文件中允许有多个字符串表,其中节名字表(.shstrtab)记录所有节的名字。常见的字节头表及功能如下:.text 代表已编译程序的机器代码;.rodata 代表只读数据;. data 代表已初始化的全局 C 变量;. bss 代表未初始化的全局 C 变量,在目标文件中是一个占位符,不占实际的空间;. symtab 代表一个符号表(symbol-table),它是存放在程序中被定义和引用的函数和全局变量的信息;. rel. data 代表被模块定义或引用的任何全局变量的信息;. debug 代表一个调试符号表;. strtab 代表一个字符串表,其内容包括 . symtab 和 . debug 节中的符号表及节头部中的节名字。

1.2.5　ELF 符号表

ELF 符号表本质上是符号表项(Elf32_Sym)的结构数组,存储程序实现或引用的所有全局变量和函数,符号表中所包含的信息用于定位和重定位程序中的符号定义和符号引用,对符号的检索主要利用符号表的索引值来确定,索引值从 0 开始计数,但值为 0 的索引表项是一个空结构,表示未定义的符号。

符号表项(Elf32_Sym)的数据结构如下:

```
Elf32_Sym
{
Elf32_Word st_name; //符号名称
Elf32_Addr st_value; //符号的值
Elf32_Word st_size; //符号的长度
unsignedchar st_info; //类型和绑定属性(如 STB_LOCAL)
unsignedchar st_other; //语义未定义
Elf32_Section st_shndx; //相关节的索引
}Elf32_Sym;
```

st_value 字段表示符号的值,但这个字段的值不固定,要依据上下文来确定代表的是数值还是地址。对于不同类型的目标文件,本字段的含义也不一样:在重定位文件中,若索引值为 SHN_COMMON,代表这个节内容的字节对齐数,若符号已定义,则代表该符号的起始地址在其所在节中的偏移量;在可执行文件和共享库文件中,本字段的值是指向符号所在的内存位置。

st_info 字段中包含符号类型和绑定信息,该字段由二进制位构成,用来标识符号绑定(symbol binding)、符号类型(symbol type)以及符号信息(symbol information)三种属性。

st_shndx 字段代表相关联的节在节头部表中的索引位置,随着重定位,该字段的值会随之改变,该字段对某些特殊节的索引代表特殊的含义:指向 SHN_ABS,表示符号的值是绝对的,在重定位过程中此值不需要改变;指向 SHN_COMMON,表示所关联的是一个还没有分配的公共节,规定了其内容的字节对齐规则;指向 SHN_UNDEF,表示在当前目标文件中未定义,而在链接过程中,链接器会找到此符号被定义的文件并把这些文件链接在一起。

1.2.6　ELF 重定位机制

ELF 重定位是将符号引用与符号定义进行连接的过程,当程序调用一个函数时,调用指令必须把数据或命令放到适当的执行地址。重定位文件应当包含如何修改节内容的信息,从而允许可执行文件或共享目标文件为一个进程的程序映像解析正确的信息。

1. 重定位项

重定位项的数据结构如下:
```
Elf32_Rel{
    Elf32_Addr r_offset;
    Elf32_Word r_info;
};
    Elf32_Rela{
    Elf32_Addr r_offset;
    Elf32_Word r_info;
    Elf32_Sword r_addend;
};
```
r_offset 字段代表应用重定位操作的位置,不同的目标文件有不同的含义:对于可重定位文件,该值表示节偏移;对于可执行文件或共享目标文件,该值表示受重定位影响的存储单元的虚拟地址。

r_info 字段代表对其进行重定位的符号表索引以及重定位类型,调用指令的重定位项包含所调用的函数的符号表索引。

r_addend 字段代表指定的常量加数,用于计算将存储在可重定位字段中的值,此字段在 Elf32_Rela 被显示定义,而在 Elf32_Rel 中作为一个隐式加数,不同的 CPU 架构应用不同的结构,如 x86 仅使用 Elf32_Rel 重定位项,64 位 x86 仅使用 Elf64_Rela 重定位项。

ELF 重定位节区还会用到其他两个节区,即符号表与待修改的节区,节区头部的 sh_info 和 sh_link 成员给出相关关系。

2. ELF 重定位计算表示法

A:用于计算可重定位字段的值的加数。

B:执行过程中将共享目标文件装入内存的基本地址。通常生成的共享目标文件的基本虚拟地址为 0,这与共享目标文件的执行地址不相同。

G:执行过程中,重定位项的符号地址所在的全局偏移表中的偏移。

GOT:全局偏移表的地址(与处理器相关)。

L:符号过程链接表项的节偏移或地址(与处理器相关)。

P:使用 r_offset 计算出的重定位的存储单元的节偏移或地址。

S:索引位于重定位项中的符号的值。

Z:索引位于重定位项中的符号的大小。

3. ELF 重定位类型

x86 架构下一些重定位类型的语义如下:

R_386_GOT32,计算方法为 G+A,表示计算 GOT 的基本地址与符号的 GOT 项之间的距离,此重定位还指示链接编辑器创建全局偏移表;

R_386_PLT32,计算方法为 L+A−P,表示计算符号的过程链接表项的地址,并指示链接编辑器创建一个过程链接表;

R_386_COPY,无计算方法,由链接编辑器为动态可执行文件创建,用于保留只读文本段;

R_386_GLOB_DAT,计算方法为 S,表示 GOT 项设置为所指定符号的地址,使用特殊重定位类型,可以确定符号和 GOT 项之间的对应关系;

R_386_JMP_SLOT,计算方法为 S,表示由链接编辑器为动态目标文件创建,用于提供延迟绑定;

R_386_RELATIVE,计算方法为 B+A,表示由链接编辑器为动态目标文件创建,此重定位偏移成员可指定共享目标文件中包含表示相对地址的值的位置;

R_386_GOTOFF,计算方法为 S+A−GOT,表示计算符号的值与 GOT 的地址之间的差值,此重定位还指示链接编辑器创建全局偏移表;

R_386_GOTPC,计算方法为 GOT+A−P,此重定位中引用的符号通常是 _GLOBAL_OFFSET_TABLE_,该符号还指示链接编辑器创建全局偏移表。

1.2.7　ELF 动态链接机制

ELF 应用程序在操作系统中运行前,目标程序文件必须被系统加载到内存,在内存中构造完整的进程映像,而构造过程中必须要解析目标文件包含的符号引用。

ELF 格式映像有两种不同的链接方式:一是运行时不需要装入函数库映像及动态链接的静态链接映像;二是运行时需要装入函数库映像及动态链接的动态链接映像。Linux 内核支持上述两种内存 ELF 映像,静态链接技术装入 ELF 映像必须由内核完成,而动态链接技术既可以在内核中完成,也可在用户空间完成。动态链接 ELF 映像由解释器完成。

解释器主要为应用程序提供执行环境,一是利用可执行文件的文件描述符并将其映射到内存中,二是根据可执行文件的格式由操作系统把可执行文件加载到内存中。

　　解释器对不同的 ELF 文件(可执行文件或者共享目标文件)在内存中的地址是不同的,共享目标文件被加载到内存中,其地址可能在各个进程中呈现不同的取值;可执行文件被加载到内存中的固定地址,系统使用来自其程序头部表的虚拟地址创建各个段,这个过程中解释器要解决内存虚拟地址与可执行文件的虚拟地址不一致的问题。

　　应用程序创建进程映像的步骤如下:

　　(1) 将可执行文件的内存段添加到进程映像中;

　　(2) 把共享目标内存段添加到进程映像中;

　　(3) 为可执行文件及其共享目标执行重定位操作;

　　(4) 如果动态链接程序使用到文件描述符,则关闭文件描述符;

　　(5) 将控制转交给程序。

　　对可执行文件和共享目标文件的链接处理过程,需要额外的数据来辅助动态链接器,主要包括如下三类:. dynamic 节区提供其他动态链接信息的地址;. hash 节区提供符号哈希表;. got 和 . plt 节区提供全局偏移表和过程链接表。. dynamic 节区用一个特殊符号_DYNAMIC 来标记,包含如下结构的数组:

```
Elf32_Dyn{
    Elf32_Sword d_tag;
    union{
        Elf32_Word d_val;
        Elf32_Addr d_ptr;
    }d_un;
};
```

　　联合体 d_un 的取值由结构体的 d_tag 决定,若使用 d_val,则表示一个有多种解释的整数值;若使用 d_ptr,则表示程序的虚拟地址,主要用于解决文件的虚拟地址可能与执行过程中的内存虚地址不匹配的问题。

1.3　Android DEX 文件

　　Android DEX(Dalvik VM executes, DEX)文件是 Google 针对 Android 运行环境设计的可执行文件格式,是一种类似于 Java 字节码的中间码,可利用 DX 转换工具对 Java 字节码的变形获得,是 Android 虚拟机 Dalvik 专用的字节码格式。掌握 DEX 文件格式对 Android 操作系统及 Android 软件安全的理解有重要的意义。

1.3.1　Android 系统结构

Android 系统结构从不同的视角可划分为三个不同的侧面：Android 体系结构、Android 组件结构、Android APK 结构。

1. Android 体系结构

Android 系统设计采用了模块化的分层设计，从硬件到应用程序分为五层，从低到高依次是 Linux 内核层 Linux Kernel Layer、硬件抽象层（Hardware Abstraction Layer，HAL）、系统运行库层（Libraries＋Android Runtime）、应用程序框架层（Application Framework Layer）、应用程序层（Application Layer）[4]，Android 体系结构如图 1.8 所示。

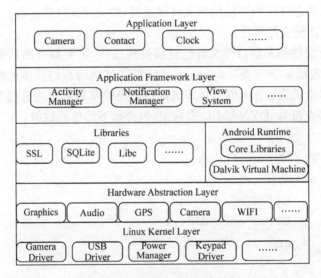

图 1.8　Android 体系结构图

Android 操作系统基于 Linux2.6 内核开发，主要使用 Linux 操作系统提供的硬件驱动模型、安全管理、内存管理、进程管理、网络协议栈等核心功能。

硬件抽象层（HAL）是对 Linux 内核驱动程序的封装。Android 把对硬件的支持分成两层，一层放在用户空间，一层放在内核空间，硬件抽象层在用户空间，Linux 内核驱动程序在内核空间。

Android 系统运行库是 Android 运行环境的核心，主要包括 Android 运行环境及运行支持库两部分内容。Android 运行环境包括核心库和 Dalvik 虚拟机两部分，其中核心库是 Android 核心 API（如 android. os、android. net 等）的提供者；Dalvik 虚拟机主要完成对堆栈、线程、安全、异常、垃圾回收等的管理。运行时支撑库为 Android 系统提供功能支撑，例如，LibWebCore 库是浏览器引擎，支持嵌入式 Web 视图；SQLite 库是内存的关系型数据库引擎等。

Android 应用程序框架提供了丰富的功能模块供应用程序开发者使用，例如，管理各个应用程序生命周期的活动管理器，不同应用程序之间存取分享数据的内容提供者等。同时也提供了良好的重用机制，应用程序既可使用平台提供的组件，也可以自定义组件。

Android 应用程序层面向终端使用者，主要是 Android 开发者开发的各类功能丰富的应用。

2. Android 组件结构

Android 系统包括 Activity、Service、ContentProvider 和 BroadcastReceiver 一共四个核心组件，组件间通信依靠 Intent 对象实现。

Activity 组件用于可视化用户界面。Android 应用程序由一个或多个 Activity 构成。Activity 生命周期有四个状态，即运行状态（running）、暂停状态（paused）、停止状态（stopped）、销毁状态（destroyed），每一个 Activity 都处于上述四种状态之一，状态的变化由 Android 系统根据用户操作自动转化，并为相关状态的迁移提供通知接口供应用程序完成特定的功能。多个 Activity 的管理由 Activity 栈完成，当一个新的 Activity 启动时，当前活动的 Activity 将会压入 Activity 栈的顶部。Activity 组件中可容纳其他可视化控件，如按钮、菜单项、复选框等，可视化控件控制窗口中一块特定的矩形空间，并对用户操作做出响应。

Service 组件是运行在后台的长生命周期组件，没有可视化界面，为其他组件提供后台服务或监控其他组件的运行状态。Service 组件提供数据给其他组件使用，同时提供操作接口供其他组件对 Service 组件进行控制，一个 Service 组件可为多个其他组件提供服务。Service 组件不能自己运行，需利用 startService（）或 bindService（）方法启动服务。前者启用 Service 组件，调用者与 Service 组件之间没有关联，即调用者生命周期不影响 Service 组件的运行，必须使用 stopService（）停止 Service 组件。后者启用 Service 组件，调用者与 Service 组件成为一个整体，即调用者的生命周期影响 Service 组件的运行。

ContentProvider 组件将特定的应用程序数据提供给其他应用程序使用，数据表示采用类似 URI（universal resources identification）的方式。数据存储于文件系统或 SQLite 数据库中。ContentProvider 组件为其他应用程序取用和存储数据提供一套标准方法，并对访问方法封装为 ContentResolver 对象供应用程序使用，ContentResolver 可与任意 ContentProvider 组件进行会话。

BroadcastReceiver 组件用于接收广播通知信息并对其做出相应处理。广播信息有两个来源：系统级的广播如电池电量低，应用程序级的广播如通知其他应用程序数据下载完成等。应用程序可以拥有任意数量的 BroadcastReceiver 组件来对感兴趣的通知信息予以响应。

Intent 用于封装应用程序的动作及相关数据,协助完成各个组件之间的通信,实现调用者与被调用者之间的解耦。Intent 与其他组件的交互方法如下:通过 startActivity(Intent)方法来启动一个新 Activity,通过 BroadcastIntent 机制将一个 Intent 发送给任何对这个 Intent 感兴趣的 BroadcastReceiver,通过 startService(Intent)或 bindService(Intent, ServiceConnection, int)与 Service 进行交互。Android系统的四个组件通信关系如图 1.9 所示。

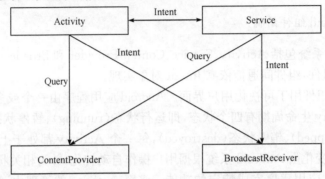

图 1.9　Android 组件通信关系

上述基本组件通过 AndroidManifest 配置文件完成注册,其中 Activity、Service 以及 ContentProvider 组件必须显式地配置完成注册,BroadcastReceiver 组件可以在 AndroidManifest 文件中添加配置完成静态注册,也可以通过代码动态注册,其中静态注册的 BroadcastReceiver 组件随系统启动,感兴趣的广播信息都会被触发,与应用程序是否运行无关。

上述基本组件通过 android:exported 属性设置来控制自身能否被其他应用访问,true 表示允许,false 表示不允许,默认配置为 false。若配置文件中包含 intent-filter 的配置,则 android:exported 属性默认为 true。

3. Android APK 结构

Android 应用程序以 APK 形式发布,APK 是一个压缩文件,包含 Android 应用程序的所有资源[5],利用 unzip 命令解压可查看 APK 组成。

AndroidManifest. xml:位于根目录下的二进制 XML 文件,是 Android 的核心配置文件,资源、组件、权限的控制都在此文件中完成显式配置。

META-INF:描述 APK 文件的属性及依赖,与标准 JAR 包中的 META-INF 类似,同时也包含签名信息,用来保证 APK 包的完整性与安全性。

res:APK 的资源目录,包含布局文件 layout 和图像资源 drawable(开发环境中的 values 资源不在此目录中）。

classes.dex：Android 的可执行文件 DEX，类似 Java 的字节码，是对 JavaClass 重新优化后的 Android 虚拟机专用的格式。

resources.arsc：Android 资源 id 的集合，应用程序利用 id 来读取资源，资源 id 在文件编译时为每一个资源分配唯一的 id，如果资源是 String 或者数值，会直接存放在该文件中，如果是 layout 或 drawable 资源，只存放于对应资源的路径（资源存放于 res 目录）。

libs：该目录主要用来存放 NDK 编译出来的 so 文件，只有使用到 Linux 的动态链接库 so 文件编译时才会生成该目录。

APK 的结构目录与 Android 工程开发的目录基本一致，相关的资源在编译后做了部分优化并转化为对应的二进制结构。

1.3.2　Android DEX 结构

Android DEX 是专门针对 Android 运行环境 Dalvik 虚拟机而重新组织及优化后的字节码。首先由 Java 编译器将 Java 源代码编译为字节码 .class 文件，其次由 DX 转化工具将 Java 字节码转化为 Dalvik 字节码，并将应用程序的所有类文件转化为一个文件（Java 字节码通常由多个，class 文件组成），并在转化过程中完成对字节码的优化[6]。通过反编译就能查看到 DEX 文件的组织结构，常见的反编译工具有 apktool、IDApro、androguard、dex2jar。Android 的 APK 文件与 Java 的 JAR 文件的对比如图 1.10 所示。

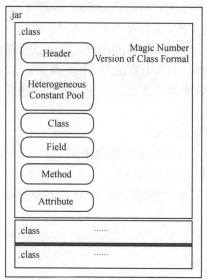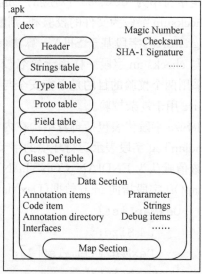

图 1.10　JAR 与 APK 结构对比图

　　DEX 文件由多个结构体组合而成,相关的结构体分为三部分,即头文件区、资源索引区和数据区,其中头文件区描述 DEX 文件的属性以及其他数据结构的偏移地址,DEX 资源索引区包括字符串索引目录,如类型索引目录、函数索引目录等,由头文件中对应的字段(stringIdsOff-classDefsOff)来表示,数据区是数据的真实存放地址。DEX 头文件的数据结构定义如下:

```
DexHeader{
    u1 magic[8];                              //DEX 版本标识
    u4 checksum;                              //adler32 校验码
    u1 signature[kSHA1DigestLen];    //SHA1 哈希值
    u4 fileSize;                              //DEX 文件大小
    u4 headerSize;                            //DexHeader 结构大小
    u4 endianTag;                             //字节序标记
    u4 linkSize;                              //链接段大小
    u4 linkOff;                               //链接段偏移
    u4 mapOff;                                //DexMapList 的文件偏移
    ……
    u4 dataSize;                              //数据段的大小
    u4 dataOff;                               //数据段的文件偏移地址
};
```

　　magic 字段是魔幻字,同 Windows PE 文件的魔幻字一样,是 DEX 文件的标识,固定字符串为“dex.035”,对应的二进制串为(“6465780A30333500”)。

　　checksum 字段为文件的校验和,判断 DEX 文件是否被损坏或篡改。

　　signature[]字段基于 SHA-1 算法(secure hash algorithm,安全散列算法)的签名,与 checksum 字段一样用于签名校验,SHA-1 算法与 MD5 类似。Android-DEX 采用两个校验的目的是平衡安全与效率两个方面,checksum 用于快速检查,signature 用于复杂校验。

　　fileSize 字段代表包括自身结构在内的文件大小。

　　endianTag 字段表示运行环境的字节序,DEX 文件默认采用 Little-Endian 字节序,该值默认为 ENDIAN_CONSTANT(0x12345678)。

　　mapOff 字段指向 map 数据(DexMapList)的偏移地址,map 数据结果如下:

```
DexMapList{
    u4 Size;
    DexMap Itemlist[1];
}DexMapList;
```

Size 表示 map 数据中所有 map 数据项(DexMapItem)的数目;map 数据项结

构固定为 12 个字节,描述 Android 数据项的类型、类型个数、类型开始位置,Android 数据项包括 kDexTypeHeaderItem、kDexTypeMapList、kDexTypeCodeItem等,即 Android 头文件里支持的所有类型,主要用于在 Android 加载 DEX 文件时校验文件头中的类型与 map 数据中的类型是否一致。

1.3.3　Android ODEX 结构

ODEX 是 Optimized DEX 的缩写,即经过优化处理的 DEX,对 DEX 的依赖库文件预加载形成 ODEX。Dalvik 虚拟机运行时可以直接加载依赖库而不需要再读取 classes. dex 文件,提高应用程序的加载效率。DEX 的优化通常与虚拟机及 Framework 的版本紧密相关。

ODEX 结构是对 DEX 结构的扩展,即在 DEX 文件头部增加 ODEX 文件头,在尾部添加 DEX 文件的依赖库文件及需要的辅助数据,ODEX 文件结构如图 1.11 所示。

图 1.11　ODEX 文件结构

ODEX 文件头结构与 DexFile 定义一致;DEX 文件是 1.3.2 节中描述的标准文件;依赖库 dependences 的数据结构在 Android 源码中无明确定义,是 DEX 文件被优化后新增的,主要用来描述 DEX 依赖库的个数及具体的依赖文件的信息(如依赖库名字、路径、hash 值等),这部分内容不会被加载到内存;ODEX 文件用来辅助数据结束,Dalvik 虚拟机会将这部分数据加载到 auxillary 的段中,主要用来快速检索 DEX 文件中的类。

1.3.4　Android 权限机制

Android 系统主要由 Android 模块与 Linux 内核两部分组成,对应的 Android 的权限也有两个层次,即应用程序权限及操作系统权限,前者是 Android 系统对应用程序访问资源的控制,后者主要是 Android 继承 Linux 内核针对文件及用户的权限访问控制[7,8]。

1. Android 应用程序权限

Android 应用程序在默认情况下只能操作本进程空间内的资源,不能使用系统提供的功能模块,如访问网络、管理程序、管理账户等,这对 Android 应用程序的功能限制较大,利用 Android 的权限机制可以安全地访问相关资源。Android 权限机制规则如下:

(1) Android 系统默认定义了百余个访问权限,如应用程序的安装卸载权限、账户管理权限、硬件设备管理权限、底层资源访问权限等。

(2) 应用程序对权限的使用必须要显式地申请,即在 AndroidManifest 中通过〈uses-permission〉申请需要的权限,如应用程序需要发送短信权限,且需要在 AndroidManifest 文件中添加如下配置申明:〈uses-permissionandroid:name = " android. permission. SEND_SMS"〉〈/uses-permission〉。在 AndroidManifest 文件中静态申明的所有权限在应用程序安装时会展示给用户,由用户确定是否授予访问权限。

(3) 允许对默认权限进行功能扩展,即用户可以在 AndroidManifest 自定义权限,通过〈permission〉、〈permission-group〉、〈permission-tree〉等标签进行定义。

除了对权限本身做了上述限制,Android 还提供了不同的权限保护级别来进一步控制应用程序的权限:风险较低的权限如设备振动应用程序只需要申请就可以直接使用;风险较高的权限如拨打电话必须要用户审核同意后才可以访问;对安全要求较高的应用如金融类应用采取权限申明与权限使用分开授权校验的签名校验机制,即申请使用权限的应用程序必须与申明权限的应用程序有相同的签名或者在相同的系统镜像下,才能使用该权限。在最新的 Android 系统中提供了权限、权限组、安装限制授权、运行时动态授权的机制来进一步提高权限的安全性、可用性及便捷性。

2. Linux 内核权限

Linux 内核权限主要包括进程权限与文件权限,既是 Android 沙箱机制的基础,也是 Android 应用程序对于文件、设备及底层资源权限访问的关键。

Linux 进程权限主要针对用户及用户组,Linux 每个进程都有三个用户及用户组,分别如下:①真实的用户及用户组:进程的真正所有者,即当前登录用户,通过 getuid 可获得进程的真正用户所有者,通过 setuid、seteuid、setresuid、setreuid 可修改真正用户所有者。②有效的用户及用户组,是进程执行允许权限的依据,通过 geteuid 可获得进程的有效用户,通过 setuid、seteuid、setresuid、setreuid 可修改进程的有效用户。③文件系统的用户及用户组,主要用于进行文件访问控制,具体的访问规则如下:如果进程的有效用户 ID 是 0(超级用户),所有权限都允许访问;

如果进程的有效用户 ID 等于文件的所有者 ID,文件所有者的权限都可以被访问;如果进程的有效组 ID 或附加组 ID 之一等于文件的组 ID,文件组的所有权限可以被访问。

Linux 文件权限由 10 个字符的权限控制符来决定用户/用户组对文件的访问,权限该控制符的格式规则如下:

第 1 位:表示一种特殊的文件类型,其中字符可为 d(表示该文件是一个目录)、b(表示该文件是一个使用块输入/输出的系统设备)、c(表示该文件是一个连续的字符输入/输出系统设备),为“.”则表示该文件是一个普通文件,没有特殊属性。

2~4 位:用来确定文件的用户(user)权限。

5~7 位:用来确定文件的组(group)权限。

8~10 位:用来确定文件的其他用户的权限。

文件权限的读、写、可执行的规则如下:第 2、5、8 位用来控制文件的读权限,r 表示可读,短线“-”表示不可读;第 3、6、9 位用来控制文件的写权限,w 表示允许写,短线“-”表示不允许写;第 4、7、10 位用来控制文件的可执行权限,x 表示允许执行,短线“-”表示不允许执行。

参 考 文 献

[1] 戚利. WindowsPE 权威指南. 北京:机械工业出版社,2011.

[2] Mircrosoft. Microsoft Portable Executableand Common Object File Format Specification. https://msdn. microsoft. com/en-us/library/windows/hardware/gg463119. aspx[2016-1-10].

[3] Tool Interface Standards(TIS) Committee. Executableand Linkable Format(ELF). http://www. skyfree. org/linux/references/ELF_Format. pdf[2016-1-5].

[4] Drake J J,Fora P O,Lanier Z,et al. Android 安全攻防权威指南. 诸葛建伟,杨坤,肖梓航,等,译. 北京:人民邮电出版社,2015.

[5] 柯元旦. Android 内核剖析. 北京:电子工业出版社,2011.

[6] 丰生强. Android 软件安全与逆向分析. 北京:人民邮电出版社,2013.

[7] 卿斯汉. Android 安全研究进展. 软件学报,2016,27(1):45-71.

[8] 朱佳伟,喻梁文,关志,等. Android 权限机制安全研究综述. 计算机应用研究,2015,32(10):2881-2885.

第 2 章　恶意软件检测基础

2.1　恶意软件抽象理论

恶意软件抽象理论对于理解恶意软件,研究恶意软件的基本性质和计算复杂性,指导恶意软件检测方法的研究有着重要意义。抽象理论模型忽略人们认为无关紧要的元素,抽象出关键的元素,使用数学的方法进行推理,从理论的角度对恶意软件进行形式化定义、建立模型和分析其计算复杂度,对恶意软件的检测可能会带来一些新的见解。

恶意软件的抽象理论较早研究的对象是计算机病毒,Cohen[1]在 1986 年基于图灵机模型给计算机病毒进行了形式化定义,该文的图灵机集 $\mathcal{M}$ 定义为

$$\forall M[M \in \mathcal{M}] \Leftrightarrow$$

$$M: (S_M, I_M, O_M: S_M \times I_M \to I_M, N_M: S_M \times I_M \to S_M, D_M: S_M \times I_M \to d) \quad (2.1)$$

定义:

$N = \{0, \cdots, \infty\}$（自然数）;

$I = \{1, \cdots, \infty\}$（正整数）;

$S_M = \{s_0, \cdots, s_n\} \, (n \in I)$ 图灵机 M 的状态集;

$I_M = \{i_0, \cdots, i_n\} \, (n \in N)$ 图灵机 M 的带上符号集;

$d = \{-1, 0, 1\}$,图灵机 M 的移动方向,-1 代表向左移动,0 代表不移动,1 代表向右移动;

$O_M: S_M \times I_M \to I_M$,给定状态 s 和当前读写头输入 i,将 $O_M(s,i)$ 写入当前读写头的位置;

$N_M: S_M \times I_M \to S_M$,给定状态 s 和当前读写头输入 i,将图灵机状态修改为 $N_M(s,i)$;

$D_M: S_M \times I_M \to d$,给定状态 s 和当前读写头输入 i,将读写头向 $D_M(s,i)$ 移动。

图灵机运行的"历史"由三元组 $(\Xi_M, \square_M, \Theta_M)$ 描述(记为 H_M),其中 $\Xi_M: N \to S_M$ 是运行状态历史,$\square_M: N \times N \to I_M$ 是运行中磁带单元的历史,$\Theta_M: N \to N$ 是每个时刻读写头操作的单元号历史。

病毒集 $\mathcal{V}$ 的定义为

$$\forall M \forall V(M,V) \in \mathcal{V} \Leftrightarrow$$

$$[V \subset I*] \wedge [M \in \mathcal{M}] \wedge (\forall v \in V, \forall H_M, \forall t, j \in N$$

$$[[\Theta(t) = j] \wedge [\Xi(t) = \Xi(0)] \wedge (\square(t,j), \cdots, \square(t, j+|v'|-1)) = v]] \Rightarrow$$

$$\exists v'\in V,\exists t',\exists t'',j'\in N\wedge t'>t$$
①$[[(j'+|v'|)\leqslant j]\vee[(j+|v|)\leqslant j']]\wedge$
②$[(\square(t',j'),\cdots,\square(t',j'+|v'|-1))=v']\wedge$
③$[\exists t''[t<t''<t']\wedge[\Theta(t'')\in\{j',\cdots,j'+|v'|-1\}]]$　　　(2.2)

病毒集为一个序偶(M,V)，M为一个图灵机，V为图灵机M上一个非空的程序集合。每个$v\in V$称为计算机病毒，当且仅当其满足以下条件：在时间t，如果在图灵机的磁带j开始的位置上存在病毒v，那么存在一个时间$t'(t'>t)$，图灵机已经在磁带$j'(j'\neq j)$开始的位置上写入了病毒$v'(v'\in V)$，且v和v'在磁带上没有重叠。

在以上定义的基础上，Cohen证明了计算机病毒的多条性质，其中最重要的性质如下：

（1）不存在图灵机，它可在有限时间内判定任意(M,V)是一个病毒集，即病毒检测是不可判定的：

$$(\not\exists D\in\mathcal{M}\exists s\in S_D\forall M\forall V)$$
$$[[D\ halts]\wedge$$　　　(2.3)
$$[S_D(t)=s]\Leftrightarrow[(M,V)\in\mathcal{V}]]$$

（2）不存在图灵机，它可判定病毒v可否演化为病毒v'：

$$(\not\exists D\in\mathcal{M}\forall(M,V)\in\mathcal{V}\forall v\in V\forall v'$$
$$[[D\ halts]\wedge$$　　　(2.4)
$$[S_D(t)=s]\Leftrightarrow[v\overset{\mathcal{M}}{\Rightarrow}v']]$$

Cohen[2]在计算机病毒形式化定义的基础上，对蠕虫恶意软件进行了形式化定义，蠕虫集$\mathcal{W}$的定义为

$$\forall M\forall W(M,W)\in\mathcal{W}\Leftrightarrow$$
$[W\subset I*]\wedge[M\in\mathcal{M}]\wedge\forall w\in W\forall H\forall t,j\in N$
$[[\Theta(t)=j]\wedge[\Xi(t)=\Xi(0)]\wedge(\square(t,j),\cdots,\square(t,j+|w'|-1))=w]]\Rightarrow$
　$\exists w'\in W,\exists t',\exists t'',\exists t''',j'\in N\wedge t'>t$
①$[[(j'+|w'|)\leqslant j]\vee[(j+|w|)\leqslant j']]\wedge$
②$[(\square(t',j'),\cdots,\square(t',j'+|w'|+1)=w']\wedge$
③$[\exists t''[t<t''<t']\wedge[\Theta(t'')\in\{j',\cdots,j'+|w'|-1\}]]$
④$\exists t'''[t'<t''']\wedge[\Theta(t''')=j']\wedge[S(t''')=S(0)]$　　　(2.5)

蠕虫集为一个序偶(M,W)，M为一个图灵机，W为图灵机M上一个非空的程序集合。每个$w\in W$称为蠕虫，当且仅当其满足以下条件：在时间t，如果在图灵机的磁带j开始的位置上存在蠕虫w，那么存在一个时间$t'(t'>t)$，图灵机已经在磁带$j'(j'\neq j)$开始的位置上写入了蠕虫$w'(w'\in W)$，且w和w'在磁带上没有

重叠,在另一个时间 $t'''(t'''>t'>t)$,图灵机 M 运行蠕虫 w'。使用和病毒相似的证明方法,作者证明了蠕虫和包含蠕虫的系统具备的几个重要性质,并得到蠕虫特有的一些新的结果,最重要的结果是蠕虫检测是不可判定的。

Chess 和 White[3] 在 Cohen 的结论(病毒检测是不可判定的)基础上,进一步证明了:即使在更宽松的检测定义下,存在没有任何算法能检测的病毒。

王剑等[4] 在 Cohen 的基于图灵机病毒模型的基础上,提出了一种基于扩展通用图灵机的病毒模型,该模型在通用图灵机模型的基础上,增加了一个可存放程序和数据的存储带,该模型可形式化定义单机环境下和网络环境下传播的病毒。基于该模型,作者利用图灵机停机不可判定证明了病毒检测是不可判定的。

基于图灵机的病毒模型存在以下不足:①图灵机的存储是无限大的,而实际计算机是有限存储的,图灵机是理想化的计算机,和实际的计算机有很多相似的特征,但也存在很多差别;②基于图灵机的病毒形式化定义模型,很多良性软件也被定义为病毒,如编译器工具;③基于图灵机的病毒模型没有考虑被感染的程序,而讨论病毒考虑被感染程序是至关重要的;④基于图灵机的病毒模型只能对病毒进行定性研究,很难对计算机病毒的计算复杂度和计算机病毒检测的计算复杂度进行研究。

Thimbleby 等[5] 给出了病毒和特洛伊木马的一种新的形式化定义,该定义的主要思想是:①在相似的运行环境下,程序运行产生了什么结果? 对运行环境产生了什么改变? 这两个判断可用于研究程序的性质;②特洛伊木马和良性软件有相似的名字,它们在相似的环境下运行,产生了不同的结果;③病毒和被病毒感染的文件,可能有不同的名字,它们在相似的环境下运行,产生了相似的结果。该文也证明了病毒和特洛伊木马的一些性质:①特洛伊木马检测是不可判定的;②病毒感染过程是可被检测和控制的。

Marion[6] 提出了一种基于自修改寄存器机(self-modifying register machine)的计算机病毒模型,该模型有效地描述了计算机病毒自我复制、代码变异、自修改的性质,但作者没有基于该模型证明计算机病毒的一些性质和计算机病毒检测的计算复杂性。

Adleman[7] 基于递归函数理论提出了一个更抽象的计算机病毒形式化模型。该模型假定计算机运行环境是由固定数量的程序(容易被传染)和固定数量的数据(不容易被传染)组成的,计算机病毒是一个可计算的递归全函数,作用于被感染程序上,使得被感染程序基于运行环境的输入可能执行以下三种操作之一:①致损(injure),忽略原始程序功能,执行一些破坏功能,破坏功能一般与被感染程序无关,由病毒的功能决定;②传染(infection),执行原始程序功能,执行完成后执行感染其他程序的功能;③模拟(imitate),既不执行致损功能,也不执行传染功能,而是执行原始程序功能。Adleman 的计算机病毒形式化定义如下。

(p,d)代表运行环境,是程序所有的可访问信息,p 指代程序,d 指代数据;A 是一个可计算的递归全函数;D 是一个程序集合。

当且仅当对于所有的(p,d),具有以下三个性质的程序是计算机病毒:

(1) 致损(injure):$(\forall i,j \in D)[\varphi_{A(i)}(d,p)=\varphi_{A(j)}(d,p)]$,该性质表示计算机病毒的致损功能与被感染程序无关;

(2) 传染(infection):$(\forall i \in D)[\varphi_i(d,p) \overset{A}{\cong} \varphi_{A(i)}(p,d)]$,该性质表示程序 i 被病毒感染为$A(i)$;

(3) 模拟(imitate):$(\forall i \in D)[\varphi_i(d,p)=\varphi_{A(i)}(p,d)]$,该性质表示感染后的程序保留了原始程序的功能。

基于以上定义,作者证明了以下结论:①计算机病毒集 $V=\{i \in D | A(i)\}$ 是 Π_2 完全集,是比 Cohen 证明病毒不可判定所使用停机问题更难的不可判定问题;②如果一个病毒是绝对可隔离的,则被病毒感染的程序集是可判定的;③通常情况下,被病毒感染的程序集是 Σ_1 完全集,因此它等价于停机问题,是不可判定的。

基于计算机病毒的以下两个性质:①被感染程序是病毒的功能和原始程序功能的合成;②病毒是传递性传染的。田畅等[8]改进了 Aldeman 的病毒模型,使用函数合成的方法对计算机病毒的传染进行了形式化定义,给出了计算机病毒的计算模型,证明了计算机病毒的一些性质,但作者没有给出病毒和病毒检测计算复杂性方面的结果。

Zuo 和 Zhou[9]基于 Aldeman 的工作,对病毒进行了更准确和全面的形式化定义,特别是对多态病毒、变形病毒、组合病毒、复合病毒的形式化定义。在对病毒形式化定义的基础上,作者证明了病毒计算复杂性方面的以下结论:①多态病毒可能存在无限多个变种;②变形病毒可能存在无限多个变种;③具有相同内核的非驻留病毒集合是 Π_2 完全集;④所有非驻留病毒集合是 Π_3 完全集;⑤特定病毒 v,被 v 传染的程序集合为 I_v,I_v 是 Σ_1 完全集。停机问题的不可解度为 1,具有相同内核的非驻留病毒集合的不可解度为 2,所有非驻留病毒集合的不可解度为 3。由于完全集是不可判定集合,而且是比停机问题更难的不可判定问题,该文证明了更强的计算机病毒不可判定定理。基于以上基础,Zuo 等在文献[10]和[11]中研究了病毒的时间复杂度问题,证明了以下结论:①存在计算机病毒 v,其传染过程或执行过程具有任意大的时间复杂度,即其在传染过程或执行过程中可以消耗任意多的计算机资源;②存在计算机病毒 v,它的检测过程具有任意大的时间复杂度;③存在不可判定的病毒不具有"极少"检测错误的检测过程。

张瑜等[12]提出了一种基于免疫遗传算法的计算机病毒的演化模型,将计算机病毒分解为感染标记模块、初始化模块、感染模块和表现模块,将这四个模块作为计算机病毒的染色体,然后应用选择算子、交叉算子、逆转算子和免疫算子模拟计算机病毒的繁殖演化过程。假设病毒基因库由 n 个基因组成,随机选择 m 个基因进行重组,则会产生 P_n^m 种不同的未知病毒或病毒变种。该文使用了 10 个病毒进行仿真实验,演化过程中虽然生成了一些无作用病毒,但随着病毒基因库和染色体空间的不断扩大,已知病毒的变种和新病毒不断增加。

对于长度为 n 的普通计算机病毒,使用长度为 m 的字节码签名进行搜索匹配,可在不多于 $n+m$ 次比较后判定是否为计算机病毒。但对于传播过程中变异产生同族变种检测,Spinellis[13] 将这类病毒的检测归约为求解可满足问题(satisfactory problem),得到的结论是:检测有界长度变异病毒是 NP 完全问题。

以上研究为反病毒软件的研发奠定了扎实的基础,但这些理论都主要基于传统的计算机病毒,少部分工作涉及蠕虫、特洛伊木马。随着互联网的发展,传统的计算机病毒已经较少,较多的是通过网络传播的其他恶意软件,如 Rootkit、Backdoor、DoS、Exploit 等,所以需要扩展已有理论,研究这些恶意软件的形式化描述和计算复杂性理论。此外,当前的基础理论尚未有普遍认可的恶意软件计算模型,各个模型是不等价的,得到完善的恶意软件计算模型是一个有待研究的问题。

2.2　机器学习基础

2.2.1　机器学习简介

机器学习(machine learning)是关于计算机基于数据构建模型并运用模型对数据进行预测和分析的一门学科。机器学习是人工智能的一个分支,给机器一个自我学习的程序,机器能够从训练数据中学习到隐藏的模式,随着时间的推移和经验的增多,机器的学习能力得到改善,最终构建一个模型,可用于对未知数据进行预测和分析。

机器学习一般分为有监督学习(supervised learning)和无监督学习(unsupervised learning)。有监督学习的输入是给定的、有限的、已标记输出的训练数据,并且假设要学习的模型属于某个函数集合,称为假设空间(hypothesis space),应用某个评价准则,从假设空间中选取一个最优的模型,使它对已知训练数据和未知测试数据在给定的评价准则下有最优的预测。无监督学习的输入是给定的、有限的、无输出标记的数据,应用特定的算法和评价准则,学习得到数据之间的关系、结构和隐藏的模式。本书只使用了有监督学习算法,后面的内容也只介绍有监督学习。

有监督学习的目的是学习一个从输入到输出的映射,这一映射由模型来表示。一般情况下,输入变量写作 X,输出变量写作 Y,输入变量取值写作 x,输出变量取值写作 y,x_i 记作多个输入实例的第 i 个,则特征向量形式记作:

$$x_i = (x_i^1, x_i^2, \cdots, x_i^n) \tag{2.6}$$

X 和 Y 之间的映射关系表示为

$$Y = f(X) + \varepsilon \tag{2.7}$$

f 是一个固定但未知的函数；ε 是随机误差，与输入 X 无关。机器学习的任务就是基于训练数据使用一些模型估计函数 f，得到估计的 $\widehat{f}$，然后使用 $\widehat{f}$ 预测指定输入 X 的输出 $\widehat{Y}$，即 $\widehat{Y}=\widehat{f}(X)$。一般情况下将 $\widehat{f}$ 当做一个黑盒，不需要知道它的具体形式，只需要它能准确地预测 $\widehat{Y}$。机器学习方法存在两种误差：可约减误差（reducible error）和不可约减误差（irreducible error）。一般情况下 $\widehat{f}$ 并不是 f 的完美估计，它可能存在一些误差，但可以寻找最适合的机器学习算法估计 f，产生较小的误差，这种误差是可约减误差。但 ε 是随机误差，独立于 X，无论对 f 估计多么完美，这部分误差也是不可能降低的，称为不可约减误差。误差可用以下公式表示：

$$E(Y-\widehat{Y})^2 = E[f(X)+\varepsilon-\widehat{f}(X)]^2$$
$$= \underbrace{[f(X)-\widehat{f}(X)]^2}_{\text{可约减误差}} + \underbrace{\mathrm{Var}(\varepsilon)}_{\text{不可约减误差}} \quad (2.8)$$

机器学习的任务就是使用最适合的模型估计 f，但如果数据中存在不可约减误差，无论使用何种机器学习算法，都不可能得到完美准确率的结果。

对于特定的数据集，为了评估机器学习方法的性能，需要一些方法来量化模型预测值与实际观测数据是否一致，用一个损失函数（loss function）来度量预测错误的程度。损失函数值越小，模型就越好。损失函数是 $\widehat{f}(X)$ 和 Y 的非负实值函数，记作 $L(Y,\widehat{f}(X))$。机器学习中的损失函数有多种，对二分类问题的损失函数用 0-1 损失函数表示：

$$L(Y,f(X))=\begin{cases}1, & Y\neq f(X)\\0, & Y=f(X)\end{cases} \quad (2.9)$$

给定的训练数据集为

$$\mathrm{Train}=\{(x_1,y_1),(x_2,y_2),\cdots,(x_m,y_m)\} \quad (2.10)$$

m 是训练样本的容量。

给定的测试数据集为

$$\mathrm{Test}=\{(x_1',y_1'),(x_2',y_2'),\cdots,(x_n',y_n')\} \quad (2.11)$$

n 是测试样本的容量。

假设学习到的模型是 $\widehat{f}(X)$，模型 $\widehat{f}(X)$ 关于训练数据集的平均损失称为经验损失（empirical loss），记作 R_{emp}：

$$R_{\mathrm{emp}}(\widehat{f})=\frac{1}{m}\sum_{i=1}^{m}L(y_i,\widehat{f}(x_i)) \quad (2.12)$$

测试误差是模型 $\widehat{f}(X)$ 关于测试数据集的平均损失：

$$R_{\mathrm{test}}(\widehat{f})=\frac{1}{n}\sum_{i=1}^{n}L(y_i',\widehat{f}(x_i')) \quad (2.13)$$

训练误差的大小，对判断给定的问题是否为一个容易学习的问题是有意义的，但这本质上并不重要。学习方法对未知的测试数据集的预测能力是判断学习方法是否有效的重要依据,通常将学习方法对未知数据的预测能力称为泛化能力(generalization ability)。现实中通常使用测试误差来评价学习方法的泛化能力,但这种评价依赖测试数据集。由于测试数据集是有限的,如果它不能反映整个数据集的真实情况,很有可能得到的评价结果是不可靠的。如果一味地追求减小训练误差,学习得到的模型复杂度往往会比真实模型更高,对未知数据预测较差,这种现象称为过拟合(over-fitting)。当使用的模型过于简单时,将导致较高的训练误差,这种现象称为欠拟合(under-fitting)。一般来说,在使用的模型从简单变复杂的过程中,训练误差逐渐减小并趋于 0,但测试误差先逐渐减小,达到最小值后又逐渐增大。因此,在学习时既要防止过拟合,也要防止欠拟合,应选择适当复杂度的模型,达到测试误差最小的目的。

给定的测试数据集,期望测试均方误差可以分解为三部分:

$$E\left(y'-\widehat{f}(x')\right)^2 = \mathrm{Var}(\widehat{f}(x')) + [\mathrm{Bias}(\widehat{f}(x'))]^2 + \mathrm{Var}(\varepsilon) \qquad (2.14)$$

$E\left(y'-\widehat{f}(x')\right)^2$ 称为期望测试均方误差。理想情况下,$\widehat{f}$ 的估计不应该随训练集的不同而发生改变。实际情况中,当使用不同的训练集学习时,将产生不同的模型 $\widehat{f}$。$\mathrm{Var}(\widehat{f}(x'))$ 表示训练集变化导致模型 $\widehat{f}$ 变化而产生的预测误差,也称为方差。如果一个学习方法存在较高的方差,那么训练集的微小变化将导致模型 $\widehat{f}$ 发生大的改变。$[\mathrm{Bias}(\widehat{f}(x'))]^2$ 表示估计的 $\widehat{f}$ 和真实的 f 之间存在差异导致的误差,称为偏差。$\mathrm{Var}(\varepsilon)$ 是随机误差,通常与算法和数据无关。一般来说,当使用更复杂的模型估计 f 时,偏差会减少,但方差会增加。当使用过于简单的模型估计 f 时,方差会减少,但偏差会增加。给定的数据集,通常需要平衡偏差和方差,使用复杂度适中的模型。

在机器学习中,没有任何算法在所有的数据集上都优于其他算法。在特定的一个数据集,某个算法可能优于其他算法,但对于另一个不同的数据集,其他算法可能性能更优。机器学习的任务就是针对特定数据集,选择对该数据集性能较优的算法。其中评价算法时要权衡训练误差和测试误差,选取最优的模型。

2.2.2　分类算法

在有监督学习中,输出变量可能是一个数值,即定量的(quantitative),也可能是有限个离散值,即定性的(qualitative)。基于输入 X 预测一个定性输出值的问题称为分类问题。分类问题的输入 X 可能是离散的,也可能是连续的。分类问题由两个步骤组成:构建模型和使用模型对未知数据进行预测。构建模型是使用分类算法从训练数据中学习一个分类模型或分类决策函数,该模型也称为分类器(classifier)。分类器对未知的输入数据进行输出预测(prediction),称为分类(classification)。可能的输出称为类(class),当类可能是多个值时,称为多分类问题,当类只存在两个可选值时,称为二分类问题。本书主要预测未知软件是恶意软件还是良性软件,属于二分类问题。

1. 朴素贝叶斯算法[14]

X 是输入空间上的随机向量,Y 是输出空间上的随机变量,$P(X,Y)$ 是 X 和 Y 的联合概率分布。给定一个训练数据集:$D=\{(\boldsymbol{x}_1,y_1),(\boldsymbol{x}_2,y_2),\cdots,(\boldsymbol{x}_m,y_m)\}$,$m$ 是训练样本的容量,$\boldsymbol{x}_i=(x_i^1,x_i^2,\cdots,x_i^n)$,$\boldsymbol{x}_i$ 是包括 n 个特征的实例,$y_i\in\{c_1,c_2,\cdots,c_p\}$,$c_j$ 是可能的输出类。对于未知类别的样本 x,希望预测其类别属性,贝叶斯决策就是将 x 分到使 $P(Y=c_k|D,x)$ 取最大值的那个类。该公式可写为

$$P(Y=c_k|D,x)\propto P(x|D,Y=c_k)P(Y=c_k|D) \tag{2.15}$$

式中,$P(Y=c_k|D)$ 可直接从训练集 D 计算得到,其条件概率分布为

$$P(x|D,Y=c_k)=P(X^1=x^1,\cdots,X^n=x^n|D,Y=c_k) \tag{2.16}$$

假设 X^j 取值有 S_j 个,需要估计的参数为 $K\prod_{j=1}^{n}S_j$ 个,一般情况下会存在训练样本不足的情况。朴素贝叶斯算法假设 x 的各个特征是独立的,则

$$
\begin{aligned}
P(x\mid D,Y=c_k) &= P(X^1=x^1,\cdots,X^n=x^n\mid D,Y=c_k) \\
&= \prod_{j=1}^{n}P(X^j=x^j\mid D,Y=c_k)
\end{aligned} \tag{2.17}
$$

所以有

$$y=\arg\max_{c_k}P(Y=c_k\mid D,x)\propto\arg\max_{c_k}P(Y=c_k\mid D)\prod_{j=1}^{n}P(X^j=x^j\mid D,Y=c_k) \tag{2.18}$$

根据以上公式,使用训练集 D 和输入向量 x 就可计算得到输出 y 最可能的类别。

2. 决策树算法

决策树是一种多级决策方法,决策模型呈树形结构,决策树由节点(node)和有向边(directed edge)组成,节点分为内部节点和叶节点,内部节点表示一个特征或属性,叶节点表示一个类。决策树在不同的层级上使用不同的特征子集,根据分层和分割的方式将预测变量空间划分为一系列子空间。对于某个给定待预测的实例,用其所属区域中训练集的平均值或众数对其进行预测。决策树的每一条路径对应一条决策规则,决策规则应该是互斥并且完备的,即每一个实例都被一条规则覆盖,且仅被一条规则覆盖。

决策树中选取最优决策树是 NP 完全问题,一般采用启发式方法构建次优决策树,如使用信息增益(information gain)或信息增益比(information gain ratio)递

归地选择较优特征,并根据该特征对训练数据进行分割,得到一个与训练数据矛盾较小的决策树,同时对未知数据有很好的预测。

X 是一个取有限个值的随机变量,其概率分布为

$$P(X=x_i)=p_i \qquad (2.19)$$

随机变量的熵定义为

$$H(X) = -\sum_{i=1}^{n} p_i \log_2 p_i \qquad (2.20)$$

随机变量 X 给定的条件下随机变量 Y 的条件熵 $H(Y|X)$ 定义为

$$H(Y \mid X) = \sum_{i=1}^{n} p_i H(Y \mid X = x_i) \qquad (2.21)$$

特征 F 对训练数据集 D 的信息增益 $g(D,F)$ 定义为

$$g(D,F)=H(D)-H(D|F) \qquad (2.22)$$

特征 F 对训练数据集 D 的信息增益比 $g_R(D,F)$ 定义为

$$g_R(D,F)=\frac{g(D,F)}{H(D)} \qquad (2.23)$$

ID3 算法[15]的核心思想是选择信息增益最大的特征作为节点,由该特征的不同取值建立子节点,再对子节点递归使用以上方法构建决策树,直到没有特征可供选择或信息增益很小。C4.5 算法[16]的思想和 ID3 算法相似,只是用信息增益比取代信息增益选择特征构建决策树。以这种方式构建的决策树通常对训练集拟合很好,但对未知数据的分类并没有那么准确,需要简化决策树的复杂度,对生成的决策树进行简化的过程称为剪枝(pruning)。剪枝从生成的决策树减掉一些子树,这棵子树的类别标签由位于该节点相关的数据空间中的样本确定。剪枝是在决策树对训练数据的拟合程度和模型复杂度之间进行平衡,剪枝的算法有多种,通常是将模型复杂度的惩罚项整合进来,防止决策树过度拟合训练数据,以达到较好的预测未知数据的效果。

2.2.3　集成学习

集成学习是指按照多样和准确的原则产生多个具有独立决策能力的分类器,并按照某种策略组合这些独立的分类器解决一个同样的问题。在真实情况下,每个分类算法都有其局限性,都可能产生预测错误,组合多个分类算法将修正单个分类器的错误,降低总体的错误率,从而有效地提高学习系统的泛化能力。集成学习的原理是专家委员会思想,把具有独立决策能力的分类器当做专家,组合多个专家观点形成最终决策,其中蕴含的哲学思想是"三个臭皮匠,顶个诸葛亮"。Schapire等[17]通过一个构造性方法证明了一个关键定理,即如果一个概念是弱可学习的,那么其充要条件是它是强可学习的,他的工作奠定了集成学习的理论基础。这个

定理说明:多个弱分类器可以集成为一个强分类器。大量的实验和理论研究显示,集成学习一般能比单个分类器取得更好的分类准确率,当存在更多样性的基分类器时,这种优势提升更会明显。严格来说,集成学习并不算是一种分类算法,而是一种分类器组合的方法。

1. 集成学习的构建方法

构建集成学习模型分为两个阶段:①构建相对准确并具有多样性的基分类器;②使用一定的策略集成基分类器。多样性是指基分类器之间存在较大的差异性,尽管研究人员对保持基分类器的多样性达成了共识,但如何度量基分类器的多样性却没有一定的标准。因为没有标准,研究人员采用了不同的策略来构建多样性的基分类器。集成学习可从多个层次构建,从而产生各具特色的集成学习方法。Kuncheva[18] 提出了按集成学习构建的层次对集成学习算法进行分类的方法,图 2.1 显示了构建集成学习的四个层次,集成学习可单独在某个层次构建,也可同时在多个层次构建。

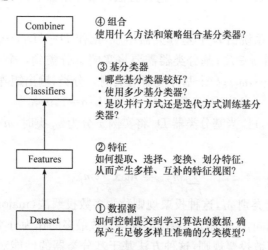

图 2.1　集成学习的构建方法

数据层控制提交到学习算法的数据,确保产生足够多样且准确的分类模型。基于数据层的集成学习方法从训练集有放回地抽样生成不同的训练子集,不同训练子集用于训练多个基分类器,然后使用不同的集成策略组合基分类器。这种方法对不稳定的学习算法很有用,特别是训练数据中微小的变化容易导致分类器输出发生明显变化的学习算法。Bagging 和 Boosting 是这种方法最典型的例子。

特征层通过提取、选择、变换、划分特征,从而产生多样、互补的特征视图。基于特征层的集成学习方法采用各种技术获得同一数据源的不同特性视图,如构建多种不同的特性表示,将原始特征集划分为多个特征子集,变换原始单视特征为多个特征视图等。可用两种不同的方式集成多个特征视图：①在每一个特征视图训练不同的分类模型，组合多个特征视图的分类模型产生最终的分类模型；②合并多个特征视图为一个特征超集，然后使用合并后的特征集训练分类器。总体来说，该方法充分利用了多特征视图和不同的分类算法的一致性和互补性，比单一特征视图方法更有效，具备更好的泛化性能。

分类器层选择基分类器的类型及数量，确定训练基分类器的方式有迭代方式或并行方式。该方法构建多样且相对准确的基分类器集合，如使用不同的学习算法训练不同分类模型，在学习算法注入随机产生不同的分类模型，相同学习算法可使用不同的参数产生不同的分类模型，也可同时使用多个机制。通过对多个分类器进行适当的组合，从而改善学习算法的准确性。这种方法组合了异质的或同质的分类模型的决策，克服了不同算法的归纳偏置问题。

集成层确定组合基分类器的方法和策略。该方法可以使用不同的方式来组合基分类器产生最终的决策，包括投票法（voting）[18]、叠加法（stacking）[19]、选择性集成法（ensemble selection）[20]等。这些方法简要介绍如下：

1）投票法

假设集成学习系统由 L 个基分类器组成，记作 $D=\{D_1,\cdots,D_L\}$；x 是具有 t 个特征的实例，记作 $x\in R^t$；基分类器需要将实例 x 分类到 c 个可能的类别之一，类别集合 $\Omega=\{\omega_1,\cdots,\omega_c\}$；$L$ 个基分类器对实例 x 分类，输出矩阵

$$M=[m_{p,q}], \quad p=1,\cdots,L; q=1,\cdots,c \tag{2.24}$$

如果 $m_{p,q}\in\{0,1\}$，当基分类器 D_p 将实例 x 分为 ω_q 类时，$m_{p,q}=1$，否则 $m_{p,q}=0$。如果

$$\sum_{p=1}^{L} m_{p,k} = \max_{q=1}^{c}\sum_{p=1}^{L} m_{p,q} \tag{2.25}$$

则实例 x 将被分到类别 ω_k，这种投票规则称为多数投票法（majority voting），每个基分类器的权重相同，少数服从多数，类别得票数最多的作为分类结果。该方法的一种扩展是加权多数投票规则，这种方法基于基分类器的性能对各基分类器赋予不同的权值，每个基分类器的权值可能独立于所预测的类，或者根据基分类器在每个类别上的性能随类别而变化，Adaboost 算法是加权多数投票规则最典型的例子。

$m_{p,q}\in[0,1]$，$m_{p,q}$ 是基分类器 D_p 对实例 x 属于类别 ω_q 的支持度，记作 $m_{p,q}=P(\omega_q|x,D_p)$。如果

$$\frac{1}{L}\sum_{p=1}^{L} m_{p,k} = \max_{q=1}^{c}\frac{1}{L}\sum_{p=1}^{L} m_{p,q} \tag{2.26}$$

则实例 x 将被分到类别 ω_k，这种投票规则称为平均概率投票规则（average of probabilities）。该方法还存在多种扩展，如最大概率投票规则、最小概率投票规

则、中值概率投票规则。

2）叠加法

叠加法构造一组同质的或异质的基分类器，基分类器的输出用于训练元分类器（meta-classifier），元分类器输出最终的分类结果。元分类器可修正基分类器的错误，取得较小的泛化误差。可以使用任何分类算法训练基分类器或元分类器。叠加法的步骤简单描述如下：①数据集划分为三个不相交的子集，即训练集、验证集和测试集；②在训练集构建一组基分类器；③使用训练好的基分类器分类验证集；④利用步骤③的输出结果以及真正的类标签训练元分类器；⑤在测试集对训练好的元分类器性能进行评估。

3）选择性集成法

大多数集成学习算法组合了所有的基分类器，但很难确定应该包含哪些基分类器、需要多少个基分类器、应该使用何种集成策略。研究表明，组合一部分基分类器而不是所有基分类器可能会更好，这样的集成学习方法称为选择性集成法。选择性集成学习可以使用较少的基分类器实现较强的泛化性能。选择性集成学习包括两个步骤：首先，训练一组同质的或异质的基分类器；其次，采用启发式算法来计算基分类器的权重，将权重大于设定阈值的基分类器进行组合，组合后的模型用于对测试样本进行分类。

2. 集成学习算法

1）Bagging 算法

机器学习中，使用独立同分布的不同训练集构建分类模型可能会产生具有明显差异的模型。理想情况下，如果可以从问题领域中得到多个训练集构建模型，集成所构建的模型可改进模型的稳定性，减少方差分量，从而降低期望误差值。实际情况中实验样本有限，Bagging 集成学习算法[21]通过模拟上述过程来改进学习方法的不稳定性，该方法从原始训练集有放回地抽样以生成不同的训练子集，使用给定的学习算法从每一个训练子集构建基分类器，然后使用多数投票规则集成基分类器集合。Bagging 算法对不稳定和高方差的学习算法特别有效，如决策树和神经网络等，但 Bagging 算法对稳定的学习算法改进很小。

Bagging 算法步骤如下：

（1）假设有一个包括 n 个样本的训练集。

（2）令 $t=1,\cdots,k$，k 为循环次数，执行：

① 对训练集有放回抽样，生成大小为 n 的样本集；

② 使用给定的学习算法从抽样获得的样本集构建基分类器 D_t。

（3）对测试样本 x，使用步骤（2）构建的 k 个分类器预测 x 的类别，将 x 归入预测次数最多的类别。

2) Boosting 算法

Boosting[17]实际上是一个算法家族，Adaboost 是这个族类中最常用的算法，该算法使用给定的学习算法迭代地从训练集构建一系列分类器，每一次迭代生成一个新分类器，每一轮迭代结束时，将前一个分类器预测不正确的样本赋予更高的权重，重复指定迭代次数生成多个分类器，基于分类器的性能对所产生的分类器赋予一个权重。最后，使用加权投票来生成一个最终的模型。Adaboost 通过顺序迭代的方法来修正前期生成模型的错误，原始的 Boosting 算法证明了集成弱分类器可以生成一个强分类器。

AdaBoost 算法步骤如下：

(1) 假设有一个包括 n 个样本的训练集，初始化每个样本的权值为 $w_i^0 = \dfrac{1}{n}$。

(2) 令 $t = 1, \cdots, k, k$ 为迭代次数，执行：

① 使用带有权值 w_i^t 的训练数据构建基分类器 D_t；

② 计算基分类器 D_t 在训练数据集上的分类错误率：

$$e_t = \sum_{i=1}^{n} w_i^t I, \quad D_t(x_i) \neq y_i \tag{2.27}$$

③ 计算分类器 D_t 的权重：

$$a_t = \frac{1}{2} \log_2 \frac{1 - e_t}{e_t} \tag{2.28}$$

④ 更新训练集中每个样本的权值：

$$w_i^{t+1} = \frac{w_i^t}{Z_t} \exp(-a_t y_i D_t(x_i)) \tag{2.29}$$

式中，Z_t 是规范化因子，即

$$Z_t = \sum_{i=1}^{n} w_i^t \exp(-a_t y_i D_t(x_i)) \tag{2.30}$$

(3) 构建基分类器的组合：

$$D(x) = \operatorname{sign}\left(\sum_{t=1}^{k} a_t D_t(x)\right) \tag{2.31}$$

(4) 对测试样本 x'，使用步骤(3)构建的分类器 $D(x)$ 预测 x' 的类别。

3) 随机子空间算法

随机子空间算法(random subspace)[22]将原始特征集随机地划分成多个特征子集，使用给定的学习算法从每一个特征子集构建基分类器，然后使用多数投票方法集成所有的基分类器，随机子空间算法对存在大量具备区分能力特征的应用领域特别有效。

4) 随机森林算法

随机森林算法(random forest)[23]是 Bagging 算法和随机子空间算法相结合

而提出的一个算法,一般情况下比单独使用 Bagging 或随机子空间算法效果要好。随机森林算法从原始训练集有放回地抽样生成不同的训练子集,对每个训练子集使用决策树算法构建基分类器,构建决策树时没有使用所有特征集分裂决策树的节点,而是对于决策树的每个节点,随机选择一个特征子集,在该特征子集内选择最优的特征分裂节点,最后使用多数投票方法集成所有生成的决策树基分类器。假设特征集中部分特征具有较强的预测能力,而部分特征只有中等程度的预测能力,Bagging 算法使用决策树构建基分类器时,总是选择有较强预测能力的特征分裂决策树的节点,这就导致构建的大部分基分类器都很相似。随机森林算法强迫决策树的每个分裂点仅考虑随机的特征子集,这就保证了基分类器的多样性和互补性,从而使随机森林算法有更小的方差,算法的可信度也更高。随机森林算法对大多数数据集都有较好的效果,可以和该数据集上最好的分类算法相媲美,且该算法能处理特征数量特别巨大的数据。由于随机森林算法可并行处理,很多大数据分析平台都实现了该算法。

5) 旋转森林算法

旋转森林算法(rotation forests)[24]和随机森林算法很相似,也是 Bagging 算法和随机子空间算法相结合而提出的一个算法。首先,原始的特性集随机划分为多个互斥的特征子集;其次,对每一个特征子集,从原始训练集有放回地抽样生成该特征子集下的训练子集;第三,运用主成分分析方法将每一个特征子集空间映射到新的低维特征空间;第四,对每个新生成的特征空间,使用给定的学习算法构建基分类器;最后,使用平均概率投票规则集成所有的基分类器。

2.2.4 特征选择与特征提取

给定一个特征集,可以通过两种方法减少其特征维数。第一种是去除对分类贡献不大的特征,保留有效的特征子集,这种方法称为特征选择。第二种是通过变换将原始特征空间映射到更低维的特征空间,变换可以是线性组合或非线性组合,这种方法称为特征提取。

特征选择的主要目的是:①去除不相关的特征;②提高学习效率,减少计算和存储需求;③提高分类模型的预测准确性;④降低分类模型的复杂度,改进数据和模型可理解性。特征选择和后续分类算法的结合方式可分为嵌入式(embedded)、过滤式(filter)和封装式(wrapper)三种。

在嵌入式特征选择中,特征选择算法本身作为组成部分嵌入学习算法中。最典型的是决策树算法,如 Quinlan 的 ID3 和 C4.5 算法等。算法在每一节点选择分类能力最强的特征,然后基于选中的特征进行子空间分割,继续此过程直到满足终止条件,可见决策树生成的过程就是特征选择的过程。

过滤式特征选择的评估标准独立于学习算法,使用一些测度对特征进行排序,淘汰测度分数较低的特征。过滤式特征选择的测度方法有很多,如类间距、信息增益、信息增益比、关联度及不一致度等。但寻找与类别相关的特征子集和选择最优分类准确率的特征子集是两个不同的任务,过滤式特征选择得到的一般不是最优特征子集。

封装式特征选择算法的核心思想是:与学习算法无关的过滤式特征评价会和后续的分类算法产生较大的偏差,不同学习算法偏好不同的特征子集,既然特征选择后的特征子集最终将用于后续的学习算法,那么该学习算法的性能就是最好的评估标准。因此,在封装式特征选择中,将学习算法的性能作为特征选择的评估标准。由于采用学习算法的性能作为特征评估标准,封装式特征选择算法需要枚举所有的特征组合方式,对每一种组合方式都用学习算法评估其性能,这通常是不可行的。研究人员提出了一些启发式的方法,如前向搜索、后向搜索、随机搜索等。前向搜索从一个空的特征子集开始,每次增加一个特征,增加该特征使学习算法的性能提升最大,继续此过程直到学习算法的性能提高不明显或性能下降。后向搜索从包括全部特征的特征集开始,每次去除一个特征,去除该特征使学习算法的性能提升最大或性能下降不明显,继续此过程直到学习算法的性能明显下降。这两种方法都很难得到全局最优的特征子集,一般都是得到局部最优子集。随机搜索使用遗传算法、免疫算法、蚁群算法等自然算法对特征集进行搜索,选择较优的特征子集。封装式特征选择算法一般比过滤式特征选择算法准确率高,但其算法效率较低。

特征提取通过变换将高维特征空间映射到低维特征空间,以达到以下目的:①减少特征空间的维度,提高计算速度;②减少冗余;③最大限度地减少信息损失,甚至提高学习算法的性能;④发现更有意义的潜在特征,达到对数据的更深入理解。常用的特征提取算法有主成分分析、因子分析、奇异值分解、多维尺度分析、流形学习(manifold learning)等。

2.2.5　性能评价

1. 评估方法

(1) Holdout 方法:Holdout 方法将数据集(D)分为互不相容的两个集合,即训练集(D_{train})和测试集(D_{test}),$D=D_{train} \bigcup D_{test}$,$D_{train} \bigcap D_{test} = \varnothing$。使用训练集构建分类器,并在独立的测试集上评估分类器的性能。Holdout 方法存在两个潜在的缺陷:①测试错误率的估计波动很大,因数据集的不同划分会产生不同的结果;②没有充分利用整个数据集,而只使用一部分数据训练分类器,得到的测试错误率估计偏于悲观。

(2) 交叉验证方法:针对 Holdout 方法存在的两个缺陷,研究人员提出使用交叉验证(cross-validation)改进 Holdout 方法存在的问题。交叉验证方法将数据集

(D)随机分为 k 个大小基本一致且互不相容的子集$(D_1,D_2,\cdots,D_k)$，$D=D_1\bigcup D_2$ $\bigcup\cdots\bigcup D_k$，任意两个子集 $D_i\bigcap D_j=\varnothing$。每次使用 $k-1$ 个子集构建分类器，使用剩下的一个子集评估分类器的性能。重复这个步骤 k 次，每次使用不同的子集作为测试集，整个过程会得到 k 个分类性能的估计，将这些值求平均得到整体的分类器性能估计。交叉验证方法对分类器性能的估计一般不会产生大的波动，存在的主要缺点是计算量较大，特别是当 k 取较大值时。

2. 评价指标

对分类器的评价指标有很多，本书主要使用检测率、误报率、准确率三个指标，许多性能指标可以借助表 2.1 所示的混合矩阵计算出来。

表 2.1　分类器的混合矩阵

混合矩阵	预测为恶意软件	预测为良性软件
实际为恶意软件	TP	FN
实际为良性软件	FP	TN

TP（true positive）：分类器对属于恶意软件的样本正确地预测为恶意软件的数量。

FP（false positive）：分类器对属于良性软件的样本错误地预测为恶意软件的数量。

TN（true negative）：分类器对属于良性软件的样本正确地预测为良性软件的数量。

FN（false negative）：分类器对属于恶意软件的样本错误地预测为良性软件的数量。

检测率（true positive rate，TPR）是分类器预测正确的恶意软件占所有恶意软件的比例：

$$TPR=\frac{TP}{TP+FN} \tag{2.32}$$

误报率（false positive rate，FPR）是分类器预测错误的良性软件占所有良性软件的比例：

$$FPR=\frac{FP}{TN+FP} \tag{2.33}$$

准确率（accuracy）是分类器预测正确的样本（包括良性软件和恶意软件）占所有测试样本的比例：

$$Accuracy=\frac{TP+TN}{TP+TN+FP+FN} \tag{2.34}$$

分类器的性能也可用 ROC(receiver operating characteristic)曲线评价，ROC 曲线的纵轴是检测率，横轴是误报率，该曲线反映的是随着检测阈值的变化，检测率与误报率之间的关系曲线。ROC 曲线下面积(area under ROC curve，AUC)的值是评价分类器比较综合的指标，AUC 的值通常介于 0.5 与 1.0 之间，较大的 AUC 值一般表示分类器的性能较优。如果两个分类器的 ROC 曲线交叉，那么一个分类器在某些阈值下较优，而另一个分类器在其他阈值下较优，这种情况下很难确定较优的分类器。只有一个分类器的 ROC 曲线始终高于另一个分类器时，AUC 才是比较分类器性能的有效准则。

2.2.6　WEKA 简介

WEKA[25]的全名是怀卡托智能分析环境(Waikato environment for knowledge analysis)，它是基于 Java 开发的开源数据挖掘和机器学习软件，集成了最前沿的机器学习算法和数据预处理工具(包括很多第三方开发的算法)，包括数据预处理、分类、回归、聚类、关联规则等。用户可将 WEKA 的算法集成到自己的系统，也可基于 WEKA 的平台开发自己的算法，将自己的算法集成进 WEKA。WEKA 的输入数据有两种格式，第一种是以 ARFF 为代表的文本文件，第二种是直接读取数据库。可通过多种方式使用 WEKA，如命令行、Explorer、Experimenter、Knowledge Flow 等，用户使用交互式方式选择学习方案，大部分学习方案都带有可调节的参数，用户可通过修改参数对学习方案的性能进行评估。

Explorer 提供了探索数据的环境，是比较容易使用的图形界面接口，主要用于简单的学习任务，可以调用 WEKA 的大部分功能，通过选择菜单和填写表单，引导用户一步一步按照合适的顺序完成学习任务，根本缺陷是必须将所需要的数据全部加载到内存中，只支持批量方式运行实验，而批量方式仅适合处理中小规模的问题。

Experimenter 用于帮助用户解答机器学习中的一个基本问题：对于一个已知问题，哪种方法及参数值能取得最佳结果？Experimenter 以更方便的方式允许用户创建、运行、修改和分析实验，如用户可以创建运行多个方案的实验，然后分析结果来确定哪个方案更优。尽管用户也能通过 Explorer 交互界面单步完成，但 Experimenter 可使处理过程自动化。

Knowledge Flow 提供基于数据流的可视化实验设计环境，可设计非常复杂的实验方案，除了支持批量方式运行实验，还支持增量方式运行实验。Knowledge Flow 允许用户在屏幕上任意拖拽图形构件，按照一定顺序将代表数据源、预处理工具、学习算法、评估手段和可视化模块的各构件组合在一起，形成数据流，并按数据流完成整个实验过程，最终得到文本方式或图像方式的实验结果。

WEKA 中集成了许多分类算法的实现，常用分类算法的使用格式简介如下：

(1) J48 算法:J48 算法是一种典型的决策树算法,是 C4.5 算法的实现。它采用信息增益率来评价在决策树中构造分枝时选用的特征。J48 分类器提供了多个参数选项,典型的运行命令为

$$J48-C\ 0.25-M\ 2$$

其中,选项-C 是决策树的置信度,它代表在该节点中真实样例个数占总样例数的比例,该值越小,会导致更严格的剪枝;-M 代表叶子节点中最少的样例个数,该值设置过大会导致分类的准确率下降,过小有可能出现过度拟合的现象。

(2) Bagging 算法:WEKA 中的 Bagging 算法提高了单纯分类算法的稳定性,常用的格式为

$$Bagging-P\ 100-S\ 1-I\ 10-W\ weka.\ classfiers.\ trees.\ REPtree$$

(3) Random Forest 分类器:可以创建若干随机决策树组成的森林,常用格式为

$$RandomForest-I\ 10-K\ 0-S\ 1-depth\ 0$$

其中,选项-I 表示创建的随机决策树的数量;-K 表示在每个随机决策树中使用属性的个数,0 表示不受限制;-S 表示使用的随机数种子;-depth 表示随机决策树最大高度,0 表示不受限制。

2.3 本 章 小 结

本章综述了恶意软件的各种形式化定义、理论模型和计算复杂性,主要结论是:①计算机病毒检测是不可判定的;②检测有界长度变异病毒是 NP 完全问题;③存在计算机病毒,它的检测过程具有任意大的时间复杂度;④存在不可判定的病毒不具有"极少"检测错误的检测过程。因此,必须从不同角度,利用各种启发性知识去识别恶意软件,提高判断的准确性。

启发式方法是一类在求解某个具体问题时,在可以接受的时间和空间内能给出其近似解,但又不保证求得精确解的策略的总称。近年来,图论、机器学习、数据挖掘以及社会学等各个不同领域成果的交叉应用促进了对恶意软件安全性的研究,研究人员提出了许多启发式的智能检测方法。基于启发式的检测方法可识别部分未知恶意软件,但存在一定程度的误报率,本书后面章节将利用不同的启发性知识研究新的、有效的恶意软件检测方法。

此外,本章也介绍了机器学习方面的基础知识、分类算法、集成学习、特征选择和特征提取算法、性能评价方法,最后简要介绍了本书使用的开源机器学习软件WEKA,主要为后续章节检测方法的研究奠定基础。

参 考 文 献

[1] Cohen F B. Computer Viruses. Los Angeles: University of Southern California, 1986.

[2] Cohen F B. A formal definition of computer worms and some related results. Computers & Security, 1992, 11(7): 641-652.

[3] Chess D M, White S R. An undetectable computervirus. Proceedings of Virus Bulletin Conference, 2000.

[4] 王剑, 唐朝京, 张权, 等. 基于扩展通用图灵机的计算机病毒传染模型. 计算机研究与发展, 2003, 40(9): 1300-1306.

[5] Thimbleby H, Anderson S, Cairns P. A framework for modelling trojans and computer virus infection. The Computer Journal, 1998, 41(7): 444-458.

[6] Marion J Y. From turing machines to computer viruses. Philosophical Transactions of the Royal Society of London A: Mathematical, Physical and Engineering Sciences, 2012, 370 (1971): 3319-3339.

[7] Adleman L M. An abstract theory of computer viruses. Advances in Crypto, 1998, 403: 354-374.

[8] 田畅, 郑少仁. 计算机病毒计算模型的研究. 计算机学报, 2001, 24(2): 158-163.

[9] Zuo Z, Zhou M. Some further theoretical results about computer viruses. The Computer Journal, 2004, 47(6): 627-633.

[10] Zuo Z, Zhu Q, Zhou M. On the time complexity of computer viruses. IEEE Transactions on Information Theory, 2005, 51(8): 2962-2966.

[11] 左志宏, 舒敏, 周明天. 计算机病毒的计算复杂度问题. 计算机科学, 2005, 32(7): 102-104.

[12] 张瑜, 李涛, 吴丽华, 等. 计算机病毒演化模型及分析. 电子科技大学学报, 2009, 38(3): 419-422.

[13] Spinellis D. Reliable identification of bounded-length viruses is NP-complete. IEEE Transactions on Information Theory, 2003, 49(1): 280-284.

[14] Duda R O, Hart P E, Stork D G. Pattern Classification. New York: John Wiley & Sons, 2012.

[15] Quinlan J R. Induction of decision trees. Machine Learning, 1986, 1(1): 81-106.

[16] Quinlan J R. C4. 5: Programs for Machine Learning. San Mateo: Morgan Kaufmann Publishers, 2014.

[17] Freund Y, Schapire R E. A decision-theoretic generalization of on-line learning and an application to boosting. Journal of Computer and System Sciences, 1997, 55(1): 119-139.

[18] Kuncheva L I. Combining Pattern Classifiers: Methods and Algorithms. 2nd ed. New York: John Wiley & Sons, 2014.

[19] Wolpert D H. Stackinged generalization. Neural Networks, 1992, 5(2): 241-259.

[20] Caruana R, Niculescu-Mizil A, Crew G, et al. Ensemble selection from libraries of models. Proceedings of the Twenty-First International Conference on Machine Learning, 2004: 18.

[21] Breiman L. Bagging predictors. Machine Learning,1996,24(2):123-140.

[22] Ho T K. The random subspace method for constructing decision forests. IEEE Transactions on Pattern Analysis and Machine Intelligence,1998,20(8):832-844.

[23] Breiman L. Random forests. Machine Learning,2001,45(1):5-32.

[24] Rodriguez J J,Kuncheva L I,Alonso C J. Rotation forest:A new classifier ensemble method. IEEE Transactions on Pattern Analysis and Machine Intelligence, 2006, 28 (10): 1619-1630.

[25] Witten I H,Frank E,Hall M A. Data Mining:Practical Machine Learning Tools and Techniques. 3rd Ed. Boston:Morgan Kaufmann,2011.

第3章　加壳技术研究

3.1　引　言

　　壳是一种很好的保护机制,在自然界中植物用壳来保护种子,动物用壳来保护身体。同样,在计算机软件领域也有用来保护程序的壳,可以说对程序加壳是一种常用的软件保护手段。加壳的全称是可执行程序资源的压缩和加密。程序的"壳"是附加在软件内的一段代码,这段代码的功能就是对程序进行保护。加过壳的程序通常会尽力防止外部程序对加壳程序的反汇编分析或者动态分析,从而达到保护自身的目的。

　　加壳一般是利用特定的算法,对原始程序进行压缩或加密。加上外壳后,原始程序代码在硬盘文件中一般是以加密的形式存在的,只在执行时在内存中还原,这样就可以比较有效地防止破解者对程序文件的非法修改,同时也可以防止程序被静态反汇编。经过加壳的程序可以直接运行,但其汇编代码不能直接通过反汇编查看,而只有在经过脱壳处理后,用户才有可能查看其汇编代码。加壳程序在执行时,壳程序是先于原始程序执行的,它会告诉 CPU 怎样才能解压/解密自己以还原成原始程序,完成保护工作后,再将控制权交还给真正要执行的程序,执行原始代码部分。加壳后的程序能够有效防范静态分析并增加动态分析的难度,由于具备自我保护的特性,加壳也成为恶意软件逃避查杀的一种常用手段。

　　目前的加壳工具主要分为压缩壳和保护壳。压缩壳的主要目的在于对原始程序进行压缩以减小软件体积,这与通常的压缩软件的目的相似。但与一般的压缩软件不同的是:一般的压缩软件如 RAR 和 ZIP 的解压是需要硬盘读写的,若用它们压缩一个病毒,在解压时极有可能被杀毒软件发现;而如果对病毒进行加壳,由于壳的解压过程是在内存中进行的,因此病毒被杀毒软件发现的概率就会小得多。但是如 ASPack、UPX 以及 PECompact 等。这类加壳工具对软件的保护能力是很有限的,因此不常用于以软件保护为目的的加壳。保护壳,就是使用加密算法以及一些技术(如反调试、抗反汇编、代码混淆等)防止程序被调试、破解,如 ASProtect、ArmadillO、Themida、Burneye 以及 midgetpack-master 等,该方式并不关心加壳后软件的体积大小。当然,随着加壳技术的发展,这两种壳之间的界限也变得越来越模糊,有不少加壳软件将这两者结合起来,既具有较好的压缩性能,也具备很强的加密功能。

本章所介绍的加壳方法是在 x86 平台的 Linux 系统中实现的,包括通用加壳程序(打包器)的工作流程以及壳程序加载源程序并使其正常执行的方法。另外,还对一些常用的保护技术如反调试、抗反汇编、代码混淆等进行详细介绍。

<h1 style="text-align:center">3.2　加　壳　原　理</h1>

3.2.1　ELF 文件的加载过程

在 Linux 系统的 bash 下输入命令执行某个 ELF 文件时,用户层面 bash 进程会通过 fork() 系统调用来创建一个新的进程,此时,操作系统会为其创建一个独立的虚拟地址空间。接着,新的进程调用 execve() 来执行指定的 ELF 文件,原先的 bash 进程在新进程结束后,继续等待用户输入命令。

在进入 execve() 系统调用之后,Linux 内核就开始进行真正的装载工作[1]。内核中实际执行 execve() 系统调用的程序是 do_execve(),这个函数先打开目标映像文件,并从目标文件中读取 ELF 文件头检查文件是否符合要求,如果符合要求则调用另一个函数 search_binary_handler(),它会搜索 Linux 支持的可执行文件类型队列,使各种可执行程序的处理程序前来认领和处理。如果类型匹配,则调用 load_binary 函数指针所指向的处理函数来处理目标映像文件。在 ELF 文件格式中,ELF 可执行文件的装载处理过程称为 load_elf_binary(),它的主要步骤如下:

(1) 检查 ELF 可执行文件格式的有效性,如魔数、程序头表中段的数量。

(2) 搜寻程序头部表中的 PT_INTERP 类型段,找到动态链接器(dynamic linker)的路径,以便后面动态链接时使用。

(3) 读取可执行文件的程序头,并且创建虚拟空间与可执行文件的映射关系。

(4) 初始化 ELF 进程环境。

(5) 将系统调用的返回地址修改成 ELF 可执行文件的入口地址,这个入口地址取决于程序的链接方式。对于静态链接的 ELF 可执行文件,它就是 ELF 文件的文件头中 e_entry 所指的地址;对于动态链接的 ELF 可执行文件,动态链接器的入口地址就是程序入口地址。

当 load_elf_binary() 执行完毕,返回至 do_execve() 再返回至 sys_execve() 时,系统调用的返回地址已经被改写成被装载的 ELF 程序的入口地址。所以,当 sys_execve() 系统调用从内核态返回用户态时,EIP 寄存器直接跳转到 ELF 程序的入口地址。此时,ELF 可执行文件装载完成。接下来就是动态链接器对程序进行动态链接。

动态链接[2]可分为三步:启动动态链接器,装载所有需要的共享对象,进行重定位和初始化。

1. 动态链接器自启动

动态链接器有其自身的特殊性:首先,动态链接器本身不可以依赖其他任何共享对象;其次,动态链接器本身所需要的全局和静态变量的重定位工作由它的引导程序(Bootstrap)完成。

在 Linux 中,动态链接器 ld. so 实际上也是一个共享对象,操作系统同样通过映射的方式将其加载到进程的地址空间中。操作系统在加载完动态链接器之后,就将控制权递交给动态链接器。动态链接器人口地址即引导程序的入口。动态链接器启动后,其引导程序即开始执行。引导程序首先会找到自己的 GOT(全局偏移表,记录着重定位入口所需要的信息),该 GOT 的第一个入口保存的就是".dynamic"节的偏移地址,由此便可找到动态链接器本身的".dynamic"节。通过".dynamic"节中的信息,引导程序便可以获得动态链接器本身的重定位表和符号表等,从而得到动态链接器本身的重定位入口,然后将它们重定位。完成引导后,就可以自由地调用各种函数和全局变量。

2. 装载共享对象

执行完引导程序之后,动态链接器将可执行文件和链接器本身的符号表都合并到全局符号表中。然后链接器开始寻找可执行文件所依赖的共享对象:从".dynamic"节中找到 DT_NEEDED 类型,它所指出的就是可执行文件所依赖的共享对象。由此,动态链接器可以列出可执行文件所依赖的所有共享对象,并将这些共享对象的名字放入一个装载集合中。然后链接器开始从集合中取出一个所需要的共享对象的名字,找到相应的文件后打开该文件,读取相应的 ELF 文件头和".dynamic"节,然后将其相应的代码段和数据段映射到进程空间中。如果这个 ELF 共享对象还依赖于其他共享对象,那么将依赖的共享对象的名字放到装载集合中。如此循环,直到所有依赖的共享对象都被装载完成。

当一个新的共享对象被装载进来时,它的符号表会被合并到全局符号表中。所以当所有的共享对象都被装载进来时,全局符号表里面将包含动态链接器所需要的所有符号。

3. 重定位和初始化

当上述两步完成以后,动态链接器开始重新遍历可执行文件和每个共享对象的重定位表,将表中每个需要重定位的位置进行修正。重定位完成以后,如果某个共享对象有".init"节,那么动态链接器会执行".init"节中的代码,用以实现共享对象特有的初始化过程。此时,所有的共享对象都已经装载并链接完成,动态链接器的任务也到此结束。

3.2.2　加壳的方式

加壳程序的主要功能是对目标文件进行加密/压缩,将壳程序嵌入目标文件中并修改程序的入口地址。程序再次运行时会先执行壳程序,由壳程序负责进行解密/解压缩,然后将目标文件映射到内存中。其中,壳程序可以直接嵌入目标文件的空隙内,也可以将目标文件重新包裹构造成一个新的目标文件。

1. 直接嵌入

通过读取 ELF 的头文件的段与节的头部表,便可能在可加载段中搜索到一个拥有合适空隙的节区将壳程序嵌入进去。例如,在 Linux 下运行 readelf -S /bin/ls 命令查看 ls 的节头部表(图 3.1),可以看到“. eh＿frame”节的首地址为0x0805E670,长度为 0026B4,而下个节区的首地址为 0x08061EF8,期间还存在4564 个字节的空隙,壳程序便可以嵌入在此。

```
[13] .text         PROGBITS    08049b80 001b80 0104ac 00  AX  0   0 16
[14] .fini         PROGBITS    0805a02c 01202c 00001a 00  AX  0   0  4
[15] .rodata       PROGBITS    0805a060 012060 003f1b 00   A  0   0 32
[16] .eh_frame_hdr PROGBITS    0805df7c 015f7c 0006f4 00   A  0   0  4
[17] .eh_frame     PROGBITS    0805e670 016670 0026b4 00   A  0   0  4
[18] .ctors        PROGBITS    08061ef8 018ef8 000008 00  WA  0   0  4
```

图 3.1　ls 的部分节头部表信息

这种方法的具体操作流程[3]如下:

(1) 确定可执行目标文件的入口地址,根据入口地址找到可执行的段。

(2) 根据段在文件中的偏移量和大小,找到属于这个段的最后一个节区 A(实际上大多数 ELF 可执行文件的空隙都位于“. eh_frame”节)。

(3) 将壳程序添加到节区 A 中,对程序主体进行加密处理。

(4) 增加段的长度,增加值为壳程序的大小。

(5) 增加节区 A 的长度,增加值为壳程序的大小。

(6) 修改位于节区 A 之后所有节区的节区头部的偏移量,增加值为壳程序大小。

(7) 修改 ELF 头部的入口地址,指向壳程序的起始位置。

此时,壳程序只能是汇编代码所对应的二进制操作码,它负责解密以及其他处理程序(如反调试等)。加壳后的软件结构如图 3.2 所示。

内核先读取 ELF 头部文件信息,获取程序入口地址,该地址在之前已被修改为壳程序的首地址。执行完壳程序后,先恢复刚进入程序时的初始环境,然后跳转到真正的程序入口地址执行程序。

虽然这个方法在实践中效果不错,但它并不适用于每一个可执行的 ELF 文件。在 Linux 系统中页面的大小通常是 4096 字节,对于一个病毒,一个空隙是否

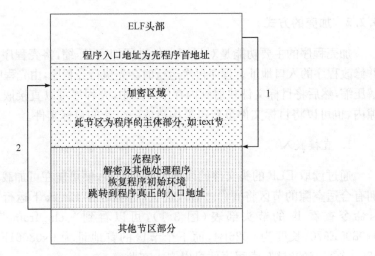

图 3.2　加壳后的软件结构

可用取决于壳程序的大小以及目标文件的可执行性。类似于 VIT 和 Brundle-Fly
类型的病毒所占用的平均大小为 2000 字节,因此可以感染约 50% 的可执行文件。
虽然对于病毒这些都无关紧要,但就软件保护,这种方法并不是很理想。

2. 重新包裹

重新包裹,顾名思义,就是将目标文件的代码段和数据段进行加密/压缩处理,
然后重新打包成一个新的 ELF 文件,这个新的 ELF 文件的执行代码部分就是壳
程序,而原目标文件作为数据被存放在该文件中。壳程序加载可执行文件的做法
与内核基本一致,不同的是壳程序在用户空间下执行。如果加载正确,那么对于被
包裹的程序其功能与之前并无差异。这种方法不受目标文件和壳程序大小的限
制,是一种较为通用的做法,Linux 下的加壳软件 UPX 以及 midgetpack 都使用的
是这种方法。图 3.3～图 3.5 分别是使用 readelf-l 命令后,ls 文件以及该文件被
上述两种软件加壳后的程序头部表(program headers)信息。

图 3.3　ls 文件程序头部表

```
Entry point 0xc0c018
There are 2 program headers, starting at offset 52

Program Headers:
  Type           Offset   VirtAddr   PhysAddr   FileSiz MemSiz  Flg Align
  LOAD           0x000000 0x00c01000 0x00c01000 0x0b808 0x0b808 R E 0x1000
  LOAD           0x000f00 0x08062f00 0x08062f00 0x00000 0x00000 RW  0x1000
```

图 3.4　用 UPX 加壳后的 ls 文件程序头部表

```
Entry point 0xbadc0f4
There are 4 program headers, starting at offset 52

Program Headers:
  Type           Offset   VirtAddr   PhysAddr   FileSiz MemSiz  Flg Align
  LOAD           0x000000 0x0badc000 0x0badc000 0x05aa0 0x05aa0 R E 0x1000
  LOAD           0x006450 0x0bafb450 0x0bafb450 0x000f8 0x00128 RW  0x1000
  GNU_STACK      0x000000 0x00000000 0x00000000 0x00000 0x00000 RWE 0x4
  LOAD           0x0066ec 0x0da806ec 0x0da806ec 0x19840 0x19840 RWE 0x1000
```

图 3.5　用 midgetpack 加壳后的 ls 文件程序头部表

可以看出,加壳后的目标文件结构发生了很大的变化:段和节被重构,起始地址不再从 0x08048000 开始,程序的入口地址和文件大小均被改变。其中,UPX 对目标文件进行了压缩,使其体积变小;而 midgetpack 对目标文件进行了加密,只有在输入密码正确时程序才能执行。这些工具的加壳过程如图 3.6 所示。

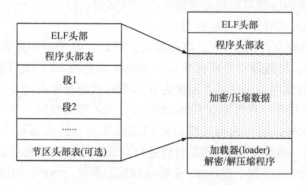

图 3.6　重新包裹方式的加壳过程

原目标文件被加密/压缩,然后放入新的 ELF 文件中作为其数据的一部分。其中,新文件的程序入口地址是壳程序的首地址,壳程序由加载器(loader)和解密/解压缩等程序构成。当目标数据被还原后,加载器读取其 ELF 头部和程序头部表的信息。若该程序需要动态链接,则加载动态链接器,然后将数据段和代码段映射到内存的相应位置。最后,初始化栈并跳转到目标文件的程序入口地址,递交控制权。至此,整个目标文件就被完整地映射到内存空间并能正常执行。

以上是两种基本的加壳方式,通过对其组合使用就能产生多种高级的加壳工具,如 Bitlackeys 研究团队设计的 Maya's Veil 加壳工具等。

3.2.3　用户空间下加载器的设计

用户空间下的加载器(userland exec)可以看成用户空间下的 execve( )函数,当希望内存中的可执行文件直接执行而非先在硬盘上留下副本再执行时,就需要用到这个加载器。通过研究 execve( )函数,可以推出加载器的执行过程如下:

(1) 保存程序的初始环境,清空地址空间。当被加壳的程序运行时,它接收到的参数是目标程序应当接收的参数。在壳程序执行过程中会潜在地破坏这些环境参数,所以在执行之前应先将其保存。另外,为了给新的进程映像准备地址空间,加载器需要清空某些地址区间尤其是那些会被新程序重定位到的地方。因此,要先确定当前程序的".text"、".data"以及堆等部分在内存中的起止区间,以便于清空操作的进行。由于在 x86 的 Linux 上,可执行文件的基地址一般是0x08048000,为了避免上述烦琐的操作,被加壳的程序的基地址一般会设置为其他值(如 UPX 将基址设为 0x00C01000,midgetpack 将其设为 0x0BADC000)。

(2) 若目标文件是动态链接的,则加载动态链接器。目标程序若需要动态链接,其动态链接器的路径名就会被存储在程序头部表的 PT_INTERP 类型段中。通过查看该段的内容便可知晓是否需要动态链接器。另外,在 x86 平台下,程序所需要的库都从 0x40000000 开始映射。

(3) 加载目标文件的主要段(数据段、代码段)。对于程序头表中每个标记为PT_LOAD 的段,加载器需要确保从其 p_offset 开始的 ELF 文件映像的 p_filesz字节都要被映射到内存中。其首地址为 p_vaddr,在内存中占用 p_memsz 字节(按照 p_align 进行对齐),并根据 p_flags 的值来分配该段的权限。

(4) 初始化栈。当可执行文件的可加载段和动态链接器被成功装载到内存后,还要执行的一项重要任务,就是对栈进行设置。栈被初始化后的布局如图 3.7所示。其中,argc 是参数个数,argv 是指向参数的指针,envp 是指向环境变量的指针,auxv(auxiliary vectors)是辅助向量。

为了初始化栈,加载器必须重置栈指针。先计算栈内容(argc、argv 和 envp 所指向的字符串,auxv 等)的大小,使栈基址减去这个大小。在为这些参数分配好空间后,加载器就可以对栈进行配置,即提取 main( )函数中所保存的参数(argc、argv和 envp)并将它们复制到栈中。除了这些,还要对辅助向量进行设置,辅助向量的结构如图 3.8 所示。

可以看出,辅助向量是一个通用的键值对结构,用于从内核空间向用户空间传递重要的数据。这个数组一般仅通过动态链接器进行初始化,其包含动态链接器所需要的数据(图 3.9),这些数据使得动态链接库和进程映像能够正确结合。

```
position                content                          size (bytes) + comment
------------------------------------------------------------------------
stack pointer ->  [ argc = number of args ]       4
                  [ argv[0] (pointer) ]           4     (program name)
                  [ argv[1] (pointer) ]           4
                  [ argv[..] (pointer) ]          4 * x
                  [ argv[n - 1] (pointer) ]       4
                  [ argv[n] (pointer) ]           4     (= NULL)

                  [ envp[0] (pointer) ]           4
                  [ envp[1] (pointer) ]           4
                  [ envp[..] (pointer) ]          4
                  [ envp[term] (pointer) ]        4     (= NULL)

                  [ auxv[0] (Elf32_auxv_t) ]      8
                  [ auxv[1] (Elf32_auxv_t) ]      8
                  [ auxv[..] (Elf32_auxv_t) ]     8
                  [ auxv[term] (Elf32_auxv_t) ]   8     (= AT_NULL vector)

                  [ padding ]                     0 - 16

                  [ argument ASCIIZ strings ]     >= 0
                  [ environment ASCIIZ str. ]     >= 0

(0xbffffffc)      [ end marker ]                  4     (= NULL)

(0xc0000000)      < top of stack >                0     (virtual)
------------------------------------------------------------------------
```

图 3.7　栈被初始化后的布局

```
typedef struct
{
    int a_type;                          /* Entry type */
    union
    {
        long int a_val;                  /* Integer value */
        void *a_ptr;                     /* Pointer value */
        void (*a_fcn) (void);            /* Function pointer value */
    } a_un;
} Elf32_auxv_t;
```

图 3.8　辅助向量的数据结构

```
/* Legal values for a_type (entry type). */
#define AT_NULL        0         /* End of vector */
#define AT_IGNORE      1         /* Entry should be ignored */
#define AT_EXECFD      2         /* File descriptor of program */
#define AT_PHDR        3         /* Program headers for program */
#define AT_PHENT       4         /* Size of program header entry */
#define AT_PHNUM       5         /* Number of program headers */
#define AT_PAGESZ      6         /* System page size */
#define AT_BASE        7         /* Base address of interpreter */
#define AT_FLAGS       8         /* Flags */
#define AT_ENTRY       9         /* Entry point of program */
#define AT_NOTELF      10        /* Program is not ELF */
#define AT_UID         11        /* Real uid */
#define AT_EUID        12        /* Effective uid */
#define AT_GID         13        /* Real gid */
#define AT_EGID        14        /* Effective gid */
#define AT_CLKTCK      17        /* Frequency of times() */
```

图 3.9　辅助向量中 a_type 的宏定义

加载过程如下：①决定程序的入口地址，当一个动态链接器被加载后，入口地址应该是动态链接器的加载地址加上 e_entry 的值，否则就是程序原本的入口地址；②递交执行权限给入口地址。至此，一个任意的 ELF 可执行文件都能被加载到内存并执行。

3.3　反跟踪技术

当目标文件被加壳以后，若想对其进行分析或修改，一般有两种做法：对文件进行脱壳，或者从内存中将目标文件转储到硬盘中。对于大多数被加壳的软件，它们都有一个共同的弱点，就是附加在自身的壳程序。壳程序是用来解密/解压缩并将目标程序映射到内存中，但是其本身并没有被加壳，通过分析壳程序，就能将目标文件解密/解压缩到硬盘中。因此，大多数破解者都是从这一入口来寻找破解方法。为了弥补这个弱点，提高破解的难度，一些设计者在壳程序中引入了反跟踪技术。反跟踪技术主要包括反静态跟踪和反动态跟踪。在介绍反跟踪技术之前，先介绍静态分析和动态分析技术[4]。

静态分析是指在不执行程序本身的情况下，通过反汇编等手段来得到程序的汇编代码并对其进行分析，了解程序的结构及意图。而动态调试是指通过运行程序并使用中断技术来对程序结构进行分析，它使用调试器来检查一个可执行程序运行时的内部状态，给人们提供了从可执行程序中提取详细信息的另一条途径。

静态分析是一种比较表层的分析技术，虽然通过静态分析可以了解软件中各模块的大致功能，掌握该软件设计的基本思路，但静态分析不可能完全了解软件中各个模块的技术细节。而且一旦程序经过加密或压缩，静态分析通过反汇编得到汇编代码的方法就显得束手无策。另外，在实际的软件开发过程中，软件各模块之间相互联系，而且可能会产生中间结果，由于在静态分析中程序并未执行，因此中间结果是无法得到的。程序中可能会出现许多分支，而这些分支的执行依赖于不同的条件，这些条件又与中间结果有关，所以静态分析难以知晓程序会运行到哪个分支。

与静态分析不同的是，动态分析需要通过运行程序并进行调试来达到分析的目的。它主要使用了 DEBUG 中的两个中断命令：单步中断和断点中断。通过这两种中断就可以详细地分析程序执行的每一步状态的变化。

3.3.1　反调试技术

反调试技术是一项十分重要的软件保护技术，其设计的根本宗旨就是增大程序被动态分析的难度。既然目标是阻碍破解者对程序的动态分析，那么一方面可以杜绝调试行为的发生;另一方面,可以使程序在检测到自身被调试时,以一种非正常的方式继续执行,这样就能迷惑分析人员,隐藏程序设计者最初的意图。在明确这两点之后,首先了解一下调试器的工具原理及其弱点,再根据其弱点设计相应的策略。

调试器是用来测试或检测其他程序运行的一类软件或硬件,它允许程序开发者监控程序的内部状态和运行情况,知道程序在执行过程中做了什么。调试器的工作原理是基于中央处理器的异常机制,当调试器捕获到一个事件时,会根据自身逻辑来判定是否需要接管这个事件,并决定由调试器的哪个函数对其进行进一步处理,处理完毕后再通知系统已经处理完毕,此时新一轮的事件捕获、分发循环开始。

虽然调试器大大提高了程序开发效率,但它同时也给软件的破解提供了便利。调试一个程序必然离不开中断命令的使用,调试器的最基本功能就是将一个正在运行的程序中断下来,并且使其按照用户的意愿执行。对程序进行动态分析就是通过一步步地执行程序来达到分析的目的。由此可见,中断可以成为反调试技术设计的一个突破口。下面将介绍现有的比较典型的反调试技术[5]。

1. 破坏中断向量表

由于动态调试的过程中要使用到中断命令,若将中断服务程序的入口地址也就是中断向量进行修改,那么中断命令也将无法使用。DOS 提供了从 0 到 FFH 的 256 个中断调用,它们存储在内存的较低地址中,相应的入口地址位于内存 0000:0000H 至 0000:03FFH,形成了中断向量表。每个中断向量由 4 个字节组成,其中前两字节为程序的偏移地址,后两字节为程序的段地址。中断向量表中有大量的跟踪调试会用到的命令,修改其内容并破坏中断向量表可以从根本上抑制对程序的跟踪调试。

DEBUG 等跟踪调试软件在运行时大量使用 DOS 提供的中断,例如,前面提到的单步中断的中断向量就是 1H,断点中断的入口地址则为 3H。很显然,破坏中断向量表可以从根本上破坏一切跟踪调试软件的运行环境,它是一个应用范围很广、效果极佳的反跟踪技术,能最大限度地防止程序分析者对程序间接或直接的动态跟踪。具体的实现方法如下:

(1) 将这些单元当做堆栈使用。将堆栈设置在中断向量表内,这样一举两得,一方面中断向量表的有限大小不能保证大量的堆操作,另一方面又能破坏中断向量表;在这些单元中存储程序运行时需要用到的数据,也是起到了破坏中断向量表的作用。

（2）将软件中某个子程序的地址存放在这些单元中，在需要时使用中断命令来代替 CALL 指令。例如，在单步中断 1H 的入口地址 0000:0004H 起始的 4 个字节中存储软件中某个子程序的地址，在实现时使用 INT 1 指令来代替 CALL 指令。这样中断程序也就无法使用了。

2. 封锁键盘输入

由于在进行跟踪调试时，需要从键盘输入调试命令，而且调试结果也会在显示器上显示出来，这样调试人员才能完成与程序的交互，达到调试目的。如果程序执行过程中无需从键盘输入或向屏幕输出信息，就可以关掉这些外围设备，这样就可以阻止调试的进行了。键盘输入信息采用的是硬件中断方式，针对这种情况可以采用的方法如下：

（1）改变键盘中断服务程序的入口地址，原理也是破坏中断向量表。键盘中断的中断向量为 9，存放在内存地址 0000:0024H 起始的 4 个字节中，修改其内容后，键盘将不能正常输入信息；

（2）键盘中断是一个可屏蔽中断，可通过将中断屏蔽寄存器的第 1 位置 1 来关闭键盘中断。

3. 检测跟踪法

虽然调试器与模拟器一样，都极力使程序在被调试时的环境与正常执行时的环境相同，但跟踪调试过程势必会产生与正常执行不一样的地方，如运行时间、中断入口等。可以根据这些特征来使程序检测自身是否处于调试环境中，进而采取进一步的措施。特别地，对于病毒程序，若是检测到自身处于调试环境中，可以将自己的病毒行为隐藏起来，防止被发现。可以利用以下几点来检测程序是否被跟踪调试。

（1）定时检测法。程序在被跟踪调试时和正常运行时所花费的时间肯定是不同的，根据执行时间可以判断程序是否被跟踪。若程序执行时间与正常执行差别较大，则有可能被跟踪。解决这个问题除了可以使用前面提到的抑制跟踪中断，还可以通过时间中断 1AH 来解决：如果发现时钟不动，则进入死循环。

（2）中断检测法。在程序没有被跟踪执行时，中断向量 1H 和 3H 没有使用，所在的单元中会填入临时的哑中断服务程序的地址，所以它们的入口地址相同，如果不同则说明程序处于调试过程中。

除了已经列出的这两种方法，对程序进行分块加密也能起到反调试的作用。为了不使程序直接暴露在破译者面前，加密操作是必不可少的一项工作。可以将加密技术应用到反调试中：加密程序以分块的密文形式装入内存，在执行时由上一块加密程序对其进行译码,而且在某一块执行结束后必须立即对其进行清除,这样在任何时刻内都不可能从内存中得到完整的解密程序代码。这种方法除了能防止反汇编,还可以使解密者无法设置断点,从而无法完成调试工作。

反跟踪是加壳程序设计时非常重要的一步,随着相关技术的发展,将会有越来越多的反跟踪技术,每一种方法的漏洞也会渐渐地显现出来,但同时也正是因此反跟踪技术才得以发展得更加成熟。

3.3.2　代码混淆技术

代码混淆是指利用一种或多种混淆技术将原程序转换成新程序,前提是转换前后的程序必须保证功能上的一致性,但转换后的程序更加难以被静态分析和逆向工程攻击。代码混淆的原理很简单,对于相同的输入,必须保证输出的信息也相同。其原理如图 3.10 所示。

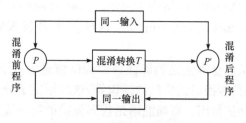

图 3.10　代码混淆原理图

由图 3.10 可知,进行混淆变换的前提是变换前后的程序对应的同一输入必须能得到同一输出。

在进行混淆转换时,输入的是混淆前的程序 P,经过转换规则 T 得到混淆后的程序 P'。其中转换规则 T 的选择是根据需要确定的,所以实际上转换时还需要输入转换要求的性能指标。通常将强度、弹性、开销、隐蔽性这四项作为性能指标[6]。

强度是指混淆之后的程序比原始程序增加的复杂度,可以通过程序长度、谓词个数、分支循环的层次等属性的提升来度量。弹性是指混淆后的程序抗攻击的能力,具体包括破解者设计一个反混淆器所产生的开销和对程序进行反混淆处理的开销。开销是指混淆后的程序带来的额外开销,包括混淆时产生的开销和混淆后增加的时间空间复杂度。隐蔽性则是指混淆后的程序与原程序的相似程度,一个隐蔽性好的代码混淆技术必然会使得混淆后的程序与原程序相似程度极低。

在实际应用中,不可能同时使所有的性能指标达到最佳,例如,强度和弹性较好的代码混淆技术在实现起来肯定就比较复杂和困难,这也必然会增大开销,所以只能根据实际需要采用尽可能提高各项性能指标的混淆技术。而且绝对完美的安全保护技术是不存在的,随着技术的发展,一个好的方法必然会展现出它的漏洞,人们只能在现有技术基础上设计出需要花费巨大代价破解的保护技术,这样也就达到了保护的目的。

根据混淆对象和原理的不同,可以将目前的代码混淆技术分为四个基本类型:布局混淆、数据流混淆、控制流混淆和预防性混淆。

1. 布局混淆

布局混淆比较典型的方法有词法混淆、移除注释及调试信息等。词法混淆是指违反软件工程中见名知义的命名规则,用一些随机字符串或与程序无关的字符对函数名和变量名进行替换,从而使得攻击者即使破解程序也难以读懂,不能知晓程序的真正意图。重载归类是一种典型的混淆方法,它充分利用了程序中函数可以通过参数和返回值来进行区分的特点,将程序中的名字尽可能用相同的字来代替。例如,可将 GetPayroll( )、MakeDeposit(float amount)、SendPayment(string dest)替换为 a( )、a(float a)、a(string a),这样分析者就很难理解每个函数的功能。

移除注释及调试信息混淆是删除注释和调试信息等基于源代码的格式化信息,并将原有的标识符转换成无价值的标识符,这样增加了分析代码的难度,也同样起到了对程序的保护作用。布局混淆是代码保护的第一道防线,实现起来较为简单,算法强度性能较低,但由于其简单可行且没有给程序带来额外的开销,因此得到了广泛的应用。

2. 数据流混淆

数据流混淆与布局混淆有些类似,主要是通过将符合逻辑的方式组织的数据转换成非常规的方式组织的数据,这样也增加了攻击者破解的难度。常用的数据流混淆方法有变量存储和编码混淆、变量聚合拆分混淆、顺序调整混淆等。变量聚合拆分混淆是将一系列的数值变量合并为一个变量或将一个变量拆分为很多变量的混淆方法。这种方法也同样适用于数组,将一个数组分解成多个子数组并分散到程序中,或者将多个数组合并到一起,通过实现数组的扩充维度和降低维度来保护软件。

3. 控制流混淆

控制流混淆是一种效果比较好的代码混淆技术,与前面两种方法相比,控制流混淆实现起来更为复杂。在控制流混淆技术中,构造高性能的不透明谓词是关键的一步。例如,在一段顺序执行的程序中插入不透明谓词及相关代码,可将其转换成分支结构或循环结构。不透明谓词是一种最常见的不透明表达式,它的定义如下:设当程序中点 p 上的输出在混淆程序之前就已确定时,称谓词 P_i 在点 p 上是不透明谓词。如果 P_i 的输出一直为真,就记作 $(P_i)^T$;如果 P_i 的输出一直为假,就记作 $(P_i)^F$;如果 P_i 的输出时为真时为假,就记作 $(P_i)^?$。

由于只有软件开发者在编写程序时才知道哪些是总为真的不透明谓词,哪些是总为假的不透明谓词,哪些是时为真时为假的不透明谓词,因此可以通过使用不透明谓词来确定执行自己想要执行的路径。针对破解者很难推断出不透明谓词的真实值的这个弱点,混淆破解者对程序代码的理解。控制流转换的主要方法包括分支插入变换、循环插入变换以及将可化简控制流转换成不可化简控制流等。

4. 预防性混淆

预防性混淆技术是针对专门的反编译而设计的,它在特定条件下才能表现出效果,因此具有一定的局限性。预防性混淆通常与其他混淆技术结合起来使用,从而提高其保护能力。

代码混淆技术虽然能提供一定的软件保护能力,但毕竟功能有限,在加壳程序的设计时应将其与其他技术如反跟踪技术和抗反汇编技术等结合起来使用,这样才能起到更好的保护效果。

3.3.3　抗反汇编技术

1. 反汇编算法

目前的程序大都是以二进制形式的可执行文件发布的,反汇编技术可以将二进制代码转换成汇编代码,通过分析汇编代码便能获取程序内部的行为和特征甚至对其进行修改,这给程序带来了很大的安全隐患。因此在程序开发过程中应该采取一定的措施来阻碍对程序的反汇编分析。

对于同一段二进制码,不同的汇编器反汇编得到的汇编代码序列也可能不一样,这不仅与汇编代码本身的特性有关,也与选择的反汇编算法使用的规则有关。有些反汇编得到的代码甚至是无效的,这是因为此代码可能是程序设计者故意用来迷惑反汇编器的。反汇编算法主要分为两种类型,一种是线性扫描反汇编算法,另一种是面向代码流的反汇编算法。

(1) 线性扫描反汇编算法。线性扫描反汇编算法采用的方法是对目标代码从头到尾进行扫描,一条一条指令地进行反汇编,直到将所有的二进制码全部转换成汇编指令。线性扫描法执行起来较为简单,但该算法有着很明显的缺点。首先,它将所有的代码都当成指令码来对待并进行反汇编,忽略了代码中数据部分的存在,因此反汇编得到的代码肯定会与实际汇编代码有偏差;其次,线性扫描法将所有的代码都进行反汇编,但实际上这是一种很盲目的做法,因为有时控制指令只会执行程序中很少一部分指令,而线性扫描法会得到过多的代码,而有很多都是无用的代码,这对代码的分析工作带来了干扰。

(2) 面向代码流的反汇编算法。面向代码流的反汇编算法正好杜绝了线性扫描算法的这些缺点,它不会盲目地反汇编整个缓冲区,同时也会考虑到代码中的数据部分。面向代码流的反汇编算法会检查每一条指令,然后建立一个需要反汇编的地址列表。这种方法会根据需要做出一些选择和假设,尽管这会使代码变得更加复杂。

在遇到条件分支时,面向代码流的反汇编算法会从 true 或 false 两个分支中选择一个进行反汇编(优先选择 false 分支),反汇编的结果一般不会有区别。大多数面向代码流的反汇编器会首先处理条件跳转的 false 分支。在遇到 CALL 指令时,反汇编器同样也要做出选择:大多数反汇编器会首先反汇编紧随 CALL 调用的字节,其次才是 CALL 调用位置的字节。

2. 抗反汇编技术

反汇编算法给破解程序提供了方便,所以必须有相应的抗反汇编技术来对程序提供保护。抗反汇编技术是利用反汇编技术的错误假设和局限性,针对其漏洞而设计产生的,它是通过在程序中使用一些构造特殊的代码或数据,使反汇编分析工具产生不正确的程序代码列表。抗反汇编技术既能延缓或者阻止破解者对软件的分析,还能在一定程度上阻碍特定的自动化分析技术。抗反汇编就是防止破解者通过静态反汇编来获取程序代码,实现起来也较为简单。只要不使代码暴露在分析者面前或者使分析者错误理解代码就可以达到抗反汇编的目的。有多种方法可以完成抗反汇编的任务,这里将列出几种典型的例子。

(1) 可以通过在跳转指令后添加字节来防止反汇编,这种方法主要是利用反汇编器的错误假设来实现的,有使用相同目标的跳转指令和使用固定地址的跳转指令两种方法。

使用相同目标的跳转指令。面向代码流的反汇编算法会优先选择 false 分支来进行反汇编。如果有两条连续指令 JZ LOC_1;JNZ LOC_1,那它其实就相当于无条件跳转 JMP LOC_1,由于反汇编器每次只反汇编一条指令,而且优先选择 false 分支进行反汇编,因此在遇到 JNZ 时,依然会反汇编其 false 分支,但实际上这个分支永远不会执行。

使用固定条件的跳转指令。除了使用相同目标的跳转,还可以使用固定条件的跳转,如使用 XOR EAR,EAR 指令,就会使 ZERO 标志总是被置位,再使用分支结构其实有一个是不会被执行的,这样也起到了对代码的隐藏作用。

(2) 花指令。目前最常用的反静态分析技术是在代码中加入花指令。花指令是指插入正常代码中的一段无用的指令,加不加花指令都不影响程序的正常运行。

但是在正常代码中加上花指令后会导致程序在反汇编时出错,错误的反汇编结果会造成破解者的分析工作大量增加,进而使之不能理解程序的结构和算法,也就很难破解程序。根据反汇编的工作原理,只有当花指令的最后一个或两个字节同正常指令的开始几个字节被反汇编器识别成一条指令时,才能有效破坏反汇编的结果。花指令编写时最基本的原则是要始终保持堆栈的平衡。为了能够有效"迷惑"静态反汇编工具,同时保证代码的正确运行,花指令必须满足两个基本特征:无效数据必须是某个合法指令的一部分;程序运行时,花指令必须位于实际不可执行的代码路径。如图 3.11 所示就是一个简单的花指令例子。

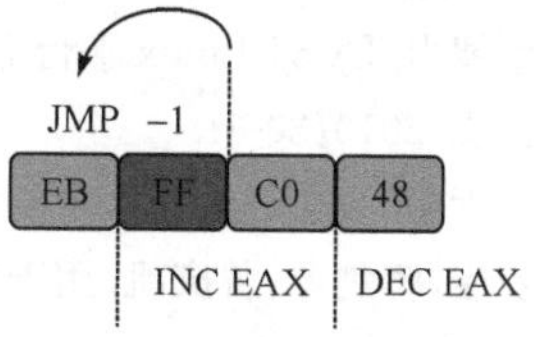

图 3.11　内部跳转的 JMP 指令

在这 4 个字节序列中,第一条指令是一条 2 字节的 JMP 指令,JMP 指令的跳转目标是它的第 2 个字节 FF,这一步没有问题,因为 FF 是下一条 2 字节指令 INC EAX 的第 1 个字节。但字节 FF 同时作为两条指令的一部分就会迷惑反汇编器,目前反汇编器还没有办法表达这种情况。实际上,这 4 个字节是先递增 EAX,再递减 EAX,相当于一条 NOP 指令,可在程序任何位置插入,但却起到了破坏反汇编链的作用。

除上述抗反汇编技术,编程语言中的常用术语、返回指针的滥用等情况也给反汇编带来了很大的挑战,同时也给抗反汇编技术的发展带来了启发。

在此值得强调的是,反调试技术、代码混淆技术以及抗反汇编技术并不是独立存在的,在实际开发中,一般都是将这些技术结合起来,根据应用的需要选择恰当的技术进行应用,从而达到人们期望的效果。

3.4　本章小结

研究加壳技术对于软件保护和恶意软件检测领域都意义重大。本章所介绍的加壳方法是在 x86 平台的 Linux 下实现的。对于类 Unix 系统和 Windows 系统,虽然加壳实现的细节不同,但思想是基本一致的。

从现有的加壳软件来看,加壳的方式已趋于成熟,可分为直接嵌入和重新包裹或者两者结合的方式。而反跟踪技术仍在不断发展,如 VMProtect 所使用的虚拟机技术等。虽然任何被加壳的软件都是可以被脱壳的,但是使脱壳成本提高到甚至超过软件本身的价值已经成为一种共识。从目前情况来看,Windows 下的加壳软件种类繁多且功能强大,而 Linux 下可与之媲美的加壳软件却寥寥无几。但随着国产操作系统的推广,Linux 商业软件或许会迎来一个转折点,Linux 下的加壳工具也将有可能扮演重要角色。

参 考 文 献

[1] Bryant R E,O'Hallaron D. Computer Systems:A Programmer's Perspective. London:Prentice Hall,2008:466-468.

[2] 俞甲子,石凡,潘爱民. 程序员的自我修养:链接、装载与库. 北京:电子工业出版社,2009:214-215.

[3] 杨广翔. ELF 格式可执行程序的代码嵌入技术. 嵌入式应用,2008,1:104-106.

[4] 蔡智力. IA-64 Linux 平台上的 ELF 文件加壳技术研究. 西安:西安电子科技大学硕士学位论文,2010:30-31.

[5] 乔素艳. 浅析软件安全中的反跟踪技术. 无线互联科技,2012,(2):23-24.

[6] 罗宏,蒋剑琴,曾庆凯. 用于软件保护的代码混淆技术. 计算机工程,2006,32(11):177-179.

第 4 章　加壳检测研究

4.1　引　　言

可执行程序加壳,一般是将源程序代码加密或者压缩,在程序执行时解密或者解压缩,从而不改变源程序的功能,同时使原可执行代码得到保护。当前,大多数软件破解和恶意代码检测所使用的静态分析方法以逆向工程为前提条件,可执行程序被加壳后,极大地增加了逆向工程的难度。常用的静态分析方法是先反汇编可执行程序得到程序汇编代码,然后直接分析汇编代码或者再向更高一级的语言转换得到程序的源代码。通过分析汇编代码或者源代码的统计信息、结构信息、语义信息,如序列分析、敏感 API 调用、函数调用图、控制流图等,来达到软件破解和恶意代码识别的目的。然而一旦反汇编失败,这些静态分析方法便无用武之地。对可执行程序加壳,一方面可以保护程序代码,防止软件被破解,以免泄露商业机密和保护版权;另一方面,加壳技术也被用于对恶意代码进行保护,对抗传统的基于特征码的检测方法;同时,一些常用的静态分析方法也因为反汇编失败而难以进行。这也是加壳恶意代码的数量逐年剧增的一个重要原因,根据 McAfee 实验室对恶意代码的统计结果表明,近年来加壳恶意代码占其总数的 70% 以上。

对于处理加壳恶意代码的检测系统,脱壳往往是一个重要的预处理过程。大多数加壳程序可以使用通用解壳工具来脱壳,它能在不预先知道加壳程序所使用的加密算法和压缩算法的条件下,对加壳程序解壳得到原程序。脱壳的原理是在一个隔离的环境中(虚拟机或者仿真器)运行加壳程序,加壳程序在执行时会自动执行解密或者解压指令,这样就可以在内存中得到原有程序。程序脱壳之后,实施逆向工程,得到汇编代码甚至是源代码,最后利用现有的静态分析方法,就可以实现恶意代码的识别。与直接分析带壳程序本身相比,这样能大大提高对恶意代码检测的准确率。例如,OmniUnpack 工具可以检测内存中的应用程序执行,并检测是否有尝试执行被动态解密后的代码的行为。如果发现有尝试执行被动态解密后的代码的行为,OmniUnpack 就会使用基于签名的反病毒软件来扫描被检测应用程序的代码,如果发现有恶意代码,OmniUnpack 就会终止该应用程序的执行。它可被集成到操作系统内核中,用来检测每个应用程序的执行。一般地,动态解壳过程是在虚拟机或者仿真器中进行的,对于单个加壳程序,耗时一般比较小,但是对于大量的加壳程序,耗时却是相当可观的。

在预先不知道待检测程序是否被加壳时,所有的待检测程序在进入恶意代码检测系统分析识别之前,需要先经过通用解壳工具处理。但是通用解壳工具一般动态解壳,在隔离环境中运行,它处理每个待检测程序都需要耗费时间。对于大量程序的恶意代码检测任务,需要大量的时间进行脱壳预处理,极大地妨碍了恶意代码检测的效率。如果预先知道程序没有被加壳,就不需要经过隔离环境进行脱壳预处理,直接进入恶意代码检测模块,这样就可以节省时间,提高系统的效率。因此,在恶意代码检测前区分程序是否加壳显得尤为必要,它可以提高检测的准确率和效率。在恶意代码检测系统中,加壳检测的位置如图 4.1 所示。

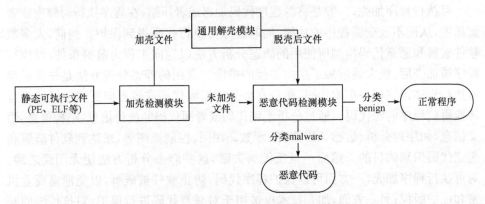

图 4.1　加壳加测在恶意代码检测系统中的重要位置

4.2　加壳检测常用方法

4.2.1　研究现状

当前,加壳检测研究主要针对的是 PE 文件,这种格式的文件有许多种,如COM、PIF、SCR、EXE、DLL 等,其中 EXE 和 DLL 是最常见的 PE 格式文件。Windows 操作系统加载程序所需的信息和管理可执行代码的数据结构,就封装在PE 格式文件中。PE 可执行文件加壳检测方法经历了从简单到复杂的过程。随着对 PE 文件结构特点研究的不断深入,加壳检测效率和准确率已达到较高水平。除了基于特征码的加壳检测方法,不断有新的加壳检测方法被提出。类似地,随着众多 Linux 系统的普及,Linux 系统 ELF 格式可执行文件也被纳入加壳检测的研究对象。

2007 年,Lyda 等[1]提出了基于信息熵分析的 PE 文件加壳检测方法,可执行文件被加壳时,通常经过压缩或者加密处理,加壳后的可执行文件在比特分布上随机性往往更强。信息熵分析法正是考虑文件的比特分布情况,根据信息熵计算公式得到文件信息熵,比较文件信息熵与预先设置的阈值来判断文件是否加壳。文件比特信息熵的计算,仅仅与文件比特的概率分布相关,不需要考虑比特是如何产生的,也不需要考虑比特的特定含义,实现非常简单。实验结果显示信息熵分析法具有不错的准确率和效率。2008 年,Choi 等[2]提出了基于 PE 可执行文件属性间欧几里得距离的加壳检测技术,实验结果表明其具有比 PEID 更高的识别率和更低的误判率。这种加壳检测技术通过分析和统计加壳可执行文件和未加壳可执行文件的属性特征,选取其中八个差异显著的属性特征为代表,根据欧几里得距离计算方法,计算距离值,通过与预先设置的阈值比较来判断 PE 可执行文件是否加壳。2010 年,姜晓新等[3]提出了基于 PE 文件头部属性和部分文件内容的 PE 可执行文件加壳检测规则,简称 NFPS。该方法提取五个方面的 PE 文件特征值,然后按照 NFPS 规则进行计算,即可判断 PE 可执行文件是否被加壳。实验结果表明,该方法的检测率高达 95% 以上,并且支持对多层壳的循环检测。2011 年,赵跃华等[4]引入主成分分析法来分析 PE 可执行文件是否加壳。主成分分析法对原有特征矩阵做线性变换,选择出最显著的少量特征作为训练集。最后,使用机器学习的方法创建分类器,判断 PE 可执行文件是否加壳。2012 年,Devi 等[5]提出了一种专门针对 UPX 加壳软件的加壳检测技术。该技术提取 PE 文件属性特征进行分析,并选择出最佳属性特征集,分析这个特征集就可以有效检测可执行文件是否被 UPX 软件加壳。2016 年,Kancherla 等[6]提出将可执行文件比特直接转换成位图和马尔可夫图的检测方法,通过转换将问题转变成对图像的分类识别问题。实验表明,这种识别方法比 PEID 有更高的准确率,并且基于马尔可夫图的检测准确率高于基于位图的检测率。

　　本章整合以上加壳检测方法和研究的思想,首先对常用的加壳检测方法和思想进行归纳总结,主要有基于特征码的检测、基于文件属性的检测、基于信息熵分析的检测和基于位图及马尔可夫图的检测方法。之后,介绍基于机器学习的加壳检测框架,对 PE 可执行文件和 ELF 可执行文件分别进行基于机器学习的检测实验,分析特征提取的过程和检测实验结果。最后,对比 PE 文件加壳检测和 ELF 文件加壳检测,讨论其相似处和差异,并对一般化的加壳检测研究做出总结。

4.2.2　常用方法归纳

　　当前的加壳检测方法和研究思想,本书归结有四类:特征码检测、基于文件属性的检测、信息熵检测、转换成位图和马尔可夫图检测。其中,第四类检测方法是一种比较新颖和具有创意的检测方法,它将对文件比特分布分析转化为图像分析,本质上与信息熵分析有相通之处,它们都是利用可执行文件加壳之后,在比特分布上更具有随机性的特点。但是,信息熵只是一个数值,只反映比特分布全局特性,而从图像中可以提取多个特征,除了反映全局特性,更能反映比特局部分布特性,因此更具有表达力。

1. 特征码检测

每一种加壳工具或软件所生成的壳都有区别于其他壳的特征码,特征码收录在特征库里面,可以基于壳的特征码来检测文件是否加壳。在使用特征码检测时,首先定位到可执行文件的入口处,然后根据入口处的特征码来搜索特征库,根据特征库中查到的定义给出壳的类型。FileInfo 和 PEID 是基于特征码法实现加壳检测的典型代表工具。PEID,全称 PE identifier,是一款著名的查壳工具,其功能强大,几乎可以侦测出所有的壳。当前最新版本的 PEID 可以侦测出 PE 可执行文件的加壳类型和签名种类已超过 470 种。

但是,基于特征码的检测方法所面临的问题也是显而易见的。一方面,这种方法的前提是特征码已知,才可以用于检测程序是否加壳,如果出现一种新的加壳方法或者工具,那么在其特征码还未加入特征库之前,被这种加壳方法加过壳的程序是不能被检测出来的;另一方面,随着特征码数量的增加,对特征库的搜索时间将会变长,这对加壳检测的效率会有一定的影响。

2. 基于文件属性的检测

基于文件属性的检测,主要是将文件头部结构和内容信息作为特征来区分加壳文件和未加壳文件。对可执行文件加壳后,原始代码被压缩或者加密,加壳工具生成新的文件头,同时附加解压缩或解密指令,使得在程序运行时原始代码能够被解压或者解密,并加载到内存中,从而不改变源程序代码的功能。因此,加壳前后可执行文件在结构、内容和大小等各方面存在显著差异。

例如,使用 UPX Shell 加壳(压缩)工具对系统文件 rasppp. dll(Win7 系统中位于目录 C:\Windows\SysWOW64 下)加壳,如图 4.2 所示。可以看到,经过 UPX Shell 加壳压缩之后,文件大小变为原来的 49%,与原来相比减少了一半以上。这里使用的 UPX Shell 是 UPX 的图形界面程序,在 Windows 系统下图形界面更加方便与用户进行交互。UPX 是一款先进的可执行程序文件压缩器,压缩过的可执行文件体积缩小 50%~70%,通过 UPX 压缩过的程序和程序库完全没有功能损失,和压缩之前一样可正常地运行。其加壳的过程,是利用特殊的算法,对文件里的资源进行压缩。类似 WinZip 的效果,只不过这个压缩之后的文件可以独立运行,解压过程完全隐蔽,都在内存中完成。解压原理是加壳工具在文件头中加了一段指令,告诉 CPU,怎么才能解压自己。当加壳时,其实就是给可执行的文件加上个外衣。用户执行的只是这个外壳程序。当执行这个程序时该壳就会把原来的程序在内存中解开,解开后,以后的处理就交给真正的程序。

为了探究加壳前后可执行文件 rasppp. dll 的结构和内容变化,使用 PE 文件查看器 PEInfo 分别打开其加壳前后的文件,可以查看其 DOS 头部、PE 头部、节

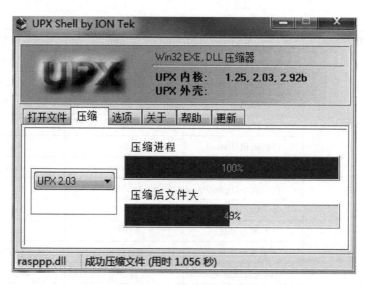

图 4.2　UPX Shell 加壳系统文件 rasppp. dll

表、导入表、导出表等信息。表 4.1 列出了加壳前后可执行文件 rasppp. dll 的结构属性和主要内容信息的对照。首先,观察两者 DOS 头部,可以发现 DOS 头部信息并没有改变,这可能是因为 DOS 头部在现代 PE 格式文件中作用不大。其次,观察两者 PE 头部,可以发现差别体现在:

(1) 段数目改变。加壳后段数目为 3,而加壳前段数目为 4,比加壳之前少了一个,这一变化可以体现出文件在段组织结构上发生了改变。

(2) 已初始化和未初始化段字节数改变。加壳前未初始化段字节数为零,而加壳后未初始化段字节数不为零,并且未初始化字节数远远大于已初始化字节数。

(3) 入口地址、代码段基址、数据段基址和内存映像大小均发生了改变,这表明加壳后文件的结构和内容都与加壳前不同。

表 4.1　系统文件 rasppp. dll 加壳前后结构对照表

PE	属性	加壳前	加壳后
DOS 头部	头部标识	MZ	MZ
	最后页字节数	144	144
	页数	3	3
	重定义元素个数	0	0
	头部尺寸	0x4	0x4

续表

PE	属性	加壳前	加壳后
PE 头部	标识	PE	PE
	处理平台	Intel I386	Intel I386
	段数目	4	3
	可选头部大小	0xE0	0xE0
	已初始化(Bytes)	0x2800	0x1000
	未初始化(Bytes)	0x0	0x1C000
	代码大小(Bytes)	0x28600	0x14000
	入口地址	0x147B	0x30CC0
	代码段基址	0x1000	0x1D000
	数据段基址	0x31000	0x31000
	优先装载地址	0x41370000	0x41370000
	内存映像(Bytes)	0x2E000	0x32000
	所有头部(Bytes)	0x1000	0x1000
节表	节表数目和名称	4(. text. data. rsrc. reloc)	3(UPX0 UPX1 . rsrc)

　　关于 PE 头部的其他属性,如标识、处理平台、可选头部大小、优先装载地址、所有头部则并没有发生变化,这些是与 PE 格式的要求相符合的。在表 4.1 的最后一行,给出了节表信息,包括节表数目和名称。可以看出,加壳后节表重新组织,只有 3 个,而加壳前却含有 4 个节表,并且加壳后的节表命名包含 UPX 字符串,很容易联想到文件可能被 UPX 工具处理过。当然,PE 文件的全部内容并没有全部在表 4.1 中完全展现。PE 文件包括四个组成部分,即 DOS 头部、PE 头部、节表和节表数据。每个部分都包含很多属性,这些属性有些有范围限定,或者相互关联。因此,某个属性可能会被其他属性影响,在正常的 PE 文件中这种关联非常紧密。例如,一个节表的特征属性含有"IMAGE_SCN_CNT_CODE"标志,通常也会含有"IMAGE_SCN_MEM_EXECUTE"标志。然而,当文件被加壳之后,其中的一些关联就会被破坏。类似地,对其他格式的可执行文件加壳,在结构、内容和大小等各方面也会产生显著差异。根据可执行文件属性进行加壳检测的依据,也正是如此。

　　3. 信息熵检测

　　信息熵分析法检测的理论依据是:可执行文件加壳,通常采用了加密或者压缩算法对原始代码进行变换,加壳后,文件的信息熵变大。通过计算可执行文件的信息熵,如果信息熵明显较大,就可以判定该文件是经过压缩或者加密处理的。信息熵分析为加壳检测提供了重要依据。一般粗略的判断方法就是在信息熵大于某一阈值时，被检测文件被认定为加壳；反之，则认为没有加壳。

信息论中信息熵源于热力学的熵，但是它在数据压缩领域有其独特的含义，下面从数据压缩原理的角度来阐述信息熵的意义。

1992 年，美国佐治亚州的 Web Technology 公司宣布做出了重大的技术突破，该公司的 DataFiles/16 软件，号称可以将任意大于 64KB 的文件压缩为原始大小的 1/16。业界议论纷纷，如果消息属实，这无异于压缩技术的革命。但是，许多专家还没有看到软件，就断言这是不可能的。因为根据压缩原理，不可能将任意文件压缩到 1/16。事实上，有一些文件是无法压缩的，哪怕一个二进制位，都压缩不掉。后来，事实果然如此，这款软件从来没有正式发布。没过几年，就连 Web Technology 公司都消失了。那么，为什么可以断言将任意大于 64KB 的文件压缩为原始大小的 1/16 是不可能的呢？这一点用反证法是很容易说明的。如果所有大于 64KB 的文件可压缩为原来的 1/16，也就是说任意大小的文件可压缩到 64KB 以内，而 64KB 一共才有 2^{6+10+3} 个二进制位，按照每一位两种可能取值，最多只有 $2^{2^{6+10+3}}$ 种不同的压缩结果。如果对 $2^{2^{6+10+3}}+1$ 种不同的文件进行压缩，至少有两个文件必然产生相同的压缩结果，这意味着，这两个文件不可能无损地还原（解压缩）。所以，将任意大于 64KB 的文件压缩为原始大小的 1/16 是不可能的，并不是所有的文件都可以压缩到 64KB 以内，对文件的压缩是有限的。从数据压缩原理的角度看，压缩就是找到那些多次重复的字符串，对其重新编码，使用更少的字符表示原字符串，这样就可以减少文件的总长度，霍夫曼编码就是其中的典型代表。

数据压缩的过程，就是将重复次数最多的用最短的符号替代，重复次数较少的用较长的符号替代的过程。压缩是一个消除冗余的过程，相当于用一种更精简的形式表达相同的内容。可以想象，压缩过一次以后，文件中的重复字符串将大幅减少。好的压缩算法可以将冗余降到最低，以至于再也没有办法进一步压缩。所以，压缩已经压缩过的文件（递归压缩）通常是没有意义的。根据压缩原理，可以计算出压缩的极限。压缩可以分解成两个步骤：

（1）得到文件内容的概率分布，哪些部分出现的次数多，哪些部分出现的次数少；

（2）对文件进行编码，用较短的符号代替那些重复出现的部分。

假如文件内容只有两种情况（如扔硬币的结果），那么只要一个二进制位就已足够，1 表示正面，0 表示负面。当文件内容包含三种情况时（如球赛的结果），那么最少需要两个二进制位。当文件内容包含六种情况（如扔骰子的结果），那么最少需要三个二进制位。一般地，在均匀分布的情况下，假定一个字符（或字符串）在文件中出现的概率为 p，那么在某一确定的位置上最多可能出现 p^{-1} 种情况。需要

$\log_2(p^{-1})$个二进制位表示替代符号。这个结论可以推广到一般情况。假定文件由 n 个部分组成,每个部分的内容在文件中的出现概率分别为 $p_1,p_2,\cdots,p_n$。那么,替代符号占据的二进制最少如式(4.1)所示:

$$\log_2(p_1^{-1}) + \log_2(p_2^{-1}) + \cdots + \log_2(p_n^{-1}) = \sum_{i=1}^{n}\log_2(p_i^{-1}) \tag{4.1}$$

式中,$\sum_{i=1}^{n}\log_2(p_i^{-1})$ 可以被看成一个文件的压缩极限。

　　根据文件压缩极限,对于 n 相等的两个文件,概率 p 决定了式(4.1)的大小。p 越大,表明文件内容越有规律,压缩后的体积就越小;p 越小,表明文件内容越随机,压缩后的体积就越大。为比较两个文件之间的随机性大小,将式(4.1)除以 n,可以得到平均每个符号所占用的二进制位:

$$\frac{\sum_{i=1}^{n}\log_2(p_i^{-1})}{n} = \frac{\log_2(p_1^{-1})}{n} + \frac{\log_2(p_2^{-1})}{n} + \cdots + \frac{\log_2(p_n^{-1})}{n} \tag{4.2}$$

由于 p 是根据频率统计得到的,因此上面的式(4.2)等价于下面的形式:

$$\sum_{i=1}^{n}p_i \cdot \log_2(p_i^{-1}) = p_1 \cdot \log_2(p_1^{-1}) + p_2 \cdot \log_2(p_2^{-1}) + \cdots + p_n \cdot \log_2(p_n^{-1})$$
$$= E(\log_2(p^{-1})) \tag{4.3}$$

式(4.3)中最后的 E 表示数学期望,可以理解成每个符号所占用的二进制位,等于概率倒数的对数的数学期望。

　　假定有两个文件都包含 1024 个符号,在 ASCII 码的情况下,它们的长度是相等的,都是 1KB。甲文件的内容 50% 是 a,30% 是 b,20% 是 c,则平均每个符号要占用 1.49 个二进制位,即

$$0.5 \cdot \log_2(1/0.5) + 0.3 \cdot \log_2(1/0.3) + 0.2 \cdot \log_2(1/0.2) = 1.49$$
$$\tag{4.4}$$

　　既然每个符号要占用 1.49 个二进制位,那么压缩 1024 个符号理论上最少需要 1526 个二进制位,约 0.186KB,相当于压缩掉了 81% 的体积。

　　乙文件的内容 10% 是 a,10% 是 b,……,10% 是 j,则平均每个符号要占用 3.32 个二进制位,即

$$0.1 \cdot \log_2(1/0.1) \cdot 10 = 3.32 \tag{4.5}$$

　　既然每个符号要占用 3.32 个二进制位,那么压缩 1024 个符号,理论上最少需要 3400 个二进制位,约 0.415KB,相当于压缩掉了 58% 的体积。

　　通过对比,可以看到文件内容越是分散(随机性越强),所需要的二进制位就越长。所以,这个值可以用来衡量文件内容的随机性(又称不确定性),称为信息熵(information entropy)。

信息熵源于热力学中热熵的定义,热熵表示分子混乱状态的物理量,而信息熵表示对信息的量化度量。信息熵的概念是由 1948 年香农发表的论文"通信的数学理论"(A mathematical theory of communication)提出的,他指出任何信息都存在冗余,冗余大小与信息中每个符号(数字、字母或单词)的出现概率或者说不确定性有关。信息熵的标准定义如下:

$$H(x) = E[I(x_i)] = E[\log_2(x_i^{-1})]$$

$$= -\sum_{i=1}^{n} p(x_i)\log_2(p(x_i)), \quad i = 1,2,\cdots,n \quad (4.6)$$

式中,x 表示随机变量,与之相对应的是所有可能输出的集合,定义为符号集,随机变量的输出用 x_i 表示,$p(x)$ 表示输出概率函数。变量的不确定性越大,熵也就越大,将其整理清楚所需要的信息量也就越大。

信息熵的含义反映在以下几点:

(1) 信息熵只反映内容的随机性,与内容本身无关。无论信息的内容如何、长短如何,只要服从同样的概率分布,就会计算得到同样的信息熵。

(2) 信息熵越大,表示占用的二进制位越长,因此就可以表达更多的符号。所以,人们有时也说,信息熵越大,表示信息量越大。但是,由于第一点,这种说法很容易产生误导。较大的信息熵只表示可能出现的符号较多,并不意味着可以从中得到更多的信息。

(3) 信息论中熵与热力学的熵基本无关,这两个熵不是同一回事,信息熵表示无序的信息,热力学中的熵表示无序的能量。

一般的加壳工具,在加壳过程中都会使用压缩或者加密算法来保护原始代码,从而得到文件的信息熵显著增大。通过计算文件的信息熵,很容易判断文件是否被压缩或者加密。如果再结合文件头结构等其他信息,就很容易判断文件是否加壳。

4. 转换成位图和马尔可夫图检测

根据加壳前后对文件随机特性的分析,Kancherla 等提出使用位图和马尔可夫图的加壳检测方法。具体做法是:首先,将被检测程序文件转换成位图和马尔可夫图;随后,使用 Gabor 滤波器和小波变换从位图和马尔可夫图中提取特征来检测文件是否加壳。通过转换成图,可以从直观上看出文件比特的随机分布特性,这不仅提供了一种可视化的方法,而且可以使用图像处理的方法来区分加壳前后文件的随机特性。

(1) 位图和马尔可夫图。位图是一种灰度图像,每一位的取值范围是 0～255,为了使可执行文件转换成位图,将可执行文件的每一位的值表示成每个像素点的值。图 4.3(a)就是一个可执行文件转化成的图像。长度一定的文件,可以看成一个一维数组,而位图却是用二维数组表示的。因此,使用最简单的办法,图像最左上方的像素点用可执行文件的第一位表示,第二位表示图像第一行第二列的像素点,其他位依次表示图像从左至右的像素点直到图像的第一行填满。之后,对图像的第二行依次从左至右填满……按照这个"Z"字形规律,依次填完可执行文件的所有位,对图像最后一行未对齐的部分用零表示。这样,一个可执行文件就转换成位图表示。

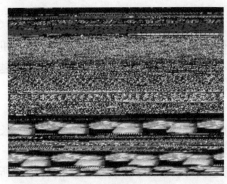

(a) 位图　　　　　　　　　　　　　　　(b) 马尔可夫图

图 4.3　可执行文件位图和马尔可夫图

马尔可夫图基于马尔可夫模型,马尔可夫图表示的是取值为 a 的字节转换成取值为 b 的字节的概率大小,即转移概率大小,它可以由可执行文件的字节转换频率表示,如图 4.3(b)所示。一个字节由 8 位表示,取值范围为 0~255,所以在字节级别的马尔可夫图是一个 256×256 大小的图像,其中第 i 行第 j 列像素表示像素值 i 转换为像素值 j 的概率,在具体的转换中概率由频率表示,即

$$P(i,j) = \frac{w(i,j)}{\sum_{k=0}^{255} w(i,k)} \tag{4.7}$$

式中,$P(i,j)$ 为像素值 i 转换为像素值 j 的概率;$w(i,k)$ 为像素值 i 转换为像素值 k 的统计频数。频率的取值范围是 $[0,1]$,将所有频率值乘以 255 后取整,就可以表示为马尔可夫图中像素点的取值。

(2) 从位图和马尔可夫图中提取特征。主要提取三种不同的特征集:基于强度的特征、基于小波的特征、基于 Gabor 滤波的特征。图像强度特征从图中直接提取,包括平均强度、方差、众数、偏度、峰度和 0~255 的像素频率。基于小波的特征提取图像小波变换系数的均值、方差、最大值和最小值作为特征。基于 Gabor 滤波的特征,同样也是提取 Gabor 滤波参数作为特征。其中,偏度和峰度定义如下。

偏度计算公式:

$$\text{Skewness} = \frac{\frac{1}{N}\sum_{k=1}^{N}(X_k - X)^3}{\left[\frac{1}{N}\sum_{k=1}^{N}(X_k - X)^2\right]^{\frac{3}{2}}} \tag{4.8}$$

峰度计算公式：

$$\text{Kurtosis} = \frac{\frac{1}{N}\sum_{k=1}^{N}(X_k - X)^4}{\left[\frac{1}{N}\sum_{k=1}^{N}(X_k - X)^2\right]^2} - 3 \tag{4.9}$$

小波变换是一种信号的时空尺度分析方法,具有多分辨率分析的特点,而且在时频两域都具有表征信号局部特征的能力,是一种窗口大小固定不变但其形状可变、时间窗和频率窗都可变的时频局部化分析方法。即在低频部分具有较高的频率分辨率和时间分辨率,在高频部分具有较高的时间分辨率和较低的频率分辨率,很适合探测正常信号中夹带的瞬态反常现象并展示其成分,所以被誉为分析信号的显微镜。

连续小波变换公式如下：

$$X(\tau, a) = \frac{1}{\sqrt{a}}\int x(t)\psi\left(\frac{t-\tau}{a}\right)\mathrm{d}t \tag{4.10}$$

$$\psi_{\tau, a} = \frac{1}{\sqrt{a}}\psi\left(\frac{t-\tau}{a}\right) \tag{4.11}$$

式中,ψ 是小波函数;t 表示时间;a 表示二进制伸缩。

对于图像等二维信号,可以使用双重滤波得到小波变换。把信号同时通过高通滤波器"H"和低通滤波器"G"分解,可以得到离散小波变换。其中,高通滤波器输出详细系数,低通滤波器输出近似系数,可以使用多次分解得到更多系数。

Gabor 变换属于加窗傅里叶变换,Gabor 函数可以在频域不同尺度、不同方向上提取相关的特征。Gabor 滤波器的频率和方向类似于人类的视觉系统,所以常用于纹理识别。在空间域,二维 Gabor 滤波器是一个高斯核函数和正弦平面波的乘积。假设 I 是一幅图像的像素矩阵,Gabor 变换公式如下：

$$r(x, y) = \int_{\Omega} I(m, n)g(x-m, y-n)\mathrm{d}m\mathrm{d}n \tag{4.12}$$

式中,Ω 表示图像像素点的集合;$g(x-m, y-n)$ 是 Gabor 滤波函数,定义如下：

$$g(x, y; \lambda, \theta, \psi, \sigma, \gamma) = \exp\left(-\frac{x'^2 + \gamma^2 y'^2}{2\sigma^2}\right)\exp\left(\mathrm{i}\left(2\pi\frac{x'}{\lambda} + \psi\right)\right) \tag{4.13}$$

式中,λ 为正弦函数波长;θ 为 Gabor 核函数的方向;ψ 为相位偏移;σ 为高斯函数的标准差;γ 为空间的宽高比;$x' = x\cos\theta + y\sin\theta$;$y' = -x\sin\theta + y\cos\theta$。

根据特征集数据,构建分类器,生成分类模型,就可以检测可执行文件是否加壳。可以看到,这种检测方法本质也是对文件统计随机性的挖掘。

4.3　基于机器学习的加壳检测框架

本节综合运用 4.2 节常用的加壳检测方法,选取其中的典型特征,使用机器学习的方法建立分类模型对未知可执行文件进行加壳检测。主要选取的特征是文件的结构、统计特性和信息熵,从不同的角度来判断程序文件是否加壳。基于机器学习的检测方法,从大量样本中训练分类模型,通过不断从样本中学习,可以充分利用各个特征表示的优势,提高分类的准确率;另外,与传统的基于特征码的检测方式相比,基于机器学习的检测方法是一种启发式检测方法,它可以用于对具有相似特性的未知壳检测。从原理上看,基于机器学习的启发式检测方法,具有更好的效率和鲁棒性。

基于机器学习的加壳检测框架如图 4.4 所示。

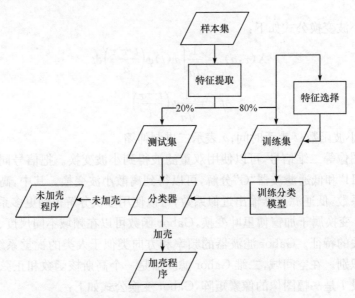

图 4.4　基于机器学习的加壳检测框架

整个加壳检测的框架,可以分为如下三个主要部分。

1. 样本集特征提取

对样本集进行特征提取,并按照 20% 和 80% 的比例随机分配测试集和训练集。当特征提取所包括的属性数目较多时,为保证训练分类模型的效率和准确性,使用特征选择算法,消除冗余属性和无关属性,降低特征维数。在加壳检测中,一般特征数目相对较小,所以可以不使用特征筛选算法。

在加壳检测中,提取的特征主要如图 4.5 所示,一共三个方面:文件结构属性,如 PE(或者 ELF 等可执行文件)头部属性和各种类型的节表属性;文件内容统计属性,如各种类型节表的数目、平均长度、零字节数目、文件长度等;文件比特级信息熵,主要计算整个文件的信息熵或者某个节区数据的信息熵。针对具体可执行文件,整个文件信息熵的计算流程如图 4.6 所示。

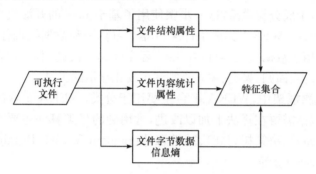

图 4.5　可执行文件特征提取

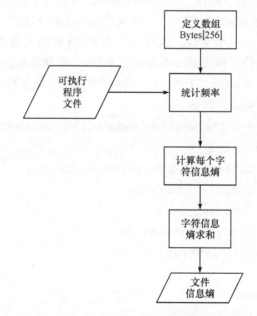

图 4.6　文件信息熵计算算法

在图 4.6 信息熵计算算法中,以一个字节的所有可能取值为统计对象,以字符频率近似表示概率,通过一次文件遍历得到可执行文件字节数据的概率分布。根据概率分布和信息熵计算公式,得到整个文件的信息熵。除此之外,也可以对某个节区数据统计字符概率分布,计算信息熵。需要指出的是,信息熵中以频率近似表示概率,因此字节总数 N,需要满足条件 $N \gg 256$。否则,频率就不能近似表示概率,无法得到概率分布。这时,需要寻找更小的位数(小于一个字节,即 8 位以下)来统计概率分布。

2. 机器学习,生成分类模型

机器学习,生成分类模型,这一步骤使用了基于 Java 的开源机器学习和数据挖掘平台 WEKA。WEKA 集成了许多机器学习算法和数据挖掘任务,这些算法既可以直接运用于数据集,也可以在 Java 程序代码中被调用,它包含一系列用于数据预处理、分类、回归、聚类、关联规则和可视化显示的工具。

在加壳检测框架中,WEKA 平台主要用于分类,WEKA 包含的分类算法众多,而且可以根据需要在算法上加以改进,常用到的分类算法主要有贝叶斯学习(Bayseian learner)、决策树(J48)、随机森林(random forest)、Bagging、Adaboosting、Voting、Stacking 等。

与许多电子表格或数据分析软件一样,WEKA 所处理的数据集是一个二维的表格。表格里的一个横行称作一个实例(instance),相当于统计学中的一个样本,或者数据库中的一条记录。竖行称作一个属性(attribute),相当于统计学中的一个变量,或者数据库中的一个字段。这样一个表格,或者称为数据集,在 WEKA 看来,呈现了属性之间的一种关系(relation)。WEKA 存储数据的格式是 ARFF(attribute-relation file format)文件,是一种 ASCII 文本文件。WEKA 自带的"weather. arff"文件格式内容如下:

```
% ARFF file for the weather data with some numric features
@ relation weather
@ attribute outlook {sunny,overcast,rainy}
@ attribute temperature real
@ attribute humidity real
@ attribute windy {TRUE,FALSE}
@ attribute play {yes,no}
@ data
% 10 instances
sunny,85,85,FALSE,no
sunny,80,90,TRUE,no
overcast,83,86,FALSE,yes
rainy,70,96,FALSE,yes
```

rainy,68,80,FALSE,yes

rainy,65,70,TRUE,no

overcast,64,65,TRUE,yes

sunny,72,95,FALSE,no

sunny,69,70,FALSE,yes

rainy,75,80,FALSE,yes

表格中共有五个属性(outlook、temperature、humidity 、windy、play),关系名称为"weather",%表示对行注释,@data 之后的每一行表示一个实例,表格中共10 个实例。

特征提取的结果,就是这样一个 arff 格式的文件。在机器学习,生成分类模型的阶段,可以直接使用这个文件得到训练好的分类器。

3. 对待测样本进行加壳检测

根据所选分类算法的不同,可以得到不同的分类器,在加壳检测阶段,可执行文件经特征提取,得到待检测测试集。根据检测结果,可以区分文件是否加壳,将加壳可执行文件与未加壳可执行文件分离开来,至此,加壳检测结束。

经加壳检测后,未加壳程序文件可以直接交付恶意代码检测模块,而加壳程序文件交付给通用脱壳工具,得到原始程序代码后,再交由恶意代码检测模块。这样,通过对程序文件是否加壳的预先检测,可以大大提高恶意代码检测模块的效率和准确率。

4.4　PE 文件加壳检测

4.4.1　PE 文件特征提取

针对每一个待检测的 PE 可执行文件,需要进行文件特征提取。本节设计的实验提取了 PE 文件的 9 个特征值,然后使用机器学习构建分类器来进行加壳检测。这 9 个特征值的定义及其取值范围如表 4.2 所示。

表 4.2　PE 文件提取特征值表

特征值	取值范围
标准节的个数	大于 0 的整数
非标准节的个数	大于 0 的整数
具有可执行属性的节的个数	大于 0 的整数
同时具有可读/可写/可执行属性的节的个数	大于 0 的整数
IAT 表中所含表项的个数	大于 0 的整数,或者没有 IAT 表时取值为−1

特征值	取值范围
PE 文件头的熵	[0,8]
PE 代码节的熵	[0,8]，或者没有代码节时取值为-1
PE 数据节的熵	[0,8]，或者没有数据节时取值为-1
PE 文件的熵	[0,8]

1. 标准节的个数

未加壳的 PE 文件通常包含定义良好的标准节,例如,Microsoft Visual C++
编译器编译的 PE 文件通常包含至少一个称为 .text 的代码节,以及两个分别名为
.data 和 .rsrc 的数据节。另外,加了壳的 PE 文件的代码节和数据节的命名通常
不遵循这些命名标准。例如,UPX 加壳程序创建的 PE 文件通常包含两个名称,
分别为 .UPX0 和 .UPX1 的节,以及一个名为 .rsrc 的节。.UPX0 和 .UPX1 不
是标准节名,因此可以用来帮助检测加壳和未加壳的 PE 文件。除了 UPX,许多
其他加壳工具产生的 PE 文件通常也包含非标准的节名。因此,PE 文件中包含的
标准节名和非标准节名的个数信息可以用来帮助检测一个 PE 文件是否加壳。

2. 非标准节的个数

在分析加壳工具的输出时,注意到某些加了壳的程序没有包含任何具有可执
行属性的节,这一点非常反常,因为如果操作系统不允许 PC 指向不具有可执行属
性的节区所在的内存区,程序就会崩溃。Windows XP Serivce Pack 2 引入了内存
保护技术,然而,在老版本的 Windows 平台上,一个不包含任何具有可执行属性的
节的程序仍然可能可以运行。另外,未加壳的 PE 文件的 .text 节总是标识为可执
行的。因此,PE 文件中包含的具有可执行属性的节的个数这一信息能帮助人们
检测一个 PE 文件是否加壳。

3. 同时具有可读/可写/可执行属性的节的个数

假设一个加壳后的程序 P' 内部隐藏了一个被加密的程序 P。当指向程序 P'
时,P' 首先执行一段解密指令来解密程序 P,解密之后再执行程序 P。要完成这一
过程就必须把解密后的程序 P 的代码写入一个具有可执行属性的节中。这样,程
序 P' 就需要包含至少一个同时具有可读/可写/可执行属性的节。另外,未加壳的
PE 文件可执行文件(通常为 .text 节)不必要具有可写属性。因此一个 PE 文件同
时具有可读/可写/可执行属性的节的个数能帮助检测一个 PE 文件是否加壳。

4. IAT 表中所含表项的个数

PE 文件中的 IAT 表包含需要调用的外部函数在内存中的地址,这些外部函数来自于动态链接库(dynamically linked library,DLL)。在 PE 文件被加载时,由操作系统加载器负责将每个要调用的外部函数在内存中的地址写入 IAT 表中。程序每次要调用一个外部函数时,就通过查找 IAT 表来得到该外部函数在内存中的地址。

大多数未加壳的程序都会调用许多外部函数,例如,调用 Window API 来读/写文件、创建窗口或管理网络连接等。所以,IAT 表中通常含有多条表项。另外,加了壳的程序通常很少调用外部函数,主要原因是解壳指令不需要调用外部函数就能完成解壳,例如,不需要创建窗口,也不需要管理网络连接等。这样,一个加了壳的 PE 文件中的 IAT 表就含有很少的表项。

5. PE 文件头、代码节、数据节以及 PE 文件的熵

在加壳后的程序 P' 中,被加密的程序 P 的代码通常存储在代码节或数据节中(如果一个节具有可执行属性就被认为是代码节,否则,被认为是数据节)。程序 P 因为被加过密,所以其代码看起来就会显得很"随机",缺乏组织性。另外,未加密的代码就显得很有组织性,例如,指令会包含操作码和操作数的内存地址。未加密的数据节包含的数据信息也会具有组织性。根据这一观察,计算 PE 文件代码节和数据节的字节熵。如果一个节的熵接近于 8bit(字节熵的最大值),那么这个节就很可能包含了加过密的代码。

代码节和数据节并不是唯一用来隐藏加密代码的地方。PE 文件头中有些可选字段对于 PE 文件本身的加载并不必要,因此一些加壳工具就可能会用这些可选字段来隐藏加密代码。正因如此,同时也需要计算 PE 文件头的熵。考虑到 PE 文件比较复杂,包含其他用不上的空间,加密代码可能会被隐藏在多个其他地方,因此需要计算整个 PE 文件的熵。

4.4.2　PE 加壳检测实验及分析

使用 4.4.1 节介绍的 9 个特征值,对实验用到的 5498 个文件提取特征,得到一个 ARFF 格式的数据集。将数据集分成两部分:①训练集,包含 2231 个未加壳的正常 PE 文件和 2262 个加了壳的 PE 文件的特征值;②测试集,包含 1005 个 PEID 工具未能检测出加了壳的 PE 文件的特征值。之后,使用基于机器学习的加壳检测框架,将训练集和测试集用 WEKA 平台进行实验,主要选取三种不同的分类器,分别为 J48、J48graft 和 BayesNet。

在 WEKA 平台上得到训练好的分类器后,用测试集对其进行测试,计算各个分

类器在测试集上的检测率(TPR)、误报率(FPR)、准确率(Accuracy)和 AUC 值。

实验结果如表 4.3 所示,可以看出,在测试集中包含的 1005 个未被 PEID 工具检测出加了壳的 PE 文件中,所有分类器都能正确检测出超过 97% 的 PE 文件加了壳。其中,J48graft 分类器的检测准确率最高,达到 97.45%。

表 4.3　PE 文件加壳检测结果表

分类器	检测率/%	误报率/%	准确率/%	AUC
J48	97.20	3.10	97.18	0.98
J48graft	97.40	2.80	97.45	0.98
BayesNet	95.40	4.20	97.44	0.99

4.5　ELF 文件加壳检测

4.5.1　ELF 文件特征提取

与 PE 文件特征相比,ELF 文件提取的主要特征值与之相似。由于 Linux 操作系统的开源特性,Linux 操作系统下有更多的开源工具可以使用。LibELF 就是一个专门用于解析 ELF 文件的工具,它具有读取、修改和创建 ELF 格式文件的功能,并且兼容多种处理器架构,如 Sparc、ARM 等。在本节加壳检测实验特征提取步骤中,就是使用 LibELF 获取 ELF 文件结构和内容。

回顾 ELF 文件的结构,ELF 文件开始处是一个 ELF 头部(ELF header),用来描述整个文件的组织。节区部分包含链接视图的大量信息:指令、数据、符号表、重定位信息等。LibELF 定义了几个特定的数据结构,用来描述 ELF 文件的组织结构。ELF 对象在 LibELF 中用 Elf 描述符表示,这个描述符是函数 elf_begin() 的返回值,在程序中,可以使用这个描述符读写 ELF 文件。ELF 文件描述符可以与多个 Elf_Scn 节区描述符相关联,Elf_Scn 描述符表示 ELF 节区对象。

实验提取 ELF 文件的 61 个特征值,然后使用分类器进行加壳检测,这些特征属性分布如表 4.4 所示。

表 4.4　ELF 提取特征属性表

特征属性	属性数目
文件字节数、信息熵、零字节数目	3
ELF 头部表属性	14
节区长度为零和非零的节区数目	2
各种类型的段数目、平均文件长度、平均内存长度	12
各个类型节区数目、平均文件长度、平均内存长度、零字节数目、平均信息熵	30

　　与 PE 文件提取的特征值相比,ELF 文件加壳检测提取的特征数目更多,而且更加细致,包括 ELF 头部的详细信息。此外,其还可对整个文件、各个节区和段分别进行数目统计、零比特数目统计、平均文件长度、平均内存长度和平均信息熵统计。在 PE 文件特征提取中,曾讨论到加密代码可能会被隐藏在多个其他地方。类似地,在 ELF 文件中加密代码也可能不隐藏在多个其他地方,此时,如果对 ELF 文件补齐一些有序信息(如补零),就可以降低整个文件的平均信息熵。这样,整个文件的信息熵就不能很好地区分加壳和未加壳文件,而文件的局部信息熵(如某一节区的信息熵)就能够很好地区分加壳和未加壳 ELF 文件。这种特征提取方式,一方面兼顾了 ELF 的全局特征和局部特征,但另一方面某些无关紧要的信息也可能对分类器的准确率产生干扰。

4.5.2　ELF 加壳检测实验及分析

　　ELF 加壳检测实验,使用 UPX 和 midgetPack 加壳工具,对一个纯净的 Linux 操作系统共计 1043 个系统文件进行加壳,得到 2750 个加壳后的文件。其中,有些系统文件因文件过小而不能被 UPX 加壳,midgetPack 可以使用两种模式对文件分别加壳。将加壳前后的 ELF 文件作为数据集,同样也按照 4∶1 的比例分为训练集和测试集。

　　同样使用基于机器学习的加壳检测框架,对训练集和测试集用 WEKA 平台进行实验。选取三种不同的分类器,分别为 J48、随机森林和 Bagging 算法。

　　实验结果如表 4.5 所示,可以看出,在测试集中,所有的加壳文件都可以被完全检测出来,即检测率为 100%。而未加壳文件则存在一定的误报率,即未加壳文件被认定为加壳文件,但是误报率在 1% 以内。三种分类器算法的准确率都在 99% 以上,其中随机森林算法效果最好,为 99.87%,说明这种检测算法对 UPX 和 midgetPack 加壳十分有效。

表 4.5　ELF 文件加壳检测结果表

分类器	检测率/%	误报率/%	准确率/%	AUC
J48	100	0.58	99.84	0.9999
随机森林	100	0.48	99.87	0.9999
Bagging	100	0.58	99.84	0.9999

4.6　本 章 小 结

　　本章对当前加壳检测研究方法进行了总结,归纳出在加壳检测领域常用的几类方法,包括传统特征码的检测、基于可执行文件属性的检测、基于信息熵的检测与基于位图和马尔可夫图的检测。其中,对当前最新的基于位图和马尔可夫图的特征检测方法进行了分析。可以发现这两种方法也是充分利用了加壳文件比特分布随机性比较强的特性,反映在图像中就是其纹理、强度等特征。这种随机性的增强,是因为在加壳阶段往往使用了压缩或者加密算法,使得文件长度变短,平均每个字节含有的信息量因而更高。这种方法本质上与信息熵分析法类似,都利用到加壳后文件随机性变强的特点,只是两者分别从两个方面对这种变化进行了描述。图分析法更具有直观性,可以从图像上得出一个直观的感受,哪一个文件随机性更强往往一眼就可以观察出来,它提供了一个很好的可视化方法。而熵分析具有更强的理论依据,本章通过对数据压缩的原理的分析,阐述信息熵的意义,可以看出信息熵表现出平均信息量的含义,它从理论上给出了一个对随机性的度量标准。

　　基于对常用加壳检测方法的深入研究分析和机器学习的广泛应用现状,本章介绍了广泛使用的基于机器学习的加壳检测框架,并介绍了在加壳检测中,机器学习分类算法建立的一般流程和 WEKA 平台的 ARFF 格式文件。WEKA 平台集成了大量算法,包括各种分类算法、回归算法、聚类算法、关联规则算法等一系列工具,完全符合加壳检测的实验需求。在该框架的基础上,分别对 PE 格式的可执行文件和 ELF 格式的可执行文件设计加壳检测实验。经过文件特征提取,训练分类器,对测试集合进行检测,PE 加壳检测的准确率都在 97% 以上,ELF 加壳检测也基本能够正确识别加壳和未加壳 ELF 可执行文件,准确率高达 99%。对比 PE 加壳检测和 ELF 加壳检测,两者均可利用可执行文件结构和信息熵得到很好的检测效果。但是,由于两者在结构上的差异,所提取的特征值不尽相同。

　　当前加壳检测的准确率已达到较高水平,但是随着加壳方法的不断提升和加壳工具的不断改进,加壳检测方法的失误率也可能会增大。因此,寻找新的加壳检测方法依然值得研究。另外,加壳检测提取特征,特别是计算信息熵也是一个耗时的过程,而且特征数目也会影响分类器的训练过程。如何减少提取特征数目和优化特征选择,同时又保证相当的准确率,也是一个值得思考的问题。

参 考 文 献

[1] Lyda R,Hamrock J. Using entropy analysis to find encrypted and packed malware. IEEE Security & Privacy Magazine,2007,5(2):40-45.

[2] Choi Y S,Kim I K,Oh J T,et al. PE file header analysis-based packed PE file detection technique (PHAD). International Symposium on Computer Science and ITS Applications,2008: 28-31.

[3] 姜晓新,段海新. 一种 PE 文件加壳检测规则. 计算机工程,2010,36(14):135-137.

[4] 赵跃华,张翼,言洪萍. 基于数据挖掘技术的加壳 PE 程序识别方法. 计算机应用,2011, 31(7):1901-1903.

[5] Devi D,Nandi S. PE file features in detection of packed executables. International Journal of Computer Theory and Engineering,2012,4(3):476-478.

[6] Kancherla K,Donahue J,Mukkamala S. Packer identification using Byte plot and Markov plot. Journal of Computer Virology & Hacking Techniques,2016,12(2):101-111.

第 5 章　基于函数调用图签名的恶意软件检测方法

5.1 引　　言

在生物学上,指纹特征提取是鉴别个体生物特征的关键步骤,每个个体的指纹特征不一样,生物学上就将指纹作为鉴别个体生物特征的依据。复杂性是软件的基本特征,恶意软件检测方法试图从复杂的软件中找到每个软件特有的签名来加以区分不同的软件,并使用此签名唯一地标识特定的恶意软件,以有效识别该恶意软件。

研究人员已经探索了如何提取软件的唯一签名,提出了软件的多种签名表示方法。在当前的反病毒软件中,研究人员提出使用特别的字节码序列、指令序列、文件的哈希值作为恶意软件的签名,实现以非常小的误报率有效识别已知恶意软件。恶意软件可表示为字节码序列,研究人员使用某个恶意软件特有的字节码子序列作为该恶意软件的签名,所有已知恶意软件的签名集合构成签名库。对于待检测文件,扫描该文件中是否存在签名库中的任一签名,如果存在,则判定该文件为恶意软件。此外,可以基于文件的内容使用哈希函数计算每个文件的哈希值,不同文件哈希值相同的概率非常小,恶意软件的哈希值可作为该恶意软件的签名,有效识别该恶意软件。

然而,恶意软件作者通过修改和扩展已知恶意软件,产生恶意软件变种,从而导致基于签名的方法无法识别这些变种。此外,恶意软件作者已经开发了许多自动化的加壳或混淆工具,使用这些工具从同一恶意软件产生数以万计的变种,该方法已经成为逃避基于签名检测方法的流行手段。基于签名的方法通常无法识别恶意软件变种,原因如下:①程序源代码的微小改变可能产生完全不同的字节序列和哈希值;②对于自动化加壳或混淆工具产生的恶意软件变种,在语义上是和原始恶意软件相同的,但语法上是完全不同的;③采用变形和多态的恶意软件,在传播过程中不断地随机改变着文件内容,没有固定的签名。据 Symantec 公司发布的 2015 互联网安全威胁报告,基于字节码签名的方法仅能检测 2014 年捕获的所有恶意软件中的 13.9%,恶意软件 10 大家族占据 2014 年捕获的所有恶意软件中的 33%[1]。因此,当前迫切需要研究恶意软件及其变种的检测方法。

李德毅院士在一篇报告中指出,"软件应以网络结构表示"。也就是说,软件都具有网络的拓扑结构,一般可以用图表示。图可以在较高层次描述软件的结构,为研究者提供一个整体和全局的视角来唯一标识软件。软件可以分解成一系列软件实体(组成元素)的集合,如类、子程序、构件等。通过这些实体的交互,实现需要(预期)的计算功能。如果将系统中类、子程序、构件等元素视为节点,元素间的相互关系表示为节点间的(有向)边,软件结构实质上表现为一种内容互联的网络拓扑图。图被普遍用于表示具有内部拓扑特征的复杂结构化数据,以及对涉及实体及其联系的现象进行建模。

　　二进制可执行文件经过反汇编后,得到汇编代码。汇编代码由许多函数组成,每个函数是实现具体任务的机器指令序列。函数是一个可调用单元,在程序执行时,某个函数可被其他函数或自己调用多次,函数间存在调用关系。函数间通过调用协作实现软件的功能,实现函数间数据的传送。通过分析软件的汇编代码,可以清晰地识别函数的定义和参数、函数间的调用关系。汇编代码中函数的调用关系可用图表示,每个函数表示图的一个节点,函数间的调用关系表示有向边,如函数 x 调用了函数 y,该调用关系表示为节点 x 到节点 y 的一条有向边。因此,一个程序可表示为函数调用图(function call graph,FCG)。

　　函数调用图体现了函数之间的调用关系,它能反映程序之间的控制流(它是程序执行中所有可能的事件顺序的一个抽象表示)。函数调用图是软件的结构表示,不同软件的函数调用图结构相同的概率非常小。本章提出基于函数调用图的恶意软件及变种检测方法,使用函数调用图作为恶意软件的签名表示,已知恶意软件的签名集合构成了恶意软件签名库,对于未知程序,应用图同构算法判定该程序的函数调用图是否和签名库中签名存在图同构,如果存在同构,则判定该程序为恶意软件。该方法可用于恶意软件的深度识别、大规模软件样本的索引和查找以及恶意软件变种的分析归类。

5.2　相关工作

　　研究人员对基于图的恶意软件检测方法已进行了初步研究,这些方法将软件表示成操作码有向图、控制流图、数据流图、函数调用图、系统调用图,通过图匹配、相似性度量、数据挖掘和机器学习等方法实现恶意软件的检测。

　　Anderson 等[2]提出基于操作码序列加权有向图的恶意软件检测方法,该方法首先对样本文件进行动态分析得到操作码序列,然后将操作码序列转换为加权有向图,每个操作码表示成图的节点,如果操作码直接邻接,那么两个操作码节点就有一条有向的边,边的权重用两个操作码节点邻接的概率表示。该方法使用图核函数[3]将加权有向图转换为矢量,使用 SVM 进行训练学习,训练得到的模型可检测未知恶意软件。Runwal 等[4]改进了以上方法,也是将样本表示成操作码序列加权有向图,该方法没有使用图核函数将加权有向图转换为矢量进行分类学习,而是直接将加权有向图表示成矩阵,然后进行相似性对比,该方法相对更简单有效。以上两种方法都能检测部分多态的恶意软件,但由于使用操作码作为图的节点,图的粒度过细,经过混淆处理后,程序的操作码序列发生了改变,可能导致以上两种方法无效。此外,操作码序列加权有向图的结构异常庞大和复杂,检测方法的效率较差。

Bruschi 等[5]提出了基于控制流图匹配的恶意软件检测方法,该方法首先对恶意软件样本进行反汇编,然后应用反混淆技术对汇编代码进行规范化,将规范化后的汇编代码转化为控制流图,以此作为该恶意软件的签名。对于待检测样本,用以上的过程得到其控制流图,应用子图同构算法判断签名库中的图签名是否是待检测样本的子图,如果是,就判定该样本是恶意软件或被该恶意软件感染。该方法可以有效检测已知恶意软件或被已知恶意软件感染的软件,同时可检测经过混淆处理的恶意样本,但由于子图同构问题是 NP 完全问题,该方法的效率较低,图节点的规模达到一定数量后无法判断是否存在子图同构。Bonfante 等[6]改进了以上方法,将恶意软件的控制流图转换为树自动机[7],然后再进行匹配,该方法一定程度上提高了以上方法的效率。

Cesare 等[8]首先将可执行文件反汇编,汇编代码中的每个函数表示为控制流图,这样一个文件就表示为一个控制流图集合。对于每个控制流图,提取关键控制语句,基于控制流的语义将其表示为字符串。然后使用 K 子图(k-subgraphs)或 n-grams 从字符串提取特征,应用特征过滤算法选出最相关的特征作为样本的特征矢量。为了判断未知样本是否是已知恶意软件的变种,该方法计算待检测样本特征矢量和恶意软件签名库中每个签名的规范化压缩距离,当距离小于指定阈值时,判定为恶意软件。实验结果显示,n-grams 特征提取方法优于 K 子图特征提取方法,该方法可有效识别部分恶意软件变种,也可用于恶意软件样本的归类。

基于控制流图的检测方法的主要不足是:①控制流图粒度较细,混淆产生的变种的控制流图可能发生了改变,从而得到完全不同的特征表示;②控制流图中部分条件分支目前无法静态地确定,只有软件运行时才能确定条件分支,现有的方法都是固定地选择其中一个分支,从而导致生成的控制流无法覆盖整个程序。

数据流图和控制流图高度相似,数据流图反映的是机器指令之间数据的流动关系。Yu 和 Islam[9]提出了基于数据流的软件可信性评估方法,该方法通过分析汇编代码中堆、堆栈、寄存器、内存等的数据流动,进而评估软件的可信性。Yin 等[10]将系统的部分关键信息定义为敏感数据,通过分析机器指令中这部分数据的传播,从而得到数据流图。该方法通过对恶意软件敏感信息传播的分析,定义了一些检测策略。对于未知样本,分析其敏感信息传播是否和检测策略匹配,如果匹配,则判定为恶意软件。实验结果显示,该方法可以检测很多类别的恶意软件,且具有较低的误报率。

Kolbitsch 等[11]提出了动态数据流图的恶意软件变种检测方法,该方法将样本放入受控环境中运行,监控样本的系统调用序列,然后将程序的行为表示为数据流图,图的节点是系统调用,图的边是系统调用间的数据流动,如果某个系统调用的输出作为另一个系统调用的输入,则在两个系统调用之间建立一条有向边。通过提取已知恶意软件的数据流图,汇集构成签名库。对于待检测样本,监控其系统调用序列,然后和签名库进行匹配,如果和任一签名匹配,则判定为恶意软件。实验结果显示,该方法可检测 93％的已知恶意软件,同时可检测 33％的已知恶意软件变种,没有产生误报。正如实验结果所示,该方法检测对已知恶意软件比较有效,对恶意软件变种不是很有效。

Karbalaie 等[12]应用图挖掘算法来改进文献[11]的方法,使用相似的方法构建了样本的动态数据流图。为了缩减数据流图的规模,该方法仅考虑了六个最重要动态库中的系统调用,同时该方法没有直接进行图匹配,而是使用基于图的子结构模式挖掘算法发现恶意软件中频繁出现的子图,使用该子图作为签名,构建已知恶意软件的签名库。该方法取得了 96.6％的检测率,但也存在 3.4％的误报率。该方法的优势是仅考虑了有直接依赖关系的系统调用函数子集,有效缩减了图的规模和复杂度,且取得了不错的实验结果。该方法的不足是图挖掘算法复杂,效率不高,且仅使用了三个族类的 404 个恶意软件样本,样本的多样性和数量明显不足。

Flake[13]通过分析软件不同版本的结构以发现软件的发展演变,该方法将软件表示为函数调用图,其中每个函数又表示为控制流图,通过体系化的对比发现软件的变化。该方法可用于分析系统的补丁程序,以发现补丁程序修复的漏洞。Dullien 和 Rolles[14]将可执行文件表示为函数调用图,每个函数表示成控制流图,控制流图的每个节点表示为机器指令序列,然后采用近似图同构算法匹配软件的不同版本,该方法也是为了发现系统补丁程序修复的漏洞。

Carrera 等[15]提出了基于函数调用图的恶意软件变种识别方法,该方法将可执行文件表示为函数调用图,其中每个函数表示成控制流图。对于待比较的两个样本,首先使用系统调用函数名匹配属于系统调用的节点,然后使用函数节点的控制流图辅助匹配其他节点,根据匹配节点占所有节点的比例计算相似性,然后应用体系化聚类算法将样本归入相应的族类。该方法的效率较优,但混淆过的样本的控制流图已经发生了改变,从而导致较高的漏报率和误报率。

Hu 等[16]提出了基于函数调用图的恶意软件索引方法,该方法首先将恶意软件样本表示为函数调用图,然后从样本的函数调用图提取特征表示成矢量,所有样本重复该过程得到恶意软件索引库。对于待判断的未知程序,也是使用以上过程得到函数调用图的矢量表示,然后应用最近邻算法判断未知程序是否是恶意软件,该方法取得的最高准确率是 82.5％。该方法的主要贡献是将程序的函数调用图表示成矢量,有效缩减了特征的维度,但该方法缩减后的特征不是很有效,判断的准确率较低,且程序的函数调用图转换为矢量表示时计算开销较大。

　　Xu 等[17]将恶意软件表示为函数调用图,其中每个函数节点表示为机器指令序列,然后使用函数节点的机器指令序列辅助匹配图的节点,计算两个样本间的近似图编辑距离。实验结果显示,同一族类间的恶意软件的函数调用图具有很高的相似性,但该方法没有给出检测率和误报率。由于混淆过的样本机器指令序列发生了改变,该方法也存在误报和漏报。

　　Kostakis 等[18]也将恶意软件表示为函数调用图,为了比较样本间的相似性,该方法计算了样本间的图编辑距离,图编辑距离的计算可表示为一个代价函数,该方法使用模拟退火算法求解代价函数的最优解。由于图编辑距离计算属于 NP 完全问题,该方法的效率较差,且无法计算规模较大的图。Kinable 和 Kostakis[19]改进了以上方法,对于待比较的两个样本,该方法对两个样本的函数调用图补充辅助节点,使两个图有相同的节点数,然后再计算近似的图编辑距离,最后使用聚类算法将样本归入相应的族类。该方法用 194 个样本进行了实验,同一族类的样本有较高的相似性,但没有报告准确率和误报率,该方法同样存在效率问题,漏报和误报的可能性也较高。

　　以上方法都从不同的视角探索解决恶意软件检测问题,提出了不同思路的基于图的恶意软件检测方法,取得了许多富有建设性的成果,但仍有以下几个问题需要解决:①基于图匹配的方法一般都使用了相似性度量算法,但算法的效率不太理想,对于节点较多的图,其在有限时间内无法完成,仍需研究时间复杂度为多项式的算法;②部分图表示方法粒度较细,导致图的规模和复杂度较高,仍需改进图的表示,既有效刻画软件,又提高存储和匹配的效率;③对于混淆过的恶意软件,部分方法不能检测该类恶意软件;④图作为软件的签名将大幅度地增加签名库的大小,需研究分布式的并行计算方案。

5.3　定　义

　　定义 5.1　图由表示数据元素的集合 V 和表示数据元素之间关系的集合 E 组成,记为 $G = \langle V, E \rangle$。在图中,数据元素通常称为节点(vertex),节点的序偶称为边(edge),E 是边的集合。

　　定义 5.2　若代表一条边的节点的序偶是无序的(即该边无方向),则称此图为无向图;若代表一条边的节点的序偶是有序的(即边有方向),则称此图为有向图。

　　定义 5.3　无向图中节点 v 的度(degree)是与该节点相关联的边的数目,记为 $D(v)$。如果 G 是一个有向图,则以节点 v 为终点的边的数目称为 v 的入度(in degree),记为 $ID(v)$;以节点 v 为始点的边的数目称为 v 的出度(out degree),记为 $OD(v)$。

定义 5.4　给定两个图 $G_1=\langle V_1,E_1\rangle$，$G_2=\langle E_2,V_2\rangle$，图同构判定就是检验图 G_1 和图 G_2 的节点是否存在一一映射关系，同时映射后节点之间的邻接关系保留。可用符号描述为：若存在双射函数 $f:V_1\rightarrow V_2$，且 $\forall a,b\in V_1$，$(a,b)\in E_1\Leftrightarrow f(a)$，$f(b)\in V_2$，$(f(a),f(b))\in E_2$，则图 G_1 和图 G_2 同构。

定义 5.5　函数调用图（function call graph），一个函数调用图可定义为有向图 $G=(V,E)$，V 是有限节点集合，每一个元素对应一个函数，$E\subseteq V\times V$ 是有向边集合，$(f_1,f_2)\in V$，f_1 到 f_2 的有向边表示在 f_1 函数中调用了 f_2 函数。

定义 5.6　P 是程序集合，M 是恶意软件集合，$M\subset P$，B 是良性软件集合，$B\subset P$，其中 $M\cap B=\varnothing$，$M\cup B=P$。

定义 5.7　S 是恶意软件的签名集合，s 是某恶意软件 m 的签名，签名 s 唯一标识恶意软件 m，其中 $m\in M$，$s\in S$。

定义 5.8　D 是一个检测器函数，$D:P\times S\rightarrow\{0,1\}$；如果 $\exists s\in S:D(p,s)=1$，那么一个程序 p 被判断为恶意软件，其中 s 是恶意软件签名集合中的一个签名；如果 $\forall s\in S:D(p,s)=0$，那么一个程序 p 被判断为良性软件，其中 s 是恶意软件签名集合中的任一签名。

定义 5.9　T 是一个转换算法，将一个程序 p 作为输入，反汇编处理后输出函数调用图作为程序 p 的签名，$T(p)=s_g$，其中 s_g 是程序 p 的函数调用图签名。

定义 5.10　D_g 是基于图签名的检测器函数，$D_g:P\times S\rightarrow\{0,1\}$；如果程序 p 的函数调用图和图签名库中某一恶意软件的函数调用图同构，那么一个程序 p 被判断为恶意软件，即 $\exists s_g\in S:D_g(T(p),s_g)=1$，其中 s_g 是恶意软件函数调用图签名集合中的一个签名；如果程序 p 的函数调用图和所有恶意软件的函数调用图都不同构，那么一个程序 p 被判断为良性软件，即 $\forall s_g\in S:D_g(T(p),s_g)=0$，其中 s_g 是恶意软件函数调用图签名集合中的任一签名。

定义 5.11　$TP=|\{p\,|\,p\in M\wedge\exists s\in S:D(p,s)=1\}|$，其中 TP(true positive)是被正确识别的恶意软件的数量；$TN=|\{p\,|\,p\in B\wedge\forall s\in S:D(p,s)=0\}|$，其中 TN(true negative)是被正确识别的良性软件的数量；$FP=|\{p\,|\,p\in B\wedge\exists s\in S:D(p,s)=1\}|$，其中 FP(false positive)是良性软件被错误识别为恶意软件的数量；$FN=|\{p\,|\,p\in M\wedge\forall s\in S:D(p,s)=0\}|$，其中 FN(false negative)是恶意软件被错误地识别为良性软件的数量；$TPR=\dfrac{TP}{TP+FN}$，其中 TPR(true positive rate)是检测率，指被正确识别的恶意软件占所有恶意软件样本的比例；$FPR=\dfrac{FP}{TN+FP}$，其中 FPR(false positive rate)是误报率，指被错误识别为恶意软件的良性软件占所有良性软件样本的比例；$Accuracy=\dfrac{TP+TN}{TP+TN+FP+FN}$，其中 Accuracy 是准确率,指被正确识别的样本(包括良性软件和恶意软件)占所有样本的比例。

5.4　图同构算法

图同构问题可以简单地表述为:检验看起来不相同的两个图是否实际上是结构相同的。该问题已经理论上证明是 NP 问题,但尚不能确定是属于 P 类问题还是 NP 完全问题。到目前,从图同构的性质理论方面出发,还没有对所有类型的图可证明的多项式图同构算法。目前的主要方式是基于启发式的穷举法求解该问题,这些方法对于规模比较大的图同构问题是比较困难的。为了防止搜索空间变得过大,已提出了很多不同的启发式方法修剪搜索空间,如 Ullman 算法[20]、VF 算法[21]和其改进版本 VF2 算法[22],此外还有基于遗传算法[23]和 Hopfield 神经网络[24]等自然计算算法的非精确图同构算法。

5.4.1　基于矩阵变换的图同构算法

对于含有 n 个节点的两个图 $G_1 = \langle V_1, E_1 \rangle, G_2 = \langle E_2, V_2 \rangle$,其邻接矩阵表示分别为 $\boldsymbol{M}(G_1)$ 和 $\boldsymbol{M}(G_2)$。图 G 的邻接矩阵表示 $\boldsymbol{M}$ 并不是唯一的,对 M 进行任意的行或列的交换也是图 G 的有效表示,并没有改变图 G 的结构。要判定图 G_1 是否和图 G_2 同构,可使用蛮力搜索方法,即对图 G_1 的邻接矩阵 $\boldsymbol{M}(G_1)$ 进行若干次行或列交换,每交换一次后和图 G_2 的邻接矩阵 $\boldsymbol{M}(G_2)$ 进行比对,如果相同则图 G_1 和图 G_2 同构,如果不相同则继续穷举进行 $\boldsymbol{M}(G_1)$ 所有可能的行或列交换,穷举完所有交换仍然不相同则两图不同构。该方法的时间复杂度为 $O(n!)$,对于规模较小的图有效可行,但对于有较多节点和边的图则效率较差。

为了缩减搜索空间,可对图的节点按度进行排序(有向图可按节点的入度或出度进行排序),只需要在度相同的节点间进行交换,该方法有效缩减了搜索空间,时间复杂度为 $O(\prod\limits_{i=1}^{k} n_i!)$,其中 k 为不同度的个数,n_i 是度为 i 的节点数。一般情况下 $O(\prod\limits_{i=1}^{k} n_i!) \leqslant O(n!)$,但仍然不是十分有效。后续研究人员又采用了其他节点不变量对图的节点进行分区,分区后只需对同一区的节点进行交换,有效地提高了图同构算法的效率。节点不变量是赋给节点的一个数 $i(v)$,当图 G_1 和图 G_2 同构时,图 G_1 节点 v 映射到图 G_2 的节点 v',则 $i(v) = i(v')$。节点的度是较简单的节点不变量,常用的还有等长路径节点数(距节点 v 路径长度为 l 的节点数)、邻接三角形数(节点 v 邻接的三角形个数)等。后续的研究采用多种节点不变量的组合对节点进行分区,有效缩减了搜索空间,减少了算法的时间复杂度,但这类方法通常无法处理节点和边较多的图,空间复杂度也较高。

一个 $n \times n$ 矩阵 $\boldsymbol{Q}(q_{ij})$ 满足以下三个条件时,称为置换矩阵:

$$(1) q_{ij} \in \{0,1\}, \quad i,j = 1,2,\cdots,n$$

$$(2) \sum_{i=1}^{n} q_{ij} = 1, \quad i = 1,2,\cdots,n \tag{5.1}$$

$$(3) \sum_{j=1}^{n} q_{ij} = 1, \quad j = 1,2,\cdots,n$$

矩阵的行或列交换可表示为左乘和右乘一个置换矩阵,即如果图 G_1 和图 G_2 同构,必存在一个置换矩阵 $\boldsymbol{Q}$,使得 $\boldsymbol{M}(G_1) = \boldsymbol{Q}\boldsymbol{M}(G_2)\boldsymbol{Q}^{\mathrm{T}}$。定义函数 $J(\sigma) = \| \boldsymbol{M}(G_1) - \boldsymbol{Q}\boldsymbol{M}(G_2)\boldsymbol{Q}^{\mathrm{T}} \|$,如果存在置换矩阵 $\boldsymbol{Q}$ 使 $J(\sigma)=0$,则图 G_1 和图 G_2 同构,这样图同构问题就可转换为优化问题。研究人员采用自然计算算法(Hopfield 神经网络、遗传算法、粒子群算法等)求解函数 $J(\sigma)$ 的最小值。如果能找到置换矩阵 $\boldsymbol{Q}$ 使 $J(\sigma)=0$,则两个图同构;如果 $J(\sigma)$ 接近 0,两个图近似同构;如果 $J(\sigma)$ 函数值较大,可能是优化算法没有收敛到最优解,也可能是两个图不同构。这类方法效率较优,可解决较大规模节点数的图同构,但由于优化算法不一定能收敛到最优解,存在判定错误的可能。

5.4.2　Ullmann 图同构算法

Ullmann 算法[20] 是较早提出的可以判定图同构和子图同构的算法,在最坏情况下,Ullmann 算法的时间复杂度与图中节点数目的指数成正比。Ullmann 算法以深度优先的方式进行搜索,搜索过程表示为一个布尔矩阵。当节点不匹配时则回溯到最近匹配的节点,寻找其他搜索方向。

图 $G_1 = \langle V_1, E_1 \rangle, G_2 = \langle E_2, V_2 \rangle$,要判定图 G_1 和图 G_2 是否同构或者图 G_1 是否是图 G_2 的子图。图 G_1 和图 G_2 的节点数分别为 n_1 和 n_2,它们的邻接矩阵表示分别为 $\boldsymbol{M}_A[a_{ij}]$ 和 $\boldsymbol{M}_B = [b_{ij}]$。该算法要寻找的同构关系表现为寻找两图的一个关联矩阵 $\boldsymbol{M}[m_{ij}]$,这是一个 $n_1 \times n_2$ 的矩阵,其元素 m_{ij} 表示 G_1 的第 i 个节点和 G_2 的第 j 个节点是否对应。因此这个矩阵的限制为:每行只有一个 1,而每列最多只有一个 1。因此 $m_{ij}=1$ 表示 G_1 的第 i 个节点和 G_2 的第 j 个节点对应,否则不对应。如果图 G_1 和图 G_2 同构或子图同构,必存在矩阵 $\boldsymbol{M}$,使得 $\boldsymbol{M}_A[a_{ij}] = \boldsymbol{M}[m_{ij}](\boldsymbol{M}[m_{ij}]\boldsymbol{M}_B[b_{ij}])^{\mathrm{T}}$。

算法步骤如下:

Step1:构造初始矩阵 $\boldsymbol{M}^0$,如果图 G_2 的第 j 个节点的度数大于等于图 G_1 的第 i 个节点的度数,则 $m_{ij}^0=1$,否则 $m_{ij}^0=0$。

Step2:基于初始矩阵 $\boldsymbol{M}^0$,使用搜索树枚举算法逐层产生所有可能的关联矩阵 $\boldsymbol{M}[m_{ij}]$,当枚举产生的矩阵 $\boldsymbol{M}[m_{ij}]$ 满足约束(每行只有一个 1,而每列最多只有一个 1 时），判断 $M_A[a_{ij}] = M[m_{ij}](M[m_{ij}]M_B[b_{ij}])^T$ 是否为真，为真则同构，为假则回溯到上一层继续枚举。枚举过程中使用以下约束进行剪枝：$(\forall_{1 \leqslant x \leqslant n_1} x)$ $(a[i][x]=1) \rightarrow (\exists_{1 \leqslant y \leqslant n_2} y)(m[x][y] \cdot b[y][j]=1)$，为真则继续枚举下层节点，为假则回溯到上一层继续枚举。该约束可表述为：如果图 G_1 的第 i 个节点映射到图 G_2 的节点 j、图 G_1 的第 i 个节点的任何邻居节点 x、图 G_2 的映射节点 j 必然存在一个邻居节点 y 与其对应。

5.4.3　VF2 图同构算法

VF2 算法[22]是一种图同构和子图同构判定算法，和 Ullmann 算法相似，也是一种深度优先的回溯算法，VF2 算法最好情况下的时间复杂度为 $O(n^2)$，最坏情况下为 $O(n! \cdot n)$，VF2 是公认较好的图同构和子图同构判定算法，算法的流程如图 5.1 所示。

```
AIgorithm Match(G₁,s,G₂)
    输入：图G₁和图G₂是待判断的两个图,如果是子图同构判断,图G₁的节点数较少,
    图G₂的节点数较多,s是匹配过程中的状态空间表示,初始状态s⁰为空;
    输出：两个图已经匹配的节点映射
    if  M(s)包括了图G₁的所有节点 then
    │    return    M(s);
    else
    │    构建候选节点集合P(s);
    │    foreach    (n,m)∈P(s);
    │    │    if  F(s,n,m)  then
    │    │    │    将(n,m)加入中间状态M(s),得到M(s′);
    │    │    │    call Match(G₁,s′,G₂);
    │    │    end if
    │    enld foreach
    │    回溯到前一个中间状态;
    end if
```

图 5.1　VF2 算法处理流程

图 $G_1 = \langle V_1, E_1 \rangle$，$G_2 = \langle E_2, V_2 \rangle$，要判定的是图 G_1 和图 G_2 是否同构或者图 G_1 是否是图 G_2 的子图。VF2 算法的核心思想是搜索图 G_1 中节点到图 G_2 中节点的映射的集合 M，$p = (n, m)$ 表示图 G_1 的 n 节点匹配到图 G_2 的 m 节点，M 是 p 的集合，$n \in V_1, m \in V_2, M = \{(n, m) \in V_1 \times V_2\}$。如果 M 中包含两个元素 (n_1, m_1) 和 (n_2, m_2)，并且 (n_1, n_2) 是图 G_1 的一条边，则 (m_1, m_2) 也必定是图 G_2 的一条边，并且图 G_1 的边 (n_1, n_2) 和图 G_2 的边 (m_1, m_2) 匹配。$M(s)$ 是 M 的子集，是匹配过程中的状态空间表示，包括已经匹配节点的映射。$M(s)$ 表示图 G_1 的子图 $G_1(s)$ 和图 G_2 的子图 $G_2(s)$ 已经同构。$G_1(s) = \langle V_1(s), E_1(s) \rangle$，图 $G_1(s)$ 的节点集合 $V_1(s)$ 由 $M(s)$ 中每个节点匹配对 (n, m) 中 n 节点集合构成，图 $G_1(s)$ 的边集合 $E_1(s)$ 由

图 G_1 中节点集合 $V_1(s)$ 构成的子图的边构成,同样的方法可以定义 $G_2(s)=\langle V_2(s),E_2(s)\rangle$。$T_1^{out}(s)$ 表示 $V_1(s)$ 中所有节点的直接后继节点集合,但不包括 $V_1(s)$ 中的节点。$T_1^{in}(s)$ 表示 $V_1(s)$ 中所有节点的直接前驱节点集合,但不包括 $V_1(s)$ 中的节点。用相似的方法可以定义 $T_2^{out}(s)$ 和 $T_2^{in}(s)$。

候选节点集合 $P(s)$ 采用以下方法构建:如果 $T_1^{out}(s)$ 和 $T_2^{out}(s)$ 都不为空,则 $P(s)=T_1^{out}(s)\times\min(T_2^{out}(s))$;如果 $T_1^{in}(s)$ 和 $T_2^{in}(s)$ 都不为空,则 $P(s)=T_1^{in}(s)\times\min(T_2^{in}(s))$;如果 $T_1^{out}(s)$、$T_2^{out}(s)$、$T_1^{in}(s)$ 和 $T_2^{in}(s)$ 都为空,则 $P(s)=(V_1-V_1(s))\times\min(V_2-V_2(s))$,其中 $\min$ 指节点集合中最小标号的节点。

匹配算法开始时 $M(s^0)=\varnothing$,首先判断 $M(s)$ 是否包括 G_1 的所有节点,如果为真则判断为同构,返回 $M(s)$,否则构建候选的节点映射对集合 $P(s)$,枚举 $P(s)$ 的每一个元素 (n,m),使用 $F(s,n,m)$ 函数判断 (n,m) 加入当前的已匹配集合 $M(s)$ 是否可行,可行则将 (n,m) 加入集合 $M(s)$,得到 $M(s')$,然后递归调用 $\text{Match}(G_1,s',G_2)$ 继续匹配,直到完全匹配成功或尝试所有候选匹配后失败。

$F(s,n,m)$ 是用来修剪搜索树的可行性判断函数,$F(s,n,m)=F_{syn}(s,n,m)\wedge F_{sem}(s,n,m)$,其中 $F_{syn}(s,n,m)$ 是基于语法的可行性判定函数,使用图的结构性质进行判定,包括五条语法可行性判定规则[21],如果可行则返回 true,不可行则返回 false。$F_{sem}(s,n,m)$ 是基于语义可行性判定函数,可以根据算法的应用领域进行定制。

5.4.4　FCGiso 图同构算法

根据图同构的定义,同构的两个图需满足三个必要条件:①节点数目相同;②边数相同;③匹配的节点对的邻接节点也存在一一匹配。

如果待匹配的两个图的节点已经被标记,且同一图中每个节点的标记是唯一的,可利用节点的标记确定两个图的节点一一对应关系。可执行文件经过 IDA Pro 反汇编后生成的函数调用图,节点已经使用正整数进行了标记,每个节点的标记是唯一的,且每一次反汇编后生成的函数调用图的节点所带标记都相同,是一种节点带唯一标记的特殊图,可使用节点的标记确定两个图的节点映射关系,则以上三个条件也是充分条件。基于以上条件,本章提出一种针对函数调用图的特殊图同构判定算法 FCGiso,算法如图 5.2 所示。

FCGiso 图同构判定算法的具体流程为:

Step1:对于待判断是否同构的两个有向图 $G_1(V_1,E_1)$ 和 $G_2(V_2,E_2)$,判断 G_1 的节点数和 G_2 的节点数是否相等,若不相等,则图 G_1 和图 G_2 不同构;若相等,再判断有向图的边数。

Step2:判断 G_1 的边数和 G_2 的边数是否相等,若不相等,则图 G_1 和图 G_2 不同构;若相等,则进行后续判断。

```
Algorithm. FCGiso(G₁,G₂)
输入：G₁(V₁,E₁)与G₂(V₂,E₂)属于函数调数用图;
输出：如果两个图同构则返回true,否则返回false;
if |V₁|!=|V₂|    then
 │  return false;
else if |E₁|!=|E₂|    then
 │  return false;
else
 │   foreach  v∈V₁
 │    │    outnodes₁ ←{m|m∈V₁,(v,m)∈E₁};//V₁中v的直接后继节点集合
 │    │    v′  ←  V₂集合中与v节点标记相同的节点;
 │    │    outnodes₂←{n|n∈V₂,(v′,n)∈E₂};//V₂中v′的直接后继节点集合
 │    │    if  outnodes₁!=outnodes₂ then
 │    │     │    return false;
 │    │    end
 │   end
 │   return true;
end
```

图 5.2　FCGiso 图同构判定算法

Step3：对于图 G_1 的任意一个节点 v，获取图 G_1 中 v 的直接后继节点集合 outnodes$_1$，基于 v 的节点唯一标记，从图 G_2 中查找得到与 v 节点标记相同的节点 v'，获取图 G_2 中 v' 的直接后继节点集合 outnodes$_2$，若 outnodes$_1$ 集合和 outnodes$_2$ 集合的节点数和节点的标记不相同，则图 G_1 和图 G_2 不同构；若相同，则继续 Step3 的判断方法判断下一个节点，直到判断完所有节点。

Step4：若从 Step1～Step3 都没有判断图 G_1 和图 G_2 不同构，则图 G_1 和图 G_2 同构。

设图 G_1 的节点数为 n，有向边数为 m，节点 v_i 的出度为 m_i，FCGiso 算法匹配节点 v_i 至多需要 $3m_i$ 个基本操作，则 FCGiso 算法匹配图 G_1 至多需要 $n+\sum_{i=1}^{n}3m_i$ 个基本操作。由于 $m=\sum_{i=1}^{n}m_i$，则 $n+\sum_{i=1}^{n}3m_i=n+3m$。由于 $m\leqslant n^2$，则 $n+3m\leqslant n+3n^2$，所以 FCGiso 算法在最坏情况下的时间复杂度为 $O(n^2)$。

5.5　检测方法框架

5.5.1　检测方法概览

检测方法的框架图如图 5.3 所示，分为两个大的模块：图签名库的生成模块和恶意软件检测模块。

图签名库的生成模块的处理流程为：①对于已知的恶意软件样本集，首先判断样本是否加壳，如果加壳，进行脱壳处理，如果未加壳，进行下一步处理；②使用

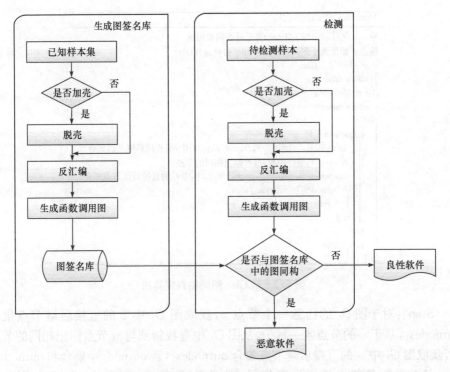

图 5.3 基于函数调用图签名的恶意软件检测方法框架图

IDA Pro 进行反汇编处理,得到样本的汇编代码;③汇编代码由多个函数组成,函数间存在调用关系,以函数为节点,函数间的调用为边,生成函数调用图,该图是有向图;④函数调用图作为该样本的签名,加入图签名库。

    恶意软件检测模块的处理流程为:①对于待检测样本,首先判断样本是否加壳,如果加壳,进行脱壳处理,如果未加壳,进行下一步处理;②使用 IDA Pro 进行反汇编处理,得到样本的汇编代码;③基于汇编代码生成待检测样本的函数调用图,该图作为样本的签名;④将待检测样本的图签名和图签名库中每一个图进行同构判定,如果同构,则该样本为恶意软件,如果和图签名库中的所有图都不同构,则判定为良性软件。

5.5.2 检测方法详细描述

    对于所有样本,使用 PEID 进行是否加壳的判定,如果样本加了壳,使用 Ether[25]动态通用脱壳工具进行脱壳处理,有部分样本 Ether 不能脱壳成功,使用针对特定加壳工具的专用脱壳工具进行手动脱壳处理,没有专用脱壳工具的样本使用 OllyDBG 进行动态分析脱壳。对于脱壳处理后的样本,使用 IDA Pro 对样本进行反汇编处理,得到样本的汇编代码。IDA Pro 是一款强大的反汇编软件,从

IDA Pro 对 PE 文件反汇编后的汇编代码中可以清晰地看出函数窗口以及函数之间的调用关系、函数的定义、参数情况以及相关的注释。在反汇编的过程中,IDA Pro 会根据指令的控制流来自动处理每一个函数的结构,它能自动采用与程序相匹配的签名库来优化处理软件的结构,如将识别的 PE 文件中的库函数自动命名为原库函数名,同时 IDA Pro 对于不能识别函数名的结构,使用该函数的起始地址命名,只要 IDA Pro 认为它们具有完整的函数结构,就会使用默认的方法将其当做一个函数处理。

在反汇编处理后生成的汇编代码中,各个函数之间的关系主要表现为调用关系。一个函数调用其他函数提供的功能来满足自身函数的功能需求,或者通过调用来获取被调用函数输出值中需要的数据。一般情况下,控制流还会返回原函数。由于程序设计者采用的开发工具和编程风格不同,在实现函数调用时的指令也有可能不同,为了在反汇编处理后的汇编代码中简化函数之间的调用关系,IDA Pro 统一使用 call 指令来生成函数调用关系。

在对 PE 文件进行反汇编后的汇编代码中,函数调用关系使用图结构来直观地描述。由 IDA Pro 生成的函数调用图每个节点都带唯一标记,节点用两种方法进行命名。第一种方法是将能识别的函数用原函数名命名,不能识别函数名的用该函数的起始地址命名。第二种方法是用正整数为每个函数命名,且命名唯一,每次反汇编后命名一致。图 5.4 是 PE 格式恶意软件 Backdoor. Win32. Sepro 在 IDA Pro 中反汇编处理后的函数调用关系图,将每个函数看成一个节点,有向箭头反映它们之间的调用情况,其中每个节点使用函数名进行标记。图 5.5 也是

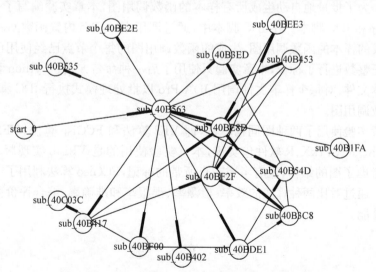

图 5.4　Backdoor. Win32. Sepro 的函数调用图(以函数名命名节点)

Backdoor. Win32. Sepro 在 IDA Pro 反汇编得到的函数调用关系图,节点使用正整数进行编号。加壳或混淆处理后的样本部分函数的起始地址发生了变化,导致部分函数名发生了变化。若使用唯一的正整数命名函数,加壳或混淆过的恶意软件的函数名没有发生改变,且每次反汇编后命名一致。本章方法使用唯一的正整数命名函数,以函数作为节点,函数间的调用关系为边,生成函数调用图,以该函数调用图作为该软件的签名。

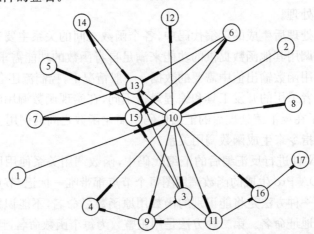

图 5.5　Backdoor. Win32. Sepro 的函数调用图(以数字命名节点)

"IDC 脚本"是 IDA Pro 内置的脚本语言,主要用于批量任务处理和定制的代码分析。为了批量地自动生成所有样本的函数调用图,本章实验编写了一个 Python 程序和 IDC 脚本。在 IDC 脚本中,通过调用 IDA Pro 内置函数 GenCallGdl 自动生成的样本的函数调用图,生成的函数调用图的每个节点已经使用函数名和唯一的正整数进行了标识,本章实验只使用了后一种命名方式。Python 程序遍历所有样本文件,对每个样本文件调用 IDA Pro 以批处理模式执行 IDC 脚本,自动生成函数调用图。

本章实验使用了两种图同构算法,即 VF2 算法和 FCGiso 算法,VF2 算法已在 VFLib、NetworkX、R 软件包实现,本章实验使用的是 VFLib 实现版本。VF2 算法只考虑了图的结构,没有考虑节点所带的标记,FCGiso 算法利用了节点的唯一标记。通过对比两种算法的效率、检测率、误报率和准确率,综合评价两种算法的综合性能。

5.6　实　　验

本章的实验在以下计算机配置运行:Intel Xeon CPU E2-2650 (4 Cores) @ 2.00GHz 和 8GB 内存,操作系统为 Windows Server 2008。为了全面评估本章提

出的检测方法,构建了四个数据集,设计了四个实验,实验 1 旨在验证已知恶意软件的检测能力,实验 2 评估加壳变种的检测能力,实验 3 的目的是评估已知恶意软件的变种的检测能力,实验 4 主要评估恶意软件大样本归类,最后使用样本重现文献[18]的实验,与该研究进行对比,所有实验在 5.6.1 节～5.6.5 节中详细描述。

5.6.1　已知恶意软件检测

为了评估本章方法是否能有效地检测已知恶意软件,本节构建了数据集 D1,共有 10325 个样本,其中良性软件样本 4985 个,是 Windows 的系统文件和网上下载检测无毒的 PE 格式良性软件,恶意软件样本 5340 个,从 VXheavens 网站[26]下载,恶意软件的类别分布如表 5.1 所示。使用所有的恶意软件样本生成函数调用图签名库,所有良性软件和恶意软件作为测试样本评估本章方法的检测率、误报率和准确率。使用 VF2 算法和 FCGiso 算法进行图同构判定,实验结果如表 5.2 所示,FCGiso 图同构判断算法的匹配时间如图 5.6 所示,VF2 图同构判断算法的匹配时间如图 5.7 所示。由于不同样本脱壳处理和生成函数调用图的时间差异很大,以上时间只是待判断样本和图签名库的匹配时间。

表 5.1　PE 格式恶意软件分布表

恶意软件类别	Backdoor	Constructor Virtool	DoS Nuker	Flooder	Exploit Hacktool	Worm	Trojan	Virus	合计
数量/个	1394	128	89	71	108	625	1695	1230	5340

表 5.2　已知恶意软件的检测结果

图同构算法	检测率/%	误报率/%	准确率/%
VF2	100	0.02	99.9
FCGiso	100	0	100

如表 5.2 所示,FCGiso 算法取得了 100% 的检测率,0% 的误报率。而经典的图同构算法 VF2 取得了 100% 的检测率,但存在 0.02% 的误报率。当样本数量较大时,不同的两个样本存在图结构相同的可能性,但图结构相同且图的每个节点标记相同的概率较小,除非两个样本有较紧密的联系,如恶意软件与加壳或混淆处理后的变种。经典的图同构算法 VF2 只是基于图的结构判断两个图是否同构,样本量大时存在误报。FCGiso 算法基于图的结构和节点的标记进行图同构判断,存在误报的可能性非常小。

从图 5.6 的 FCGiso 算法的图同构判断时间可以看出,每个良性软件和恶意软件图签名库进行同构判断的时间在 0.02s 左右,因为大部分样本使用节点数和边数是否相等就可判定不同构,方法效率较高。每个恶意软件测试样本和恶意软

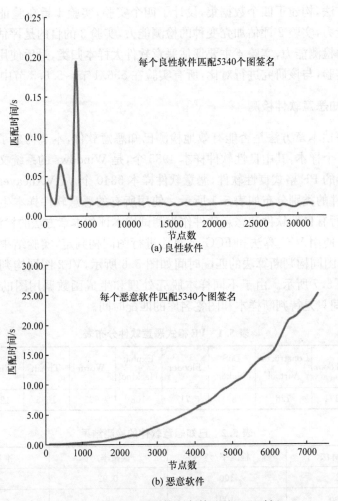

图 5.6　FCGiso 图同构判断算法的匹配时间

件图签名库进行同构判断的时间随节点的个数增加而稳步上升,这是因为待判断样本必然和图签名库中的某一图签名同构,需要遍历整个图进行图同构判断,随着图节点个数的增加,判断的时间也相应增加。即使如此,当图的节点数达到 7300个时,也仅用了 11.43s 就完成图同构的判断。从图 5.7 的 VF2 算法的图同构判断时间可以看出,每个良性软件和恶意软件图签名库进行图同构判断的时间也在0.02s 左右,但每个恶意软件测试样本和恶意软件图签名库进行同构判断的时间随节点的个数增加而稳步上升,最大节点样本的判断时间是 27.51s。此外,VF2算法除了使用图的节点数和边数判断两个图是否存在同构的可能,还使用排序过的图的节点不变量序列判断两个图是否存在同构的可能,一定程度上提高了检测方法的效率。

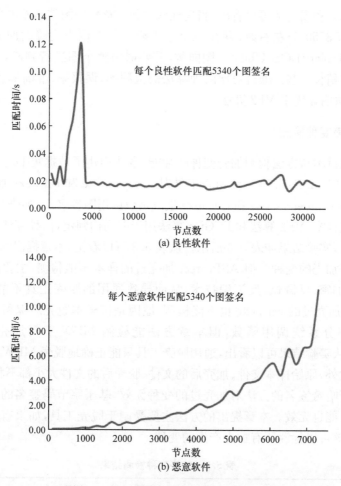

图 5.7　VF2 图同构判断算法的匹配时间

VF2 算法判定恶意软件 Backdoor. Win32. Prorat 和良性软件 CrystalDeci-
sions. ReportAppServer. XmlSerialize. dll 图同构,通过对比两个样本的汇编代码,
发现内容完全不同,只是函数调用图同构,属于误判。两种图同构判定算法都将
netsetup. exe 软件和 Trojan. DOS. Ubuster 恶意软件判定为图同构。使用 360 杀
毒软件和金山毒霸对两个软件进行检测,Trojan. DOS. Ubuster 被判定为恶意软
件,而 netsetup. exe 软件被判定为良性软件。经过对两个软件的汇编代码进行分
析,发现汇编代码大部分相同,只是函数的命名稍有不同。再对汇编代码进行功能
分析,判定两个软件都是恶意软件,netsetup. exe 是基于 Trojan. DOS. Ubuster 混
淆产生的。杀毒软件误判的原因是 netsetup. exe 对代码进行了混淆,从而样本的
字节码序列发生了改变,导致使用 Trojan. DOS. Ubuster 的签名无法识别该恶意
软件。

　　从图 5.6 和图 5.7 可以看出,当良性软件和恶意软件图签名库进行同构判定,在节点数为 3750 个左右时,存在一个小尖峰。产生该小尖峰的原因是 netset-up.exe 和 Trojan. DOS. Ubuster 图同构,需要遍历整个图进行判断,判定的时间比其他样本稍长一些。通过对比两种算法的检测率、误报率、准确率和匹配时间,FCGiso 算法明显优于 VF2 算法。

5.6.2　加壳变种检测

　　为了测试本章方法检测加壳变种的性能,本节构建了数据集 D2。在 D2 数据集,使用 UPX、ASPack 等 9 种加壳工具对 notepad. exe 和 calc. exe 加壳,使用原始的两个样本 notepad. exe 和 calc. exe 生成函数调用图签名库,加壳过的 18 个文件作为测试样本,VF2 算法和 FCGiso 算法用于图同构判定,两种算法取得了相同的实验结果,实验结果如表 5.3 所示。从表 5.3 可以看出,本章提出的方法可以检测出大部分加壳的变种。但 ASProtect 加壳过的样本不能检测,主要是该工具使用了压缩、加密、反调试、反汇编技术,从而导致通用的脱壳工具不能脱壳成功。MEW 工具加壳过的 calc. exe 也不能检测,原因是该样本脱壳后保留了 MEW 加壳工具的部分系统调用函数,但本章方法能检测 MEW 工具加壳过的 note-pad. exe。从实验结果可以看出,通用脱壳工具只能正确地脱壳 MEW 加壳过的部分样本。此外,原始样本文件、加壳后的文件、脱壳后的文件大小都不相同,从而可以确定基于哈希签名的方法对加壳过的变种无效,基于字节码签名的方法对加壳过的变种可能也无效。本章提出的方法主要受制于脱壳工具,如果有较理想的脱壳工具,应该可以检测所有加壳产生的变种。

表 5.3　加壳变种检测结果

加壳工具	notepad. exe				calc. exe			
	原始大小/KB	加壳后大小/KB	脱壳后大小/KB	是否能检测	原始大小/KB	加壳后大小/KB	脱壳后大小/KB	是否能检测
UPX	65	49	124	yes	112	55	163	yes
ASPack		56	99	yes		70	145	yes
FSG		46	132	yes		60	191	yes
MEW		44	128	yes		56	243	no
PE-PACK		37	96	yes		45	143	yes
WinUPack		44	160	yes		52	215	yes
ASProtect		369	69	no		373	114	no
PackMan		53	124	yes		69	171	yes
PECompact		49	112	yes		56	159	yes

5.6.3　恶意软件变种检测

为了评估本章提出方法是否能有效地检测恶意软件变种,本节选取了四个恶意软件家族构建了数据集 D3。该数据集从 VXheavens 网站[26]下载,每个样本都具有不同的 MD5 哈希签名,部分样本是混淆产生的变种,部分是对已知的恶意软件进行修改或功能扩充后的变种。每个家族选取一个样本生成函数调用图指纹库,将每个家族的其他样本作为测试样本,VF2 算法和 FCGiso 算法用于图同构判定,两种算法取得了相同的实验结果,检测结果如表 5.4 所示。

表 5.4　恶意软件变种检测结果

恶意软件家族	指纹样本	变种数	可检测的变种数	检测率/%
Virus. Win32. Mooder	Virus. Win32. Mooder. c	10	8	80
Trojan. Win32. BHOLamp	Trojan. Win32. BHOLamp. mx	25	18	72
Backdoor. Win32. Small	Backdoor. Win32. Small. acp	158	157	99.3
Trojan-Downloader. Win32. Zlob	Trojan-Downloader. Win32. Zlob. qlr	46	24	52.2
总体实验结果		239	207	86.6

从表 5.4 可以看出,本章提出方法的总体检测率是 86.6%,能正确识别 239 个恶意软件变种中的 207 个,各个恶意软件家族的检测率在 52.2% 和 99.3% 之间。通过分析各个家族样本的汇编代码,大部分恶意软件变种是通过加壳或混淆产生的,少部分变种是修改或扩充原始恶意软件产生的变种。本章方法能检测同一家族的大部分变种,但不能检测修改或扩充原始恶意软件导致变种的函数调用图发生改变的变种。恶意软件作者经常使用混淆工具产生大量的变种,常用的混淆技术主要有垃圾指令插入、等价指令替换、寄存器置换、指令顺序置换、指令控制流变换。前四种技术不会改变样本的函数调用图,本章提出的方法仍然有效。最后一种技术如果只是修改跳转指令,没有修改函数调用指令,则本章方法仍然有效。但如果修改了函数调用指令,有可能导致变种的函数调用图发生改变,则本章方法对函数调用图发生改变的变种无效,但混淆函数调用指令的工具非常少,也很难实现。对于修改或功能扩充原始样本后产生的变种,如果只是局部的修改,样本的函数调用图没有发生改变,则本章方法仍然有效。但如果是整体或大的功能修改产生的变种,则本章方法无效。总体来说,本章提出的方法对大部分变种是有效的,对于函数调用图发生改变的变种,可将该变种加入签名库,则该变种分支就可被正确识别。

5.6.4　恶意软件大样本归类

为了评估本章方法对恶意软件大样本进行归类和查找的性能,本节构建了数据集 D4,共 203238 个 PE 格式恶意软件样本。由于 Ether 脱壳工具脱壳每个样本平均需要几分钟,无法用于大样本实验,本实验使用 IDA Pro 自带的脱壳工具进行脱壳处理,然后反汇编生成函数调用图,共获得 173151 个样本的函数调用图,其余样本可能脱壳不成功,导致不能生成函数调用图。此外,76814 个样本的函数调用图的节点数和边数都小于等于 10,这些样本可能是比较小的恶意软件,也可能是只反汇编出解壳代码。为了保证实验的相对准确性,排除了节点数和边数较少的样本,共剩余 96337 个样本,它们的节点数和边数都大于 10。

为了归类恶意软件样本,初始化一个空的签名库,对每一个样本,判定签名库中是否存在与该样本函数调用图同构的签名,如果存在,则将该样本归入签名所对应的族类,如果不存在,则将该样本加入图签名库,重复该过程直到测试完所有样本。本实验使用的图同构算法是 FCGiso,样本数最多的 10 个族类如表 5.5 所示。

表 5.5　大样本归类实验结果

族类	样本数
Trojan-Banker. Win32. Banbra. abc	4671
Backdoor. Win32. Small. aaa	1367
Trojan. Win32. Pakes. age	381
Trojan-Banker. Win32. Banbra. cuo	323
Trojan-Banker. Win32. Agent. y	323
Trojan-Banker. Win32. Banbra. dml	309
Trojan. Win32. Pakes. bdq	257
Trojan-Banker. Win32. Agent. f	255
Trojan-Banker. Win32. Bancos. adn	236
Backdoor. Win32. Poison. abo	232

从表 5.5 可以看出,样本数最多的 10 个族类共 8354 个样本,占有效样本的 8.6%,比 Symantec 的报告占比少,主要原因是本章方法使用图同构算法判定样本是否属于同一族类,方法的弹性稍差,对函数调用图发生变化的变种归入了新的族类,如 Trojan-Banker. Win32. Banbra 家族的样本归入了多个族类。但可以通过专家分析各个族类的演化,建立演化关系图,将归入不同族类的样本建立关联,从而解决以上问题。此外,由于脱壳工具的存在,排除了 106901 个样本,占总样本的 52.6%,这部分样本很大程度上是已知恶意软件的变种,从而导致样本数最多的 10 个族类占比相对偏低。

5.6.5 与图编辑距离方法的对比

给定的两个图 $G_1(V_1, E_1)$ 和 $G_2(V_2, E_2)$，图编辑距离（graph edit distance, GED）定义为使图 G_1 和图 G_2 同构最小代价的编辑操作数，常用的编辑操作有节点插入、边插入、节点删除、边删除、节点替换、边替代。如果 n 是使图 G_1 和图 G_2 同构的最小代价编辑操作数，则规范化的图编辑距离（normalized graph edit distance, NGED）定义为 $\dfrac{2n}{|V_1| + |V_2|}$，其中 $|V_1|$ 和 $|V_2|$ 分别是图 G_1 和图 G_2 的节点数。文献[18]将样本表示为函数调用图，使用图编辑距离计算样本间的相似性，将规范化编辑距离较小的样本归入同一族类，该研究只给出同一族类样本间具有很高的相似性，没有给出误报率和匹配时间结果，本章重现了文献[18]的实验。由于图编辑距离的计算属于 NP 完全问题，对节点较多的图无法在较短时间内计算得到。本实验从数据集 D1 选取节点数为 40～190 的样本，构建数据集 D5，用于评估该方法检测已知恶意软件的性能。数据集 D5 包括 532 个良性软件和 1075 个恶意软件，分布如图 5.8 所示。实验使用所有恶意软件样本构建函数调用图签名库，所有良性软件和恶意软件作为测试样本。两个图的节点差分比定义为 $\dfrac{2|(|V_1| - |V_2|)|}{|V_1| + |V_2|}$。为了减少图编辑距离方法的匹配时间，当良性软件样本和图签名库匹配时，仅当两个图的节点差分比小于 0.1 时，才计算两个图的图编辑距离。当恶意软件样本和图签名库匹配时，仅当两个图的节点数相同时，才计算两个图的图编辑距离。同时为了评估基于图编辑距离方法的变种检测能力，也使用数

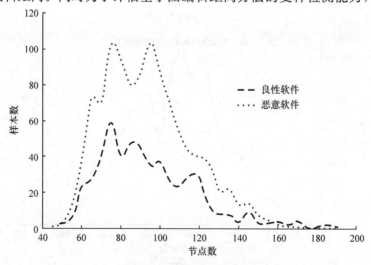

图 5.8　数据集 D5 分布

据集 D2 和 D3 进行实验。表 5.6 给出了不同规范化编辑距离阈值下的检测结果，图 5.9 给出了使用数据集 D5 测试时图编辑距离方法的匹配时间。

表 5.6　基于图编辑距离方法的检测结果

数据集	NGED≤0.05		NGED≤0.1		NGED≤0.2		本章方法	
	检测率/%	误报率/%	检测率/%	误报率/%	检测率/%	误报率/%	检测率/%	误报率/%
D2	83.3	0	83.3	0	88.8	0	83.3	0
D3	86.6	0	89.1	0	90.1	0	86.6	0
D5	100	0.4	100	8.3	100	37.1	100	0

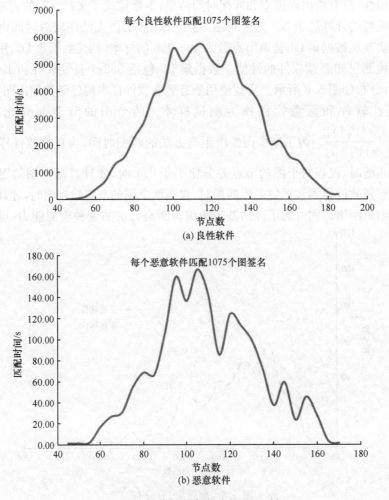

(a) 良性软件

(b) 恶意软件

图 5.9　图编辑距离方法的匹配时间

从表 5.6 可以看出,当规范化编辑距离的阈值是 0.05 时,该方法和本章方法的实验结果相当。当规范化编辑距离的阈值是 0.2 时,该方法较本章方法取得了稍好的变种检测能力,但在此阈值下,该方法检测已知恶意软件的误报率是 37.1%。从图 5.9 可以看出,基于图编辑距离方法的匹配时间并不与样本的节点数正相关,而是与图签名库的分布相关,主要原因是当图签名库中存在较多的样本和测试样本具有相似的节点数时,需要使用较多的时间计算图编辑距离。此外,一个具有 115 个节点的良性软件样本与图签名库的匹配时间是 5736.7s 时,基于图编辑距离方法的效率较差。通过分析表 5.6 和图 5.9,可得该方法存在以下局限性:①该方法效率非常不理想,不具有实用性;②该方法比本章提出的方法更有弹性,但也导致了较高的误报率;③该方法无法处理节点较多的样本。总体来说,图编辑距离计算是比图同构更复杂的问题,本章提出的方法在检测结果和效率上更可行。

5.7 实验结果与分析

函数调用图是软件的高级抽象表示,文献[15]～[18]将程序表示为函数调用图,这些研究采用不同的算法计算不同样本的相似性,从而能识别恶意软件变种。这些研究普遍认为精确的图同构判定属于 NP 问题,图同构算法不能用于恶意软件识别。然而,程序的函数调用图是一个稀疏的有向图,图同构判定的时间复杂度明显降低,图同构判定可以在较短的时间内完成。在本章的实验中,对一个包括 64934 个节点的函数调用图进行图同构判定,VF2 算法使用了 102.3s,FCGiso 算法使用了 18.9s。可以明显看出,如果将程序表示为函数调用图,图同构算法可用于恶意软件及其变种的识别。

研究人员可能直觉上认为检测方法[15]～[18]较本章提出的方法更有效率,但由于这些方法属于相似性度量,必须计算测试样本和每个有相似节点数的图签名的相似性度量,使得这些方法的时间复杂度迅速增加。然而,本章提出的方法只需要比较两个图的节点数、边数、节点不变量序列,就可判定两个图是否存在同构的可能,只有存在同构的可能,才使用图同构判定算法进行判定,这有效提高了本章方法的效率。文献[16]利用函数节点的操作码序列的 CRC 值来辅助映射图节点,计算近似的图编辑距离,该方法的时间复杂度为 $O(n^3)$,显著提高了算法的效率,文献[17]也使用函数节点的操作码序列辅助图匹配。由于混淆或加壳过的恶意软件变种的操作码序列发生了一定程度的变化,文献[16]和[17]的检测方法存在漏报的可能。此外,由于文献[15]～[18]的检测方法使用了相似性度量方法,提高了检测方法的弹性,但也使得这些方法存在误报的可能。

设计恶意软件检测方法应至少考虑以下三个性能特性:弹性、效率和误报率。

文献[15]～[18]的检测方法可能比本章提出的方法具有更好的弹性,但较好的弹性也导致上述方法存在误报的可能,且弹性越好可能误报率越高。反病毒软件对误报几乎是零容忍的,如果将正常的软件,尤其是系统软件,判断为恶意软件而删除,有可能导致系统不能使用或崩溃,用户是无法接受的。基于字节码签名的检测方法几乎不能检测未知的恶意软件,但该方法发生误报的可能性非常小,该方法广泛应用于当前反病毒软件中。除了恶意软件及其变种,不同软件具有相同的函数调用图结构且每个节点的标记都相同的可能性非常小,本章提出的方法具有非常低的误报率,因此本章提出的方法具有实际部署使用的价值。总体来说,本章提出的方法较以上方法弹性稍差,但效率和误报率明显优于以上方法。

　　研究人员常用哈希函数计算样本文件的信息摘要,使用该信息摘要唯一标识该样本,但该方法对于经过混淆或加壳处理过的恶意软件变种基本无效。加壳过的恶意软件使用通用脱壳工具脱壳后,其哈希值发生了改变,即使用加壳工具所带的逆向脱壳工具,脱壳后文件大小虽然没有改变,但其哈希值已经发生了改变,所以基于样本文件的哈希值唯一标识该样本弹性较差,样本的微小改变都被判定为不同的文件。使用恶意软件的字节码签名虽然可以唯一标识该软件,但是弹性也较差,对混淆或加壳过的恶意软件几乎不能检测,而且需要专业分析人员手动提取恶意软件的签名,效率较低。本章方法除了部分样本需要手动脱壳,可以自动地产生恶意软件的签名,且函数调用图签名比哈希签名和字节码签名具备较好的弹性。综合检测率、误报率、准确率、图同构判定时间等各项指标,本章提出的方法是比较有效的。

　　反病毒公司利用蜜罐系统和启发式检测方法捕获了大量未知样本,需要快速判定这些未知的样本是否是已知恶意软件或其变种。基于哈希签名和字节码签名方法对加壳或混淆产生的变种通常是无效的。由于本章提出的方法的效率和有效性,可以用于恶意软件样本库归类,同时也可用于索引和查找样本库,快速判定未知样本是否是已知恶意软件及其变种。

　　当然,本章提出的方法也存在以下局限性:①本章提出的方法只能检测已知恶意软件和部分变种,不能识别完全未知的恶意软件;②与基于哈希签名和字节码签名方法相比,本章提出的方法需要较多的存储空间存储图签名库;③部分恶意软件采用了抗反汇编技术,无法生成函数调用图,导致这部分恶意软件无法进行判定。解决以上部分问题的措施如下:①可以使用非精确的图同构算法判断样本间的相似性,以提高方法的弹性;②由于本章提出方法的可并行性,可以采用分布式计算平台实现本章提出的方法,它不仅解决了庞大的图签名库的存储问题,还提高了图同构判定的效率。

5.8　本章小结

研究人员已经提出了多种基于图的恶意软件检测方法,部分方法图的表示粒度较细,检测方法的效率不高;部分方法计算样本间的相似性度量,对节点较多的图无法在有限时间内完成;部分方法使用了机器学习方法进行图的相似性比对,检测率较高,但也存在较高的误报率。软件的函数调用图在较高层次描述软件的结构,为研究者提供了一个整体和全局的视角来唯一标识软件。本章提出了基于函数调用图签名的恶意软件检测方法,基于函数调用图的节点带唯一标记,提出了有较高效率的 FCGiso 图同构判定算法,取得了 100% 的检测率、0% 的误报率,每个良性软件平均匹配时间为 0.02s,恶意软件最长匹配时间为 11.43s。此外,通过加壳变种检测、真实恶意软件变种检测、恶意软件大样本归类等实验,综合地评估和验证了本章方法的有效性。本章方法除少部分软件需要手动脱壳,其他过程都是自动实现的。从实验结果可以看出,本章提出的检测方法各项性能指标较优,可用于恶意软件的深度识别、大规模软件样本的索引和查找、恶意软件变种的分析归类。

本章的主要贡献如下:①将软件表示为函数调用图,应用图同构算法有效识别已知恶意软件及其部分变种,函数调用图在较高层次描述软件的结构,既唯一标识软件,又有效缩减了图的规模,不同软件的函数调用图签名同构的概率非常低,且函数调用图签名具备较好的弹性,可识别部分恶意软件变种;②基于函数调用图是一种特殊的图,即节点带唯一的标记,提出了针对函数调用图的 FCGiso 图同构判定算法,所提出的 FCGiso 图同构判定算法效率较高,对较大规模的图也能在较短时间内判定图是否同构;③大部分基于图表示的检测方法仅仅给出了同族类的样本间具有很高相似性的结果,没有给出检测率、误报率、检测时间等结果,本章设计了四个实验,综合地评估了本章提出方法的各项性能。

参 考 文 献

[1] Paul W,Ben N,Alejandro M,et al. Symantec Internet Security Threat Report 2015. http://www. symantec. com[2015-1-10].

[2] Anderson B,Quist D,Neil J,et al. Graph-based malware detection using dynamic analysis. Journalin Computer Virology,2011,7(4):247-258.

[3] Gärtner T,Flach P,Wrobel S. On graph kernels:Hardness results and efficient alternatives. Learning Theory and Kernel Machines,2003,2:129-143.

[4] Runwal N,Low R M,Stamp M. Opcode graph similarity and metamorphic detection. Journal in Computer Virology,2012,8(1-2):37-52.

[5] Bruschi D,Martignoni L,Monga M. Detecting self-mutating malware using control-flow

graph matching. Detection of Intrusions and Malware & Vulnerability Assessment, 2006, 3: 129-143.

[6] Bonfante G, Kaczmarek M, Marion J Y. Architecture of a morphological malware detector. Journal in Computer Virology, 2009, 5(3): 263-270.

[7] Common H, Dauchet M, Gilleron R, et al. Tree automata techniques and applications. Version of Sep, 1997, 10(1): 262.

[8] Cesare S, Xiang Y, Zhou W. Control flow-based malware variantdetection. IEEE Transactions on Dependable and Secure Computing, 2014, 11(4): 307-317.

[9] Yu D, Islam N. A typed assembly language for confidentiality. Programming Languages and Systems, 2006, 1: 162-179.

[10] Yin H, Song D, Egele M, et al. Panorama: Capturing system-wide information flow for malware detection and analysis. Proceedings of the 14th ACM Conference on Computer and Communications Security, 2007: 116-127.

[11] Kolbitsch C, Comparetti P M, Kruegel C, et al. Effective and efficient malware detection at the end host. USENIX Security Symposium, 2009: 351-366.

[12] Karbalaie F, Sami A, Ahmadi M. Semantic malware detection by deploying graph mining. International Journal of Computer Science Issues, 2012, 9(1): 373-379.

[13] Flake H. Structural comparison of executable objects. Proceedings of the IEEE Conference on Detection of Intrusions and Malware & Vulnerability Assessment (DIMVA), 2004: 161-173.

[14] Dullien T, Rolles R. Graph-Based Comparison of Executable Objects. Florida: University of Technology in Florida, 2005: 1-3.

[15] Carrera E, Erdélyi G. Digital genome mapping—Advanced binary malware analysis. Virus Bulletin Conference, 2004.

[16] Hu X, Chiueh T, Shin K G. Large-scale malware indexing using function-call graphs. Proceedings of the 16th ACM Conference on Computer and Communications Security, 2009: 611-620.

[17] Xu M, Wu L, Qi S, et al. A similarity metric method of obfuscated malware using function-call graph. Journal of Computer Virology and Hacking Techniques, 2013, 9(1): 35-47.

[18] Kostakis O, Kinable J, Mahmoudi H, et al. Improved call graph comparison using simulated annealing. Proceedings of the 2011 ACM Symposium on Applied Computing, 2011: 1516-1523.

[19] Kinable J, Kostakis O. Malware classification based on call graph clustering. Journal in Computer Virology, 2011, 7(4): 233-245.

[20] Ullmann J R. An algorithm for subgraph isomorphism. Journal of the ACM (JACM), 1976, 23(1): 31-42.

[21] Cordella L P, Foggia P, Sansone C, et al. Subgraph Transformations for the Inexact Matching of Attributed Relational Graphs. Vienna: Springer, 1998.

[22] Cordella L P, Foggia P, Sansone C, et al. An improved algorithm for matching large graphs. IAPR-TC15 Workshop on Graph-Based Representations in Pattern Recognition, 2001: 149-159.

[23] Cross A D J, Wilson R C, Hancock E R. Inexact graph matching using genetic search. Pattern Recognition, 1997, 30(6): 953-970.

[24] Jain B J, Wysotzki F. Solving inexact graph isomorphism problems using neural networks. Neurocomputing, 2005, 63: 45-67.

[25] Dinaburg A, Royal P, Sharif M, et al. Ether: Malware analysis via hardware virtualization extensions. Proceedings of the 15th ACM conference on Computer and Communications Security, 2008: 51-62.

[26] VXHeavens. http://vx. netlux. org[2015-10-11].

第 6 章　基于挖掘格式信息的恶意软件检测方法

6.1　引　　言

1993 年 7 月 27 日,微软发布了 Windows NT 产品线的第一代产品 NT3.1,该系统初次使用了文件格式 PE/COFF 作为可执行文件格式,并一直在 Windows 操作系统家族系列使用。同年,微软将格式规范提交给工具接口标准委员会(Tools Interface Standard,TIS)并被获准。PE 就是 portable executable 的缩写,初衷是希望能开发一个在所有 Windows 平台上和所有 CPU 上都可执行的通用文件格式。从目前的使用情况看,这个目标已经基本实现。随着 Windows 操作系统和开发工具的更新升级,又发布了多个 PE/COFF 版本。对于操作系统,其结构的变化、新特征的添加、文件存储格式的转换以及内核的重新定位等,都发生了很大的变化,而这些变化对 PE 格式的影响却不大。由于 PE 有较好的组织方式和数据管理算法,面对如此多的变化依然保持其一贯的优雅和优越。

PE 格式的可执行文件有许多种,如 COM、PIF、SCR、EXE、DLL 等,EXE 和 DLL 是最常见的 PE 格式文件。PE 格式文件是封装 Windows 操作系统加载程序所需的信息和管理可执行代码的数据结构,数据组织是大量的字节码和数据结构的有机融合。PE 文件格式被组织为一个线性的数据流,由 PE 文件头、节表和节实体组成,图 6.1 是 PE 文件的基本结构。PE 文件头包含一个 MS-DOS 文件头、PE 签名、IMAGE_FILE_HEADER 结构、可选的 IMAGE_OPTIONAL_HEADER 结构和数据目录项 IMAGE_DATA_DIRECTORY 结构数组。PE 文件头部的数据大多数都用在数据定位上,但也定义了许多与程序执行时有关的参数。PE 文件头后是节表,节表提供了相关节实体的信息,包括位置、长度和属性等。节实体是 PE 文件中代码或数据等的基本存放单位,不同的功能内容(如代码和数据)被逻辑上划分为独立的节实体。此外,一个 PE 文件可以包含很多具有特殊用途的节实体,如.tls、.rsrc、.reloc 等。

PE 文件都是通过偏移值属性找到后一部分结构。正常 PE 文件的各个偏移值刚好合适,恶意软件或加壳软件常采用偏移值小于正常值,使后一部分和前一部分重叠,或者偏移值大于正常值,产生间缝。如 DOS Header 的 e_lfanew 则指向 IMAGE_NT_HEADERS 文件头,当 e_lfanew 小于正常值时,即 IMAGE_NT_HEADERS 起始位置位于结构 IMAGE_DOS_HEADER 内,称这种现象为文件头的重叠。PE 可执行文件头中存在着三个可以利用的间隙,其中间隙一由 DOS-

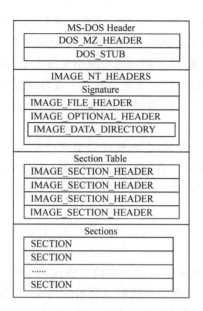

图 6.1　PE 文件结构图

Header 的 e_lfanew 确定大小，间隙二由节表的 SizeOfRawData 确定，而间隙三原本并不存在，由大于标准尺寸的 PEHeader 中的 SizeOfOptionalHeader 来创建。就部分恶意软件而言，这三个间隙就是最好的载体，许多病毒、压缩壳或加密壳常常在这些间隙中置入代码。此外，由于每个节（SECTION）的大小必须是 FileAlignment 的整数倍，而节的实际大小很少是 FileAlignment 的整数倍，就必须添加一些空字节，恶意代码就可以隐藏在每个节的空字节位置，CIH 病毒就采用了这样的隐藏方式。

　　DOS 文件头、PE 文件头和节头部存在这样一些域，虽然官方已经定义，但在实际中并没有使用，这些域中可以填入字符串、数据或者恶意代码，但其中还是有一些差别，主要分为两类：可以填入任意值、只能填入一定范围或特殊要求的值。PE 文件中存在许多可以填入任意值的域，由于这样没有意义的域连成一片，因此在使用上非常方便，可以隐藏恶意代码。PE 文件中，有一些只能填入特定范围值的域，虽然这样的域不多，但恶意软件会填入一些值来 Anti-Debug 或干扰反汇编。

　　PE 文件会遵循格式要求的约束，恶意软件或被恶意软件感染的可执行文件，其本身也遵循格式要求的约束，但存在一些编译器编译得到的 PE 文件不可能出现的特定结构问题，在格式结构上表现出与良性软件的一些差异。如代码不从代码节开始执行、节头部异常 Characteristics 值、PE 可选头部有效大小的值不正确、节之间的间缝、可疑的代码重定向、存在非标准节、导入节被修改、多个 PE 头部、SizeOfCode 取值不正确等。

　　PE 文件的很多属性没有强制限制,文件完整性约束松散,存在着较多的冗余属性和冗余空间,为 PE 格式恶意软件的传播和隐藏创造了条件。此外,由于恶意软件为了方便传播和隐藏,尽一切可能地减小文件大小,如文件结构的某些部分重叠,很少使用图形界面资源,导入节很小和几乎没有导出节,很少带有调试信息,同时对一些结构属性进行了特别设置以达到 Anti-Dump、Anti-Debug 或干扰反汇编。

　　综合上面的分析可以看出,恶意软件的格式信息和良性软件是有很多差异性的,本章提出基于挖掘格式信息的恶意软件检测方法,以可执行文件的格式信息作为特征,使用机器学习算法来学习这些差异,从而能检测已知和未知恶意软件。

6.2　相关工作

　　一个可执行二进制软件都有其基本数据格式,如 Windows 的 PE 格式、Linux 的 ELF 格式。良性软件一般会遵循格式要求的约束,恶意软件或被恶意软件感染的可执行文件,其本身也遵循格式要求的约束,但格式属性上表现出和正常文件的一些差异。现有的反病毒软件都一定程度上使用了格式结构异常作为恶意软件检测的启发式规则。如果一个软件看上去足够可疑,可以用软件的格式异常来进行启发式检测。Szor[1]详细总结归纳了 PE 文件的 17 种格式异常:①代码从最后一节开始执行;②节头部可疑的属性;③PE 可选头部有效尺寸的值不正确;④节之间的"间缝";⑤可疑的代码重定向;⑥可疑的代码节名称;⑦可疑的头部感染;⑧来自 KERNEL32. DLL 的基于序号的可疑导入表项;⑨导入地址表被修改;⑩多个 PE 头部;⑪多个 Windows 程序头部和可疑的 KERNEL32. DLL 导入表项;⑫可疑的重定位信息;⑬内核查询;⑭内核的完整性;⑮把节装入 VMM 的地址空间;⑯可选头部的 SizeOfCode 域取值不正确;⑰含有多个可疑标志。除了以上提到的格式异常,恶意软件由于软件性质的不同,在节头部的属性、数据目录项 IMAGE_DATA_DIRECTORY 属性、导入节和资源节的内容方面和良性软件也有明显差异。

　　Weber 等[2]开发了一个 PE 分析工具箱 PEAT,通过对 PE 文件的格式结构进行检查,从而判断良性软件是否被恶意软件感染。PEAT 的假定是典型的程序编译成一个二进制可执行文件从头到尾具备一致的结构特征,任何破坏这种同质性是一个二进制可执行文件已被感染的很强烈的信号。PEAT 实现了三个功能:①静态格式检查;②可视化;③自动统计分析。静态格式检查通过分析 PE 文件的格式属性,发现明显的格式异常,从而判定良性软件是否被恶意软件感染。可视化通过对 PE 文件进行字节视图、ASCII 视图、反汇编视图、寄存器移址的内存访问视图的可视化,检查 PE 文件的某个局部和整个文件是否存在差异,以判断该软件是否被恶意软件感染。自动统计分析通过对 PE 文件的指令频率、指令模式、寄存器移址、操作码的熵、字节码和 ASCII 概率等进行统计分析,检测 PE 文件是否存在局部异常,从而判断是否被恶意软件感染。

Kolter 和 Maloof [3] 提出了基于 PE 可执行文件字节码 n-grams 的恶意软件检测方法,该方法在可执行文件字节序列进行等长窗口滑动,产生大量的字节码序列,用 TF-IDF 表示每个短序列的特征值,基于这些特征使用分类算法进行分类,取得了较高的准确率。该方法提取的特征覆盖了整个可执行文件,包括格式结构信息、代码节和数据节信息等。Dai[4] 重现了 Kolter 和 Maloof 的实验,并分析了过滤选择后的特征,发现大部分特征都是文件的格式结构特征和字符串信息,很少部分是机器码序列。Dai 的实验说明恶意软件和良性软件更明显的差异在于格式结构信息,机器码序列由于操作数的影响有很大的随机性,在恶意软件和良性软件间没有显著差异。

Perdisci 等[5] 分析了加壳过的软件和未加壳的软件的格式结构信息,也发现了明显的差异。他们从 PE 文件中提取格式结构信息作为加壳检测的特征值:①标准节和非标准节的个数;②具有可执行属性的节的个数;③同时具有可读/可写/可执行属性的节的个数;④IAT 表中所含表项的个数;⑤PE 文件头、代码节、数据节以及 PE 文件的熵。然后应用多种机器学习算法从这些特征进行学习,建立判断是否加壳的模型,应用该模型对未知软件进行是否加壳的判断,取得了98.9%的判断准确率。

Shafiq 等[6] 从 PE 文件头提取了 189 个结构特征,应用 RFR、PCA 和 HWT 进行特征空间转换,缩减特征个数。然后应用多种机器学习算法建立分类模型,该模型以较高的准确率识别已知的和未知的恶意软件。该方法由于只需要解析 PE 文件头信息,不需要遍历整个可执行文件,也不需要和特征库进行匹配,检测效率上取得了较大的提升。该方法存在以下几个缺点:①该方法把恶意软件分成八类,每一类恶意软件和良性软件混合进行实验,由于同种类型的恶意软件 PE 文件头很相似,所以取得了较高的准确率,但实际情况下不可能先把恶意软件分为具体的类别(如 Virus、Trojan、Worm 等),然后再判断其是否为恶意软件;②可反映软件功能性质的导入节中 DLL 和 API 信息没有被有效提取,该方法有较大的改进空间;③该方法使用 RFR、PCA 和 HWT 特征空间转换方法缩减特征个数,缩减后的特征仍然有 60 个,效率上和性能上仍有提升空间;④该方法从整个样本集上缩减特征,某种程度上存在过拟合实验数据;⑤该方法提取了 PE 文件头的机器类型、链接器版本、操作系统版本等作为特征,这些特征对于系统可执行文件都是相同的,可能误导实验结果,取得比实际情况更好的实验结果。

PE 文件导入节中的 DLL 和 API 信息能大致反映软件的功能和性质。Belaoued 和 Mazouzi[7] 应用统计 Khi^2 检验分析了 PE 格式的恶意软件和良性软件的导入节中的 DLL 和 API 信息,以发现恶意软件经常使用的 DLL 和 API。通过大样本的实验,他们的分析显示恶意软件和良性软件使用的 DLL 和 API 统计上有明显的区别。

本章整合以上研究的思想,提出基于文件格式信息的恶意软件检测方法,深入分析以上研究的优点和不足,提取以上研究的有效特征,从不同的角度来解决以上研究存在的问题,进一步提高检测的准确率、效率和鲁棒性。

6.3 检 测 架 构

基于挖掘格式信息的恶意软件检测方法的构架如图 6.2 所示,实验都由三个阶段组成:提取特征、特征选择和分类。提取特征模块首先对每个样本进行格式结构解析,提取有可能区分恶意软件和良性软件的格式结构信息。PE 文件的格式结构有许多属性,但大多数属性无法区分恶意软件和良性软件。经过深入分析 PE 文件的格式结构属性,提取了可能区分恶意软件和良性软件的 195 个格式结构属性。在机器学习和数据挖掘应用中,大量的特征不仅不能提高分类的准确率,甚至可能降低分类的准确率。特征选择模块使用特征选择算法约减特征的维度,同时保持甚至提高分类的准确率。此外,特征选择处理也将降低分类算法的训练和测试处理开销,可训练得到简单而具备较强泛化能力的分类模型。选择过滤后的特征输入分类算法,分类算法应用一定规则训练分类模型,应用训练好的分类器将未知样本分类为良性软件或恶意软件。

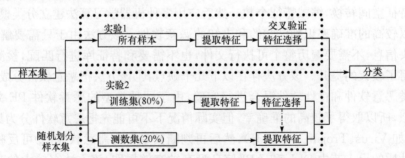

图 6.2 基于挖掘格式信息的恶意软件检测构架

本章设计了两个实验验证检测方法的性能。实验 1 遵循了以往文献中普遍使用的实验方法,从所有样本中提取特征和进行特征选择,使用 10 折交叉验证评估实验结果。虽然实验 1 仅基于训练样本训练分类器,但从整个样本集中进行特征选择,实验 1 可能存在过度拟合的实验数据,取得比真实情况下更好的实验结果。实验 2 随机把样本集分成训练样本和测试样本,训练样本占 80%,测试样本占 20%,恶意软件样本和良性软件样本基本平衡。实验 2 仅在训练集中进行特征选择,基于选择过滤后的特征子集,从测试样本集提取相应的特征。在实验 2 中,特征选择和训练分类器都在训练集中进行,训练集对测试集是完全未知的,整个实验过程中训练集和测试集没有任何交集,可以更准确地评估本章方法检测未知恶意软件的性能。

6.4 实　　验

6.4.1　实验样本

实验样本分为恶意软件样本和良性软件样本,如果应用在反病毒产品中,应获取足够多有代表性的训练样本,考虑到只是验证方法的可行性,从经过杀毒软件检测无病毒的 XP 系统 Windows 目录和 Program Files 目下获取了正常 PE 文件 8592 个,从 VXHeavens[8] 网站下载了恶意软件 10521 个,共计 19113 个样本,恶意软件的分布如表 6.1 所示。

表 6.1　PE 格式恶意软件分布表

恶意软件类别	Backdoor	Constructor Virtool	DoS Nuker	Flooder	Exploit Hacktool	Worm	Trojan	Virus	合计
数量/个	3184	418	254	339	395	1422	3012	1497	10521

6.4.2　特征提取

PE 文件的格式结构属性很多,基于对恶意软件的分析和各个格式结构属性的深入认识,初步提取出可能和恶意软件检测相关的格式属性如表 6.2 所示,提取的特征简单描述如下:

(1) 引用的 DLLs 和引用的 APIs:通过一个可执行程序引用的动态链接库(DLL)和应用程序接口(API)可以粗略地预测该程序的功能和行为。统计所有样本导入节中引用的 DLL 和 API 的频率,留下引用频率大于 100 次的 DLL 和 API,共剩下 46 个 DLL 和 597 个 API。然后计算每个 DLL 或 API 的信息增益,选择信息增益最高的 30 个 DLL 和 30 个 API。每个样本的导入节中存在选择出的 DLL 或 API,以 1 表示,不存在则以 0 表示。

(2) PE 文件头部:PE 文件头部是定义整个 PE 文件"轮廓"的属性。排除了有可能误导实验结果的部分属性,如机器类型、链接器信息、操作系统信息、时间戳等,然后选择了剩余的所有字段。由于 Windows 目录下的 PE 文件的这些属性都相同,可能使检测的准确率更高,但这些特征并不能推广到其他良性软件。

(3) 节头部:提取了五个节(.text、.data、.rsrc、.rdata 和 .reloc)的节头部属性,这五个节在大部分 PE 文件中都存在。如果某个样本不存在相应节,该节头部的信息都以 0 表示。

（4）资源目录表：提取了较常见的 22 种资源类型的个数，如果没有相应类型的资源，该资源的个数以 0 值表示，同时还提取了资源节中总的资源个数。

表 6.2　可能和 PE 格式恶意软件检测相关的属性

特征描述	数量/个
引用的 DLLs	30
引用的 APIs	30
引用 DLL 的总数	1
引用 API 的总数	1
导出表中符号的总数	1
重定位节的项目总数	1
IMAGE_FILE_HEADER	5
IMAGE_OPTIONAL_HEADER	16
IMAGE_DATA_DIRECTORY	32
.text 节头	11
.data 节头	11
.rsrc 节头	11
.rdata 节头	11
.reloc 节头	11
资源目录表	23
合计	195

6.4.3　特征选择

通过以上方法提取特征，包含很多冗余特征，从中选取有利于区分恶意软件和良性软件的特征是必要的。特征选择是寻找可以准确描述原始事例的信息量最大的特征的一个过程。特征选择的目的就是在这些特征中选择最相关的一组特征，同时剩下较少的特征，有利于提高分类的性能。对于学习算法，有效的特征选择可以降低学习问题的复杂性，提高学习算法的泛化性能，简化学习模型。本章使用 WEKA[9] 机器学习软件中实现的两种特征选择算法：CfsSubsetEval（过滤式特征选择）和 Wrapper(Random Forest)。过滤式特征选择的结果评价简单，速度较快，Wrapper 特征选择算法对尝试的每种选择都要进行分类，以评价选择结果，速度较慢，但只影响训练阶段的性能，对检测阶段没有影响。

6.4.4　分类学习

为了使恶意软件检测系统更趋完善,将机器学习技术引入恶意软件检测系统中是一个重要趋势。近年来,研究人员已经提出了一些应用机器学习技术来检测未知恶意软件的方法。识别一个未知程序是恶意软件还是良性软件是一般的分类问题,研究人员已经提出了大量具备较高准确率的分类算法。本章使用 WEKA 机器学习软件中实现的决策树分类算法 J48,用集成学习方法(Boosting 和 Bagging)来改进 J48 的性能,同时也使用了另一种集成学习算法 Random Forest(随机森林)。

6.5　实验结果与分析

6.5.1　实验 1 结果

实验 1 使用过滤式方法选择出的子集作为特征,使用四种分类算法(J48、Random Forest、Bagging(J48)、AdboostM1(J48))进行分类,四种分类算法检测恶意软件的准确率相差无几,都是 99% 左右。Wrapper 方法将选择出的子集作为特征,使用 Random Forest 算法进行分类,分类器的准确率是 99.1%。所有实验的结果见表 6.3,所有分类算法的 ROC 曲线见图 6.3。

表 6.3　所有分类算法的检测结果(从整个样本集选择特征)

特征选择方法	分类算法	检测率/%	误报率/%	准确率/%	AUC
Filter	J48	98.9	1.4	98.7	0.994
	Random Forest	99.1	1.4	98.9	0.996
	AdboostM1(J48)	99.0	1.0	99.0	0.998
	Bagging(J48)	98.9	1.3	98.8	0.997
Wrapper	Random Forest	99.1	1.0	99.1	0.998

6.5.2　实验 2 结果

现有的使用机器学习技术进行恶意软件检测的方法都普遍存在一个问题:虽然分类实验时训练样本和测试样本没有交集,但特征选择时是从整个样本集中进行特征选择,这在一定程度上存在过度拟合数据。实验 2 将整个样本集随机地分成两部分,训练样本占 80%,测试样本占 20%。特征选择和训练分类器都只使用训练样本,然后使用测试样本来测试训练好的分类器。实验 2 使用的分类算法和实验 1 相同,所有实验的结果见表 6.4,所有分类算法的 ROC 曲线见图 6.4。

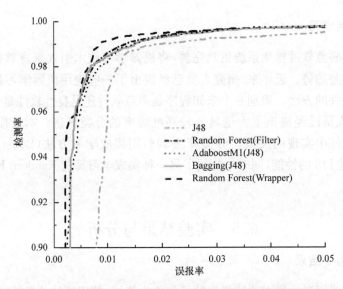

图 6.3　所有分类算法的 ROC 曲线(从整个样本集选择特征)

表 6.4　所有分类算法的检测结果(从训练样本集选择特征)

特征选择方法	分类算法	检测率/%	误报率/%	准确率/%	AUC
Filter	J48	98.8	1.2	98.8	0.989
	Random Forest	99.2	1.5	98.9	0.997
	AdboostM1(J48)	99.0	0.9	99.0	0.999
	Bagging(J48)	99.0	0.9	99.0	0.999
Wrapper	Random Forest	99.3	0.9	99.2	0.998

6.5.3　结果分析

　　从表 6.3 的实验结果可以看出,所有的分类方法能识别 99% 的未知恶意软件,误报率在 1% 左右。所有方法的性能大致相同。J48 分类算法的性能相比稍差,准确率是 98.7%。使用集成学习方法(Boosting 和 Bagging)一定程度上改进了 J48 的性能。Random Rorest 的性能优于其他分类算法,准确率是 99.1%。就特征选择方法而言,Wrapper 特征选择方法优于所有过滤式特征选择的结果。虽然 Wrapper 特征选择方法速度较慢,但只影响训练阶段,对检测阶段没有影响。在表 6.3 的评价指标中,所有分类算法的 AUC 值都大于 0.994,Random Forest 和 AdboostM1(J48)分类算法的 AUC 值是 0.998,已经非常接近最优值 1。从图 6.3 的 ROC 曲线可以明显看出,当 Wrapper 方法选择的结果作为特征时,Random Forest 分类算法明显优于其他方法,J48 分类算法也明显弱于其他分类算法。

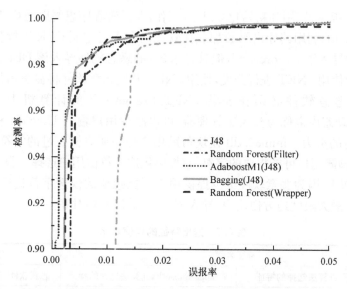

图 6.4　所有分类算法的 ROC 曲线(从训练样本集选择特征)

对于大部分基于数据挖掘的恶意软件检测方法,如果只从训练集中进行特征选择会明显降低检测的准确率。从表 6.4 的实验结果可以看出,只从训练集进行特征选择,本章检测方法的性能并没有受到影响,只是 J48 分类算法的评价指标稍有下降,其他分类算法的评价指标还稍有提高。从图 6.4 可以看出,J48 和 Random Forest 分类算法的 ROC 曲线稍有下降,其他分类算法的 ROC 曲线没有变化。综合来看,本章方法无论是从整个样本集选择特征,还是只从训练集选择特征,对实验结果影响不明显。与其他使用机器学习技术的静态检测方法相比,本章的检测方法具有较强的鲁棒性。

6.5.4　特征分析

表 6.5 列出了本章实验所选特征的平均值。从表 6.5 可以看出,良性软件一般有复杂的功能,在导入表中导入相对较多的 Windows API 函数,良性软件引用的 API 函数的数量明显多于恶意软件。部分恶意软件为了隐藏它们的恶意目的,使用 LoadLibrary 和 FreeLibrary 显式地加载和卸载 DLL,导致恶意软件引用的 API 函数相对较少。比较明显的是良性软件引用的常规 API 函数的平均值远高于恶意软件,如 lstrlenW、_adjust_fdiv、GetModuleHandle、CreateFileW、_initterm 和 RegDeleteKey。但有一个明显的特例,即有 25.9% 的恶意软件导入 wsock32.dll 动态链接库,而只有 1.6% 的良性软件导入这个 DLL。wsock32.dll 是 Windows Sockets 应用程序接口,用于支持很多 Internet 和网络应用程序,这个例子解释了大部分恶意软件通过网络进行传播和破坏的原因。mscoree.dll 负责

选择 . NET 版本、调用和初始化 CLR 等工作,非托管程序想要启动 CLR 也必须引用 mscoree. dll,利用其导出函数加载托管代码和进行定制 CLR 等操作。18.9％的良性软件导入了 mscoree. dll,但只有 0.2％的恶意软件导入该 DLL。原因是恶意软件很少使用 . NET 进行开发,使用 . NET 开发恶意软件将显著增加其软件大小,并且该恶意软件必须在安装 . NET Framework 的计算机上才能运行。imm32. dll 动态库也称为输入法管理器,可以减少用户输入 Unicode 和双字节字符文本所需的努力。imm32. dll 模块帮助用户记住所有输入过的字符值、监控用户的击键、预测用户可能想要的字符,它提供候选字符供用户选择。很少有恶意软件导入该 DLL,因为恶意软件很少提供用户可能想要的候选字符进行选择,而良性软件为了最大限度地方便用户,导入该 DLL 的比例相对高一些。

表 6.5　选出特征的均值对比

特征名称		均值	
CfsSubsetEval 算法选择的特征	WrapperSubsetEval 算法选择的特征	恶意软件	良性软件
NumberOfAPIs	NumberOfAPIs	65.1	97.1
wsock32. dll	wsock32. dll	0.259	0.016
mscoree. dll	mscoree. dll	0.002	0.189
—	imm32. dll	0.001	0.013
lstrlenW	—	0.005	0.296
DisableThreadLibraryCall	—	0.003	0.253
_adjust_fdiv	—	0.035	0.415
—	GetModuleHandle	0.001	0.23
—	CreateFileW	0.002	0.204
—	_initterm	0.036	0.416
—	RegDeleteKey	0	0.1
—	NumberOfsections	4.8	4.1
—	NumberOfSymbols	3.1×10^6	15.9
SizeOfDebugData	SizeOfDebugData	0.982	22.6
AddressOfDebugData	—	3×10^3	1.4×10^5
Characteristics	Characteristics	1.5×10^4	7.1×10^3
ImageBase	ImageBase	1.7×10^7	7.6×10^8
DllCharacteristics	DllCharacteristics	29.8	3.6×10^3
—	BaseOfCode	7.3×10^4	7.8×10^3
SizeOfCertificateTable	SizeOfCertificateTable	8.87	2.8×10^3
SizeOfHeapReserve	—	1.5×10^6	1.0×10^6

续表

特征名称		均值	
CfsSubsetEval 算法选择的特征	WrapperSubsetEval 算法选择的特征	恶意软件	良性软件
SizeOfLoadConfigurationTable	—	1.0×10^5	22.7
. reloc. characteristics	. reloc. characteristics	7.4×10^8	9.3×10^8
—	. text. characteristics	1.4×10^9	1.5×10^9
—	. rdata. characteristics	6.2×10^8	3.5×10^8
. rsrc. characteristics		1.4×10^9	1.0×10^9
NumberOfVersion	NumberOfVersion	0.408	0.95
NumberOfMessage Table		0.002	0.057
NumberOfGroup Icon	—	0.879	1.204

　　PE 文件头中几个特征的平均值在恶意软件和良性软件之间有明显差异。. debug 节用于存放编译器生成的调试信息,SizeOfDebugData 是调试节的大小。恶意软件为了防止被调试,保留了较少的调试信息,导致恶意软件保留的调试数据明显少于良性软件。NumberOfSymbols 指示符号表中元素的数目,对于映像文件,此值为 0。良性软件在 . debug 节保存符号信息,而恶意软件很少有 . debug 节,只有保存符号信息在符号表中,因此在恶意软件中符号表的数目远远大于良性软件。Characteristics 特征表明该文件是一个可执行映像文件或一个动态链接库,ImageBase 特征指定映像文件首字节加载到内存时的优先地址,动态链接库的默认值为 0x10000000,可执行映像默认值为 0x00010000。DllCharacteristics 是 DLL 文件特征,只对 DLL 文件有效,指示是否一个 DLL 映像包括进程、线程的初始化和终止入口点。大多数恶意软件是可执行映像,而部分良性软件是动态链接库,所以以上几个特征的平均值在恶意软件和良性软件之间差异比较明显。

　　DataDirectory 目录表用于定义 PE 文件中 16 种不同类别的数据所在的位置和大小。证书表用于保存 PE 文件软件厂商的可验证声明,通过证书方式可以验证一个 PE 文件是否被非法修改过。大多数良性软件有证书表,而很多恶意软件没有证书表,从而良性软件证书表的平均值远远大于恶意软件。加载配置表用于存放保留的 SEH 处理,它提供了一个安全的结构化异常处理程序列表,操作系统在进行异常处理时要用到这些异常处理程序。当程序运行发生异常后,操作系统会根据异常类别对异常进行分发处理,保证系统能从异常中全身而退。良性软件通常经过严格的产品测试,保留了很少的异常处理程序。而恶意软件进行传播和破坏时,常常是敏感和核心的操作,更容易引起异常,保留了较多的异常处理程序。SizeOfLoadConfigurationTable 是加载配置表的大小,恶意软件的平均值远远大于良性软件。

　　节表是一个 IMAGE_SECTION_HEADER 结构数组,此结构提供了与其相关的节的信息,其中包括偏移量、长度和其他属性。节表的 characteristics 属性指示一个节是否可读、可写和可执行。四个节(. text、. rsrc、. reloc 和 . rdata)的 characteristics 属性在恶意软件和良性软件之间有明显的差异,恶意软件的代码节(. text)存在可写异常,只读数据节(. rdata)、重定位节(. reloc)和资源节(. rsrc)存在可写或可执行异常。

　　软件中包含程序代码内部需要的数据,如菜单选项、界面描述、图标文件、背景音乐文件、配置文件等,以上这些数据统称资源,保存于 PE 文件的资源节中。恶意软件通常没有图形界面,而良性软件一般有图形界面,从而恶意软件资源节的资源个数明显小于良性文件,如消息表、组图表、版本资源等。此外,95%的良性软件有版本信息,但只有 40.8%的恶意软件有版本信息。

6.6　基于 ELF 格式结构信息的恶意软件检测方法

　　Linux 是一种自由和开放源代码的类 Unix 操作系统,最初是作为支持 Intel x86 架构个人计算机的一个开源操作系统。目前 Linux 已经被移植到更多的计算机硬件平台,可以运行在服务器和其他大型平台之上,如大型主机和超级计算机。在世界上 500 个最快的超级计算机中,90%以上运行 Linux 发行版或其变种,最快的前 10 名超级计算机运行的都是基于 Linux 内核的操作系统。Linux 也广泛应用在嵌入式系统上,如手机、平板电脑、路由器、电视和电子游戏机等,在移动设备上广泛使用的 Android 操作系统也是创建在 Linux 内核之上的。随着 Linux 的广泛开发和应用,更具有破坏性的恶意软件出现在 Linux 平台。因为 Linux 平台的恶意软件检测方法研究很少,目前主要的分析检测方法仍然有较多的局限性。

　　每个操作系统都会有自己的可执行文件的格式,如早期的 Unix 是用 a. out 格式,Windows 操作系统是使用 PE 可执行文件格式。ELF 格式是 Linux 或者最新 Unix 的标准可执行二进制文件格式。ELF 目标文件既要参与程序链接又要参与程序执行,出于方便性和效率考虑,目标文件格式提供了两种并行视图,分别反映了这些活动的不同需求,ELF 目标文件格式如图 6.5 所示。

　　一个目标文件由 ELF 头、节头部表(可选)、程序头部表(可选)、节(段)组成。ELF 头部(ELF header)在文件的开始,描述了该文件的组织情况,节头部表描述文件中各节的属性,程序头部表描述文件中各段的属性。节头部表(section header table)包含描述文件节区的信息,每个节区在表中都有一项,每一项给出诸如节区名称、节区大小这类信息。程序头部表(program header table)告诉系统如何创建进程映像。节(运行时并不以节为单位,以段为单位)是 ELF 文件真正内容的划分,每一节是拥有共同属性数据的集合。每节都包含文件的内容,包括指令、数据、

链接视图	执行视图
ELF 头部	ELF 头部
程序头表(可选)	程序头表
⋮	⋮
节 i	段 m
⋮	⋮
节 j	段 n
⋮	⋮
节头表	节头表(可选)

图 6.5 ELF 目标文件格式

符号表、重定位信息等。用来构造进程映像的目标文件必须具有程序头部表,可重定位文件不需要这个表,可执行文件中程序头部表是必需的。用于链接的目标文件必须包含节区头部表,其他目标文件可以有,也可以没有这个表。

经过实验分析,Linux 操作系统 ELF 文件格式存在类似 PE 的格式结构特点,应用相似 PE 文件的实验过程,使用最近的 ELF 格式恶意软件进行了实验,实验结果显示本章的方法可移植到 Linux 和其他非 Windows 操作系统。

6.6.1 实验样本

实验样本分为恶意软件样本和良性软件样本,从经过杀毒软件检测无病毒的 Ubuntu Linux 系统/bin 目录和/sbin 目下获取了正常 ELF 文件 356 个,从 VX-Heavens 网站下载了 Linux ELF 恶意软件 363 个,共计 719 个样本,恶意软件的分布如表 6.6 所示。

表 6.6 ELF 格式恶意软件分布表

恶意软件类型	Backdoor	DoS+Nuker	Flooder	Exploit+Hacktool	Worm	Trojan	Virus	总数
数量/个	50	31	39	116	31	13	83	363

6.6.2 提取特征

ELF 文件的静态化结构属性也有很多,初步提取出可能和恶意软件检测相关的属性如表 6.7 所示,对提取的特征简单描述如下:

(1) ELF header(20 个):选取了除四个魔数(magic number)以外的所有属性,因魔数对每个 ELF 文件都是相同的,标示是否是 ELF 文件,没有选取。

(2) text. header(8 个):代码段的头部,选取了该部分头部的所有 8 个属性。

（3）data.header（8个）：数据段的头部，选取了该部分头部的所有8个属性。

（4）bss.header（8个）：此节区包含将出现在程序的内存映像中的初始化数据，选取了该部分头部的所有8个属性。

（5）SHT_DYNSYM.header（9个）：此节区包含动态链接符号表，选取了该部分头部的所有8个属性和所包括的子项的个数。

（6）PT_LOAD1.header（7个）：可加载段1的程序头部，选取了头部的7个属性。

（7）PT_LOAD2.header（7个）：可加载段2的程序头部，选取了头部的7个属性。

（8）PT_INTERP.header（7个）：程序解释器段的头部，选取了头部的7个属性。

（9）PT_SHLIB.header（7个）：被保留的程序段头部，选取了头部的7个属性。

表 6.7　可能和 ELF 格式恶意软件检测相关的属性

属性描述	数据类型	个数
ELF header	integer	20
text.header	integer	8
data.header	integer	8
bss.header	integer	8
SHT_DYNSYM.header	integer	9
PT_LOAD1.header	integer	7
PT_LOAD2.header	integer	7
PT_INTERP.header	integer	7
PT_SHLIB.header	integer	7
总数		81

6.6.3　特征选择

使用过滤式特征选择算法 CfsSubsetEval 对提取的 81 个特征进行过滤，过滤后得到的静态格式结构属性的均值如表 6.8 所示。考虑到 Linux 平台 ELF 文件的样本较少，没有使用 Wrapper 进行特征选择，以避免过度拟合数据。选择后的特征分析如下：

（1）header.e_phnum：该特征是 ELF 文件程序头部表格的表项数目，恶意软件中该属性值较分散，良性软件的程序头部表格的表项数目相对稳定和集中，99%以上的样本集中在 8 和 9 两个值，恶意软件由于逻辑相对简单，该值较小且较分散。

（2）header. e_shnum：该特征是 ELF 文件节区头部表格的表项数目,恶意软件中该属性值较分散,良性软件节区头部表格的表项数目相对稳定和集中,99%以上的样本集中在 27 和 28 两个值,恶意软件较分散,表现出多样性。

（3）SHT_DYNSYM. header. sh_link：SHT_DYNSYM 节区包含动态链接的信息,目前一个目标文件中只能包含一个动态节区,节区的 sh_link 属性给出节区中条目所用到的字符串表格的节区头部索引。99%以上的良性软件该特征的值是7,恶意软件的该值较小且分散,良性软件的字符串表格索引比较固定。

（4）PT_LOAD1. header. p_vaddr：PT_LOAD1 是第一个程序加载段,p_vaddr 属性是段的第一个字节将被放到内存中的虚拟地址,恶意软件和良性软件加载到内存中的虚拟地址都相对集中,其中良性软件的相对小一些。

（5）PT_LOAD2. header. p_offset：PT_LOAD2 是第二个程序加载段,p_offset 属性是从文件头到该段第一个字节的偏移,良性软件的均值约是恶意软件的 3倍,主要原因是良性软件的文件大小较恶意软件大,文件头到加载段的偏移也较大。

表 6.8　ELF 过滤后的特征

特征名称	均值	
	良性软件	恶意软件
header. e_phnum	8. 297	5. 644
header. e_shnum	28. 224	27.7
SHT_DYNSYM. header. sh_link	6. 909	4. 285
PT_LOAD1. header. p_vaddr	118M	128M
PT_LOAD2. header. p_offset	59131	21031

6. 6. 4　实验结果

对过滤式选择出的特征,使用四种分类算法 J48、SVM、Random Forest、IBK进行 10 折交叉验证分类,实验结果如表 6.9 所示,ROC 曲线如图 6.6 所示。四种分类算法检测恶意软件的准确率差不多,都是 99%以上。SVM 算法在检测率和准确率方面优于其他三种算法,Random Forest 算法的 AUC 值已达到最优值 1,J48 算法在各项指标上都弱于其他三种算法。从图 6.6 的 ROC 曲线可以看出,J48 算法的性能也明显弱于其他三种算法,SVM 和 Random Forest 算法基本相当,都比较接近最优曲线。总体来说,四种分类算法的准确率差不多,都是 99%以上,可以任意选用一种,本章检测方法能以较高的检测率和较低的误报率检测已知和未知的 ELF 恶意软件。

表 6.9　ELF 恶意软件检测实验结果

分类器	检测率/%	误报率/%	准确率/%	AUC
J48	98.9	0.8	99.2	0.986
Random Forest	99.2	0.6	99.4	1.000
SVM	99.7	0.3	99.7	0.997
IBK	99.2	0.6	99.4	0.994

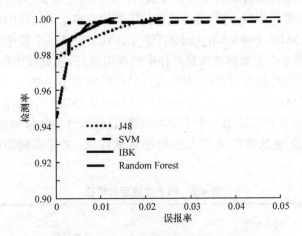

图 6.6　所有分类算法的 ROC 曲线图

6.7　与现有静态方法对比

与现有静态方法的对比主要从准确率、检测时间和鲁棒性三个方面进行。现有的静态检测方法主要有基于特征码签名、字节码 n-grams[3] 和操作码 n-grams[10] 的检测方法。

在准确率方面,基于特征码方法的各种反病毒软件的情况各有不同,主要由反病毒软件特征库的完备程度决定,对未知的恶意软件几乎不能检测。基于字节码 n-grams 的最高 AUC 值是 0.996,基于操作码 n-grams 的准确率是 94.43%,本章方法的准确率是 99.1%,AUC 值是 0.998,都优于以上两种方法。更重要的是,这两种方法在选择特征时训练集和测试集没有分开,一定程度上存在过度拟合数据的现象。此外,基于操作码 n-grams 的检测方法的前提是反汇编可以成功,如果部分文件反汇编失败,则该方法不能检测这些文件。

在检测时间方面,基于特征码方法要遍历整个文件,还要和庞大的特征码库进行匹配;基于字节码 n-grams 的检测方法也要遍历整个文件生成特征,使用的特征达到了 500 个;基于操作码 n-grams 的检测方法要先对文件进行反汇编,然后遍历整个反汇编文件生成特征,使用的特征数为 $100\sim300$ 个;本章方法不需要遍历整个文件,只需要从 PE 文件头部、导入节和资源节提取特征,使用的特征数是 20 个左右;所以无论是从文件遍历,还是使用总特征数,本章的检测方法都是最快的。

经过加壳或混淆后的样本,其字节序列完全改变,基于字节码 n-grams 的检测方法不一定有效。基于操作码 n-grams 的检测方法加壳后很难反汇编成功,需要先进行脱壳处理,如果经过混淆后,其操作码系列已经有了很大的改变,这两种方法都不同程度地受加壳和混淆技术的影响。对于经过加壳和混淆处理的恶意软件,它们仍然遵守 PE 格式的约束,仍然有其静态结构属性,且静态结构上表现出了更多的异常,本章的检测方法对这种类型的恶意软件仍然有效。

6.8　本章小结

本章分析了传统恶意软件检测中特征选择存在的问题:部分方法不能自动批量特征提取,特征提取复杂,提取特征过多,提取特征容易受加壳、混淆、变形、多态的影响。通过对各种平台二进制可执行文件格式的深入分析,提出了基于文件格式信息的恶意软件检测方法,在 Windows 平台的 PE 文件和 Linux 平台的 ELF 文件进行了实验,实验结果显示该方法准确率在 99% 以上,已达到了可实际部署于反病毒软件中使用的性能指标要求。现有的基于机器学习的检测方法在特征选择时存在过度拟合数据的情况,实验显示,本章方法在这方面具有较强的鲁棒性。此外,相似的方法也可应用于 Unix 和 Mac OS X 等操作系统平台,同时还可以应用于各种手机、掌上电脑等嵌入式平台。相对于传统的恶意软件检测方法,本章介绍的方法主要具有如下特色。

1) 能检测未知的恶意软件

传统的基于病毒特征的恶意软件检测方法只能检测已经被专业人员识别出特征的恶意软件,但新出现的恶意软件已经呈指数级增长,专业人员识别恶意软件特征的工作量将大幅度增加,随着病毒特征库日渐增长,反病毒软件的检测速度将大幅度下降,对系统资源的占用将增加。本章提出的方法通过学习已知恶意软件格式结构属性来检测未知恶意软件,学习得到的分类器具有相对的稳定性,同时具备较高的检测准确率。

2) 能检测 zero-day 恶意软件

传统的基于病毒特征的恶意软件检测方法存在真空期——从恶意软件出现到反病毒软件能查杀该恶意软件,在真空期恶意软件可能已经产生了严重的破坏,这给计算机恶意软件的防护工作带来了严峻挑战。本章提出的方法能在恶意软件出现的第一时间对其进行检测,能在恶意软件出现的早期遏制住其传播,以免在互联网传播泛滥,产生严重的破坏。

3) 可以跨平台检测多种操作系统上的恶意软件

现有的反病毒软件通常只支持 Win32 平台,只有极少数的反病毒软件支持 Linux 和 Unix 平台,随着 Linux 和 Unix 市场占有率的增加,这两种平台上必然会面临大量恶意软件的攻击,在这两种平台部署反病毒软件就会成为市场需求。本章提出基于软件格式结构特征的检测方法,该方法目前可应用于 Windows 和 Linux 平台,相似的方法也可应用于 Unix 和 Mac OS X 等操作系统,同时还可以应用于各种手机、掌上电脑等嵌入式平台。

4) 可以对抗加壳、混淆、变形、多态等技术的恶意软件

根据对最近新出现的恶意软件分析发现,很多新出现的恶意软件都是对原有恶意软件进行各种加壳而产生的,传统的基于病毒特征的恶意软件检测方法不能检测这类新出现的恶意软件,需要专业人员重新分析提取病毒特征,更新特征库才能检测这类恶意软件;使用恶意软件字节码 n-grams 方法也容易受到加壳、混淆的影响,因为加壳和混淆后恶意软件的二进制文件代码段完全改变,但加壳和混淆后仍然是一个完整的 PE 或 ELF 文件,它仍然具有所有的静态文件结构属性。所以加壳、混淆后对本章介绍的方法无影响,本章介绍的方法仍然可以检测进行过加壳、混淆处理的恶意软件。

参 考 文 献

[1] Szor P. The Art of Computer Virus Research and Defense. Pearson: Addison-Wesley Professional, 2005.

[2] Weber M, Schmid M, Schatz M, et al. A toolkit for detecting and analyzing malicious software. Computer Security Applications Conference, 2002: 423-431.

[3] Kolter J Z, Maloof M A. Learning to detect and classify malicious executables in the wild. The Journal of Machine Learning Research, 2006, 7: 2721-2744.

[4] Dai J. Detecting Malicious Software by Dynamic Execution. Shanghai: Shanghai Jiao Tong University, 2009.

[5] Perdisci R, Lanzi A, Lee W. Classification of packed executables for accurate computer virus detection. Pattern Recognition Letters, 2008, 29(14): 1941-1946.

[6] Shafiq M Z, Tabish S M, Mirza F, et al. Pe-miner: Mining structural information to detect malicious executables in realtime. Recent Advances in Intrusion Detection, 2009: 121-141.

[7] Belaoued M, Mazouzi S. Statistical study of imported APIs by PE type malware. 2014 International Conference on Advanced Networking Distributed Systems and Applications (INDS), IEEE Computer Society, 2014: 82-86.

[8] VXHeavens. http://vx. netlux. org[2015-10-11].

[9] Witten I H, Frank E, Hall M A. Data Mining: Practical Machine Learning Tools and Techniques. 3rd Ed. Boston: Morgan Kaufmann, 2011.

[10] Moskovitch R, Feher C, Tzachar N, et al. Unknown malcode detection using opcode representation. Intelligence and Security Informatics, 2008, 1: 204-215.

第 7 章　基于控制流结构体的恶意软件检测方法

7.1　引　　言

软件控制流是软件运行时必须执行的行为流程,能够从语法信息和语义信息两方面反映出软件在多个抽象层面上的表现,与软件的设计风格、内含功能以及执行意图都有紧密联系,常被用于软件行为、功能或缺陷等方面的分析研究。将软件控制流分析与恶意代码检测相结合,可以从全新的角度认识、理解和解决恶意代码带来的安全问题。

软件控制流特征必须能够体现软件内含的信息,这些信息可以分为语义信息和语法信息两类。控制流语义信息描述了软件整体或局部的含义和行为,从中可以分析出软件的功能或意图;而控制流语法信息描述了软件的构造和组成,从中可以得到软件各个部件运行的顺序和依赖关系。

构造语义信息的软件特征时,需要考虑的首要问题是特征的代表性。特征代表性体现在两点:第一是特征具有一般性,应该出现在多数软件中而不局限于少数特殊的软件中,这样可以避免在采用分类算法时稀疏特征引起过度拟合的问题;第二是特征应该具有一定的语义独立性,可以是构造整个软件语义信息的基本组成单位,这种性质对分析人员理解和解释这些特征有很大的帮助。

软件语义信息是在软件中可以被理解的指令、变量、数据和由此组成的一些结构。软件经过反汇编后,在代码段出现的语义信息主要包括操作码、若干操作码组成的序列结构和动态链接的外部函数等内容,这些信息是构成软件功能的主要单位,也是揭示软件安全性的重要材料。

指令是程序执行时的基本单位,但是孤立地分析某些指令很难判断软件设计者所设定的动作或意图,以及由此对系统带来的安全性影响。对计算机指令或指令序列进行有效的组织和处理,形成有意义的程序片段,从这些程序片段中提取软件的语义或结构信息作为软件特征,再使用分类算法得到软件特征与软件安全性质之间关系的规则,并用于恶意软件检测,这就是基于软件控制流结构体特征检测恶意软件的基本思路。

选择指令序列形式作为软件特征时,包含的软件信息越丰富,就越能够反映出软件本身的性质。指令序列能够从语义信息和语法信息两方面体现软件的特点。语义信息是指这些指令序列的具体内容,分析者往往根据指令内容,通过合并、抽象和重构等方法推导软件的功能意图,从而判断软件的安全性;语法信息包括指令序列出现的位置、顺序以及依赖性等信息,分析者通过对特殊位置或结构特点进行检查,并通过统计、挖掘等方法发现它们和软件安全性之间的关联,进而识别出恶意软件。

7.2　相关工作

软件控制流能够从多个层次反映出软件内含的语义和语法信息,通过对这些信息的处理,分析者不但能够研究出新的恶意软件检测方法,而且可以将这些方法延伸到软件族群检测等领域。

软件控制流表现形式有多种,为了更好地理解恶意软件工作方式以及行为过程,许多研究者从更具有可读性和结构化的软件中间代码入手来分析恶意软件,由于恶意软件分析通常是针对软件的机器代码,因此有必要将恶意软件中的机器代码转化成更容易理解的反汇编代码(机器指令反汇编后得到的汇编代码)。

Bilar[1]通过软件逆向工程将二进制软件中机器指令转化成反汇编代码,并统计了多个正常软件和恶意软件中特定操作码出现的频率,结论表明一些特定的操作码在两者中出现的频率有很大区别,因此建议使用这些频率差别来分析和检测恶意软件。Bilar对于操作码在不同安全性质软件集样本中分布差异的原因并没有合理的解释,同时实验样本的代表性以及操作码选择的主观性也使得这种分析方法的实用性受到质疑。

Santos等[2]将频率统计从单个操作码扩展到操作码序列,通过提取软件的操作码序列,并统计它们在软件中出现的频率,用来检测已知恶意软件族群中的其他变种软件。他们的研究也证明了同一族群的恶意软件的相似性,可以通过控制流语义信息反映出来。

从Schultz等[3]的研究开始,利用机器学习来处理恶意软件中繁杂的数据,并从中发现潜在的规律,成为恶意软件检测理论的研究热点。借助机器学习中现有的特征筛选和分类算法对控制流信息进行处理,也取得了多项研究成果。

Moskovitch等[4]使用n-grams方式构造反汇编代码序列作为软件特征,通过机器学习中的分类算法构造恶意软件检测规则,最高能达到99%的准确率特征。同时,他们也比较了在不同的序列长度、特征表示方法和分类算法下恶意软件检测的效率。

Shabtai等[5]在包含30000多个文件的数据集中验证了n-grams操作码序列检测未知恶意软件的性能,同时讨论了数据集中种类不平衡的问题。由于恶意软件制造者可以通过使用加壳、多态、冗余或变形等技术操控软件中出现的操作码

(或序列)[6]，从而改变软件中操作码的分布，因此单纯使用频率统计分析这类恶意软件会出现较大的误差。

Christodorescu 等[7]从恶意软件的反汇编码中抽取出恶意行为的语义 template，并通过 template 模式匹配，从而检测已知恶意软件的变种。这种恶意软件分析方法的实质是通过语义上的抽象表示来尽可能地减少变种软件之间的差异，方法的关键问题在于 template 的构造以及比较算法。

Siddiqui 等[8]对文件首先进行反汇编处理，将跳转指令（如 x86 中的"jmp"、"jz"等）作为断点分割整个反汇编代码，以此形成的指令序列当成软件特征，然后通过统计的手段对特征集进行简化，实验结果表明对计算机病毒的检测准确率最高能达到 98.4%。作为一种不定长的操作符序列特征构造方法，它能够更好地保留软件的语义功能，减少 n-grams 分割方法对有意义序列强制分割的现象。

Zhao 等[9]分析了序列长度与软件特征性能之间的关系，提出在特征长度的选择实质上是特征的代表性和区分度之间的折中。通过研究发现，代码之间的交叉引用能够在软件中形成较短的控制流结构体，结构体中的操作符序列可以作为软件特征。实验结果表明，在少量训练数据的情况下，依然能得到较好的未知恶意软件检测性能。

Karim 等[10]考虑到多形性恶意软件的操作码可能会改变局部的顺序，所以采用 n-perms 操作码序列作为软件特征，并且通过聚类方法分析恶意软件的族群关系。n-perms 是 n 相邻操作码组成的序列，并且不分次序，这种方法不但可以应付指令重排，同时还可以有效地减少序列的数量，降低分析的工作量。

对软件控制流结构体分析方法大多采用静态分析方法，它们具有检测速度快、软件信息完整以及检测环境安全等优点，但同时存在一些不足。该方法最明显的缺陷是不能完全获得软件执行时产生的行为和功能等数据，在某些特殊要求下，需要使用软件调试技术或动态分析手段获得控制流结构体的更真实信息。

7.3　操作码序列构造原理

二进制软件经过反汇编后，其代码段由一系列操作码构成。操作码分为操作符和操作数两部分，操作符是由反汇编软件预定义的机器指令系统决定的，而操作数是操作码对应的参数，主要是立即数、内存地址或寄存器等信息。利用第三方工具 IDA Pro 可以得到软件的反汇编形式，图 7.1 是恶意软件"Virus. Win32. HLLP"的部分反汇编结果，操作符的指令集属于 Intel x86 指令集。实际的软件界面中，还会提供操作码在内存中的虚拟地址等辅助信息。

```
                              ; CODE XREF: sub_4298D0+64↑j
        mov     [esi+0Dh], al
        xor     edx, edx
        mov     eax, esi
        call    sub_429A34
        mov     eax, esi
        test    bl, bl
        jz      short loc_429959
        call    sub_403104
        pop     large dword ptr fs:0
        add     esp, 0Ch

                              ; CODE XREF: sub_4298D0+78↑j
        mov     eax, esi
        pop     esi
        pop     ebx
        retn
        endp
```

图 7.1　恶意软件"Virus. Win32. HLLP"的部分反汇编结果

　　操作符在代码中出现的频率、位置和顺序一方面能反映出软件设计的编程风格,另一方面也可反映出软件的功能特点。Bilar[1]统计分析了正常文件和恶意软件中操作符出现的频率,结果表明有些特定操作符在恶意软件中出现得非常频繁,并且在不同类型的恶意软件中表现也不同。Santos 等[2]将频率统计扩展到操作符序列中,统计 2-grams 的操作符序列在软件中的出现频率,用来检测已知恶意软件族群中的其他变种软件。

7.3.1　操作码信息描述

　　基于语义信息的软件特征大多由操作码内容直接构造而成。在软件的反汇编代码中,操作码(反汇编指令)是由操作符和操作数组成的。由于操作数经常是变量、数值或地址等不固定的信息,大多数研究都只提取其中的操作符作为软件控制流的语义信息。操作符可以通过不同的组合方式构造出不同的软件语义信息。

　　文献[4]、[5]和[8]就是从软件的反汇编指令序列中提取软件特征用于未知病毒检测。其中,文献[4]比较了使用几种固定长度的 n-grams 操作符序列作为特征的检测结果,发现使用 2-grams 作为软件特征时,能够获得超过 99% 的恶意软件准确率;Santos 等[2]同样使用定长 n-grams 操作符序列作为软件特征,并将研究对象转换为未知的恶意软件族群检测;文献[8]采用软件执行过程中可能跳转的控制流作为序列划分依据,构造长度不固定的操作符作为软件特征集,通过机器学习方法获得恶意软件分类规则。

　　操作码信息中提供了软件在执行过程中的控制流和数据流。孔德光等[11]综合使用了操作码分布序列、调用流图特征和系统调用序列图三类特征对恶意软件族群进行分析,并使用分类结果加权投票的方式判断模糊恶意代码家族信息,这种采用多层特征信息融合的方法来分析恶意软件,有效弥补了某些特征缺失可能造成信息失真的后果。Runwal 等[12]根据使用频率统计找出恶意软件样本中常用的操作符,然后根据操作符之间相邻关系建立加权有向图,并通过软件有向图的差异性来检测变形恶意软件。

操作码序列中的数据流也常用于软件安全性分析[13],数据流的分析涉及软件在执行时对数据的处理情况,一般都采用动态分析方式。Kolbitsch 等[14]通过动态分析软件数据流图,包括数据流以及相关的系统调用,并且用这些数据流建立威胁模型。在软件运行时,实时比对数据流图来检测软件是否出现恶意行为。Yin 等[15]提出的 Panorama 模型通过监控和追踪数据流发现软件中存在的恶意行为。

7.3.2　操作码序列划分

软件反汇编代码作为一种重要的中间代码形式,主要是由汇编语言形式的操作码构成的。合理地划分操作码序列可以在软件特征中充分保留软件原有的信息,但是现有的基于 n-grams 的方法或基于特殊指令的序列划分都没有充分考虑序列的语义独立性,所以在构造软件特征时会造成信息损失。

本章介绍的基于控制流结构体的操作码序列划分方法,充分利用操作码序列中的软件行为信息和软件控制流的结构信息,既能够获得出现次数较高的有代表性的序列,又能发掘出频率较低但有区分度的序列,这些序列都具备一定的语义独立性,序列的组合能比较完整地刻画出软件的安全性质。

对于序列分割方法的最早研究应用在时间序列、语音处理、信号处理以及文本挖掘等领域。在恶意软件分析领域,文献[2]和[4]中使用了定长的操作符序列,即使用 n-grams 方式将所有相邻的 n 个操作符作为软件的待选特征。定长 n-grams 方法的好处是构造方法简单,使用遍历的方式能够尽可能多地找出软件特征;缺点在于所构造的软件特征没有特别意义,并没有充分利用中间代码提供的语法信息。

相对于 n-grams 等定长序列,变长序列更容易保存序列的完整性,不会将有意义的长序列分割成多个短序列。将软件中间代码划分成长度不定的操作码序列,序列分割的重点在于发现被分割的部分能够保持明确的、完整的含义,分割后的序列能作为组成整个反汇编代码的基本单位。

文献[8]利用反汇编代码中的跳转语句作为分割点,得到一系列不定长的操作符序列作为候选软件特征,该方法也被称为基于指令序列的特征选择方法。这种方法的一个重要缺点在于随意性比较高,构造的序列在语法上没有明确的意义;另外一个缺点是构造的序列长度较长,比较难发现代表性较好的短序列。本章选择

n-grams 和基于指令序列的两种方法作为参照,通过实验数据来对比这两种序列分割方法和本章基于控制流结构体方法在恶意软件检测时的性能差异。

　　进行反汇编之后,会根据软件的控制流将其中间代码组织成模块化特征的结构。例如,在 IDA 反汇编结果中,可以用函数及其调用关系来表示软件的控制流,函数中的代码序列具备比较完整的语义信息。但是在实际的恶意软件分析应用中,函数并不常被作为基本单位,原因主要有两点:首先是中间代码中大多数函数的语义信息具有独有性,很少会出现在其他软件中,因此不能满足机器学习所要求特征必须具备代表性的特点;其次是因为反汇编技术所限,中间代码中还会有许多不属于任何函数的代码,如图 7.2 中后部分代码,如果忽略这些代码包含的信息,所得到的软件信息很可能不够完整。

```
CODE:004054C1                 pop       ecx
CODE:004054C2                 pop       eax
CODE:004054C3                 retn
CODE:004054C3 sub_40548B      endp
CODE:004054C3
CODE:004054C4 ; ------------------------------------------
CODE:004054C4                 xor       ecx, ecx
CODE:004054C6                 mov       cl, [edx]
CODE:004054C8                 inc       edx
CODE:004054C9                 jmp       sub_405420
CODE:004054CE ; ------------------------------------------
CODE:004054CE                 push      ebx
CODE:004054CF                 xor       ebx, ebx
CODE:004054D1                 mov       bl, [edx]
CODE:004054D3                 sub       ecx, ebx
CODE:004054D5                 jle       short loc_4054E2
CODE:004054D7                 push      eax
CODE:004054D8                 push      edx
CODE:004054D9                 mov       edx, ecx
CODE:004054DB                 call      sub_40548B
CODE:004054E0                 pop       edx
```

图 7.2　非函数结构的代码

　　本章介绍的序列分割是针对软件的反汇编代码序列,从控制流的连续性上将整个序列分为长度不定的操作码子序列,子序列由单一入口和出口的操作码组成(由 call 指令引起的出口不计),子序列内部是一个完整的顺序流,而子序列之间可能存在跳转、调用、并行以及无关等关系。从形态和功能上来看,子序列非常类似于在源程序编译阶段的基本块结构,它们的构造过程区别主要有两点:第一点是反汇编代码的不完整性造成两者的不同,由于反汇编只是尽可能地将机器指令逆向翻译成汇编指令,可能会出现指令缺失或翻译错误的情况,因此原先的基本块并不能完全被还原;第二点是由于反汇编指令序列不存在控制流无法到达的语句,所有代码都将属于某一个子序列。子序列构造算法描述如下：

名称：子序列构造算法
输入：反汇编后的代码区域
输出：子序列数组 S
实现步骤：

① 从代码区最低地址开始。

② 按地址递增逐条检查下一条有效的操作码语句。

③ 如果操作码满足以下条件之一的语句，都标记为分割点。

    a）该段的第一条语句；

    b）条件转移语句或无条件转移语句的目标语句；

    c）跳转语句的下一条语句。

④ 分割点语句以及到下一个分割点语句（不包括该语句）之间的语句构成子序列。

⑤ 按顺序将子序列中出现的操作符串接为一条字符串，并加入数组 S 中。

⑥ 如果不是最后一条语句，则转向②；否则结束划分。

采用这种序列分割方式获得的指令序列，无论在函数内部还是未被构造成函数的代码段中，都可以将它们表示成语义信息明确、逻辑关系清楚的单位。图 7.3 是某个函数经过划分以后的指令序列逻辑关系图，从图中可以看出，通过指令序列之间的调用关系，既能够充分反映软件的语义信息，同时也会表现出软件内部结构信息。

选择操作符序列作为子序列还有两点原因：首先是操作符的数量有限，因此构造的子序列数量也是有限的；其次是操作数是容易改变的，语义相同的操作码中的操作数也不一定相同。

对于 x86 体系的汇编指令集中，有"jmp"、"jz"、"ja"等无条件或条件转移语句，同时如调用结束后的"ret"、"retn"等语句也看成无条件转移语句，它们的下一条语句都被认为是分割点。而"call"语句作为调用语句，一般情况下在调用结束后会将控制流重新返回，因此被看成普通的顺序流。

从图 7.1 中出现的反汇编代码来看，其中"CODE XREF"的位置是指该地址是代码调用的目标地址，而"CODE XREF"后紧跟的参数是发生调用指令的地址，这种情况在 IDA Pro 中称为交叉引用，交叉引用的目标地址位置就是子序列的分割点。图中给出的反汇编代码序列第一个分割点是首条指令，因为它是虚拟地址"004298d0h＋64h"中引用的目标地址；第二个分割点是指令"call sub_403104"，因为它是条件跳转指令"jz short loc429959"紧邻的下一条指令。依此类推，图中的序列可以划分成"mov,xor,mov,call,mov,test,jz"、"call,pop,add"和"mov,pop,pop,retn"三条子序列。需要指出的是，由交叉引用发现分割点并不会额外增加反汇编的时间，因为 IDA Pro 采用递归下降和线性扫描结合反汇编的工作方式，在

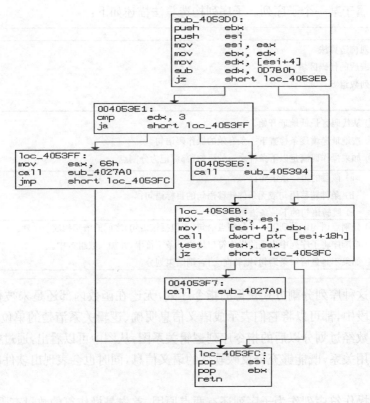

```
sub_4053D0:
push      ebx
push      esi
mov       esi, eax
mov       ebx, edx
mov       edx, [esi+4]
sub       edx, 0D7B0h
jz        short loc_4053EB
```

```
004053E1:
cmp       edx, 3
ja        short loc_4053FF
```

```
loc_4053FF:
mov       eax, 66h
call      sub_4027A0
jmp       short loc_4053FC
```

```
004053E6:
call      sub_405394
```

```
loc_4053EB:
mov       eax, esi
mov       [esi+4], ebx
call      dword ptr [esi+18h]
test      eax, eax
jz        short loc_4053FC
```

```
004053F7:
call      sub_4027A0
```

```
loc_4053FC:
pop       esi
pop       ebx
retn
```

图 7.3　函数内部的序列划分

发现控制流过程中就识别出哪些地址发生了交叉引用。

图 7.4 中比较了三种序列划分方法的特点,以图 7.1 中的数据为例进行划分,3-grams 序列划分方式产生的序列最多(n-grams 划分序列数量比指令总数量少 $n-1$ 个),而基于(跳转)指令的序列划分所得序列数量最少。从结果上可以看出本章所提出的基于控制流结构体序列划分所得序列最能反映出控制流的基本组织,具备短序列广泛性的优点,同时避免了短序列数量过多的缺点。

7.4　特征选择

使用一组特征来代表某个软件的潜在信息,通过机器学习的方法对特征进行分析和处理,发现这些潜在信息与软件安全性质之间的联系,进而实现软件安全性评估,这是本书进行恶意软件分析的基本思路,特征选择是实现该方法的主要步骤之一,包含特征构造和筛选两个阶段。

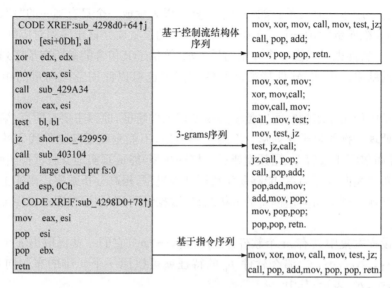

图 7.4　序列划分比较示意图

在软件的中间代码中,全体操作符子序列是软件信息的一种表现,可以作为软件特征用于安全性分析,对子序列进行量化表示就是特征量化处理过程,本章采用空间向量模型(vector space model)对操作符子序列形成的软件特征进行量化和表示。

空间向量模型经常用于信息检索中的特征量化和筛选,它将整个文本看成一个多维欧氏空间上的向量,而每个轴线代表一个词汇。根据不同的坐标定义,空间向量模型主要分为三种基本类型:布尔型(Boolean)、词频型(term frequency,TF)以及逆文档词频型(term frequency inverse document frequency,TFIDF)[16]。

布尔型的空间向量模型中,向量的每一维都用 0 或 1 来表示。词频型空间向量模型中,词频指的是某一个给定的词语在该文件中出现的次数或正规化后的值,以防止其偏向长的文件,即向量的值可以使用操作符序列在软件中出现的次数或比例表示。使用词频来表示特征向量的值,主要是考虑操作符(或操作符序列)出现的频率会在很大程度上代表软件的语义信息。

TFIDF 是一种用于情报检索与文本挖掘的常用加权技术,用以评估一个词对于一个文件或者一个语料库中的一个领域文件集的重要程度。字词的重要性随着其在文件中出现的次数呈正比例增加,但同时会随着其在语料库中出现的频率呈反比例下降。TFIDF 加权的各种形式常被搜索引擎应用,作为文件与用户查询之间相关程度的度量或评级。

使用空间向量模型对操作符子序列进行量化处理时,每个维度代表内容相同的子序列,因此不同的子序列数量 n 就是空间向量的维数;而每个子序列在相应维度上的值使用布尔值表示。如一个子序列可以表示成一个只有唯一的"1"、其余都是"0"的 n 维向量 $(0,0,\cdots,1,0,0,0)$，其中"1"的位置就是该子序列对应维的位置。这样，每个软件也可以由一个 n 维向量表示，等价于其包含的是所有子序列布尔向量相加的结果。因此，软件特征之间的相似度也可以使用空间向量的相似度来表示。

本章中使用布尔型空间向量模型来处理软件特征，原因主要有两点：第一是考虑到被处理的操作符子序列从反汇编代码得出，不能全面反映软件代码的完整情况，因此布尔型比数值型（词频型或逆文档词频型）能更真实地反映软件实际情况；第二是布尔型向量更简单，能够简化特征处理过程，提高分析效率。事实上本章也计算了其他类型空间向量模型的分析结果，数据证明，布尔型在恶意软件准确率上最高。

假设样本集中共有 m 个软件 $p_1,p_2,p_3,\cdots,p_m$，它们一共提取出 n 个不同的子序列 $c_1,c_2,c_3,\cdots,c_n$，那么软件 p_j 的特征就可以用一个 n 维的布尔向量 $p_j=(p_j^1,p_j^2,\cdots,p_j^n)$ 表示，其中：

$$p_j^i=\begin{cases}1, & \text{如果子序列 } c_i \text{ 在 } p_j \text{ 中出现}\\ 0, & \text{如果子序列 } c_i \text{ 未在 } p_j \text{ 中出现}\end{cases} \tag{7.1}$$

当被分析文件的数量增加时，数据集中的子序列数量也会相应增加，使得空间向量的维数急剧增加，很可能造成大量的软件特征向量成为稀疏向量，耗费特征处理时间和空间，因此需要使用特别的算法对软件特征进行筛选。

令 N_i 表示整个样本集包含子序列 c_i 的文件总数，N_i 也可以认为是 c_i 在数据集中的频率（与出现总次数不同，因为 c_i 有可能在一个文件中重复出现），则

$$N_i=\sum_{k=1}^{m}p_k^i \tag{7.2}$$

不同子序列在数据集中出现的频率相差很大，图 7.5 显示了本章实验数据中子序列出现频率的统计。图中显示出绝大多数子序列都靠近 Y 轴，也就是出现的频率较小；而靠近 X 轴代表子序列的数量较少，说明只有少数子序列的出现频率较高。从经验上来看，出现频率较小的子序列更具有个性，而频率较高的子序列具有较好的共性。在特征选择的角度对子序列频率进行分析，如果频率值过低，说明该子序列可能只会在某些特殊情况下出现，不足代表软件的某种性质，极端情况就类似于软件的特征码；而到频率超过一定程度时，即绝大多数软件都包含它时，其作为特征区分度又不够。因此，本书选用频率区间来对特征进行筛选，只选用频率满足一定要求的子序列作为软件特征，频率值超过阈值上界或低于下界的子序列不会作为软件特征，这样既避免了软件特征退化成传统的软件特征码，同时减少了一些通用代码对机器学习算法带来的不必要干扰。

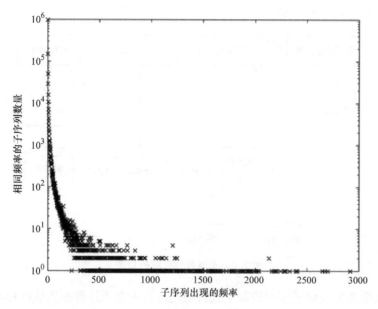

图 7.5　子序列频率与数量关系统计图

通过实验发现,在本书数据集中选项出现频率在$[0.2,0.6]$区间的子序列作为软件特征时,能够获得数量稳定并且分类效果良好的软件特征集。

7.5　恶意软件检测模型

软件经过反汇编和特征选择,然后使用机器学习的分类算法构造恶意软件安全性规则,根据安全性规则将软件分为恶意软件和正常软件两类,因此,恶意软件检测就等价于软件安全性分类的问题。恶意软件检测模型的整个流程如图7.6所示,整个过程可以分为训练阶段和检测阶段。

在训练阶段,首先要对数据集中软件样本的安全性质进行标注,即标注出软件是正常软件还是恶意软件,这个工作实际上在寻找实验数据时,对正常软件和恶意软件样本通过其他可靠途径事先判断结果;接下来对软件进行反汇编并得到每个软件的反汇编代码,在 Window XP 系统使用反汇编工具 IDA Pro,并结合批处理文件对使用软件进行批量处理;然后根据之前介绍的序列分割方法,对每个软件的反汇编代码都进行分割,并获得它们的操作符子序列。在实际操作中,通过批处理命令:

"for ％％c in(E:\样本集\＊.＊)do idaw-A-Slistinstructions. idc ％％c"
来完成反汇编和操作符序列采集的任务,其中文件"Slistinstructions. idc"是使用IDA 的脚本语言 IDC 编写的脚本文件,用于遍历每个反汇编代码,寻找符合要求的子序列并进行序列分割。

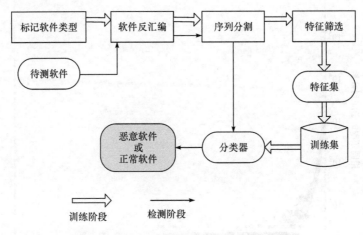

图 7.6　恶意软件检测流程图

特征筛选是按照子序列的频率进行筛选。首先会统计数据集软件样本中每个子序列 c_i 出现的频率 N_i，然后对使用的频率阈值基于该子序列出现在使用软件中的比例，挑选出频率位于所定义区间的子序列作为软件特征。即保留的子序列集合 $C=\{c_i \mid T_{\min}\leqslant c_i/m\leqslant T_{\max}, 0\leqslant i<n\}$，其中 n 是子序列的数量，m 是数据集中样本的数量，$T_{\min}$ 和 $T_{\max}$ 分别是定义的下限和上限。

将使用满足要求的子序列作为整个数据集的特征集，这些特征集都可以对应到空间向量模型的空间向量，因此每个软件都可以使用一个布尔型空间向量来表示，每个空间向量除了在 n 个维度上表示对应子序列的布尔值，向量最后还需要多出一个维度表示该软件的安全类别，这些空间向量集构成了机器学习的训练集。

使用机器学习中的分类算法，对训练集进行数据挖掘，从而找到将软件分为正常软件和恶意软件的安全规则，该过程就是训练分类器。根据分类算法的不同，最后生成的分类器也有多种，但是每一个分类器基本上都是一系列的分类规则。以最常用的决策树算法为例，图 7.7 显示出决策树算法 J48 的部分分类结果，该图呈现出一个水平的树状结构，每一行可以看成一个叶子节点，代表一条分类规则，这条规则是由一个等式来表示的。等式的左半部分代表软件特征的名称，右半部分代表分类的特征值；而等式后面是分类结果，如第 5 行的"benign(147.0/4.0)"表示当软件特征编号 48、728、757、340、536 的值都为 0 时，有 147 个软件是正常的，而 4 个是恶意的。由于分类规则容易理解，决策树算法也是恶意软件检测模型中广泛采用的算法之一。

```
48=0
| 728=0
| | 757=0
| | | 340=0
| | | | 536=0:benign(147.0/4.0)
| | | | 536=1
| | | | | 10=0:malware(3.0)
| | | | | 10=1:benign(4.0)
| | | 340=1
| | | | 321=0:malware(4.0)
| | | | 321=1:beingn(7.0)
| | 757=1
| | | 2=0:malware(6.0)
| | | 2=1:benign(2.0)
| 728=1
| | 105=0:malware(7.0)
| | 105=1:benign(2.0)
48=1
| 51=0:malware(15.0/1.0)
| 51=1:benign(6.0)
```

图 7.7　决策树算法所构造的分类规则(部分)

　　检测阶段有多个步骤与训练阶段相同,同时该阶段也有一些明显的特点。两者相同的步骤有软件反汇编和序列分割,而检测阶段没有进行特征筛选,原因在于:它仅需要利用训练阶段得到的特征即可,然后使用分类器中的分类规则直接进行分类就得到了检测结果。

　　在分类算法的选择中,必须要考虑软件特征的特点。从本章构造软件特征的特点来讲,每个特征都代表中间代码中的一个基本块,这些基本块在整个软件控制流中有比较明确的语义信息,因此所构造的分类器不仅能满足软件安全性分类的需求,最好还能够在语义上体现出软件特征和安全性之间的关系。

　　基于贝叶斯网络的分类算法要求软件的特征应该相互独立,但实际上这些软件特征可能会存在相互依赖或其他关联关系,所以在本书中没有采用贝叶斯网络相关的分类算法。支持向量机(support vector machine,SVM)作为分类算法虽然有许多优点,但是它得到的分类规则对恶意软件分析却比较难以理解和解释。因此,本书选择决策树及其一些组合算法作为恶意软件检测模型中的分类算法,包括决策树算法、Bagging 算法和随机森林算法。

7.6　实验结果与分析

7.6.1　实验环境介绍

　　本章提出的基于控制流结构体的软件特征构造方法,在用于恶意软件检测时有比较好的实验结果,为了说明该方法的性能,本书同时使用文献[5]和[8]中所提出的软件特征构造方法进行比较。对于文献[5]中提出的方法称为基于 n-grams

的恶意软件检测方法,而文献[8]中的方法称为基于指令序列(instruction-based)的恶意软件检测方法。

在实验中,仅针对 Windows 平台下的软件数据集进行了测试,数据集中使用的软件都是 Windows 特有的 PE 格式文件,主要是可执行文件或动态链接库文件。实验数据集一共包含 9398 个文件,其中有 4828 个恶意软件和 4570 个正常文件。恶意软件是从 VXHeavens Virus Collection[17] 中收集而来的,该样本库是互联网中最大的开放式恶意代码库,在恶意代码分析方法研究中被广泛使用。本次实验从中选取包括 2903 个特洛伊木马、1036 个计算机病毒以及 889 个计算机蠕虫的 Win32 型恶意代码;而正常文件是从 Windows XP SP3 系统盘中提取,以及从互联网上下载的常用应用程序。正常文件和恶意软件全部经过商业级的杀毒软件验证过安全属性,这些文件经过反汇编后,至少会包含分割好的一条子序列。

本章使用 WEKA 作为机器学习和数据挖掘的软件平台,关于 WEKA 的特点和使用已经在第 2 章中有详细介绍。在进行特征筛选和分类器训练时,也是采用WEKA 自带的算法以及默认的参数。

本章提出的基于控制流结构体的恶意软件检测方法,以及参照对比的基于指令序列和基于 n-grams 的恶意软件检测方法的实验流程基本相同,区别主要在于操作符序列的划分、特征构造和特征筛选三个步骤。前文对序列划分的三种方法已经有详细的介绍和比较;特征构造和筛选也按相关文献进行数据处理。在本书的特征筛选过程中,使用阈值空间 $T=[0.2,0.6]$ 筛选软件特征,其中 T 是子序列频率和软件总数的比;基于 n-grams 方法中,选用 2-grams 的特征构造方法以及TFIDF 特征筛选方法找出前 50 项作为软件特征,这种特征构造和筛选方法在文献[5]中取得了最佳的检测准确率;在基于指令序列的方法中,按照文献[8]的做法,首先筛选出频率超过总数的 10% 的子序列作为软件特征,然后使用 Chi-Square 校验(设置 p-value$=0.01$)进行二次筛选,最后获得的特征作为机器学习的软件语义特征。

7.6.2　特征数量比较

将不定长的子序列作为软件特征时,子序列数量一定会伴随软件样本的增加而增大,本节比较了基于控制流结构体方法与基于指令序列方法中子序列与文件数量之间的关系。从图 7.8 中可以看出,在本书的数据集中,两种不定长子序列数量和文件数量基本成正比。当文件数量较少时,基于控制流结构体方法产生较多的子序列,但是当文件数量增多($m\geqslant500$)时反而少于基于指令序列方法产生的子序列数量。理论上来讲是因为基于控制流结构体方法产生的短序列更具有代表性,使得语义不同的子序列数量增速减缓。

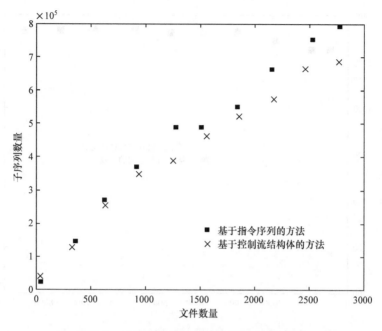

图 7.8　子序列数量与文件数量关系统计信息

　　由于文件数量的增加,子序列数量急剧增多,当文件数量达到 3000 时,子序列数量已经超过 700000,因此必须对子序列进行特征筛选。图 7.9 比较了本章所采用的方法与文献[8]中的两种不同方法在使用频率筛选时的情况。从数据上可以看出,本章的方法通过特征筛选后的软件特征数量有显著下降,并且在文件数量变化时基本保持稳定,特征最高没有超过 400;而基于指令序列的方法虽然特征数量也下降,但是相对本章的方法还是较高,最低的也在 1200 以上,即使使用 Chi-Square 校验(设置 p-value＝0.01)进行二次筛选,其特征数量也大于本章所采用的筛选方法所得的结果。

　　软件特征数量在很大程度上决定了机器学习的效率。对于决策树算法的计算复杂度为 $O(n \times |D| \times (\lg(|D|)))_i$,其中 n 是特征的数量,而 $|D|$ 是样本的数量,因此,决策树分类器在特征数量减少时,训练时间也会减少,提高了分类器的效率。

7.6.3　恶意软件检测性能比较

　　实验首先采用 10 折交叉验证构造分类器并对比它们的性能,表 7.1 中比较了三种方法对所构造出不同分类器是性能。从数据上来看,随机森林分类算法性能最优,在达到 97.0％的检测率同时只有 3.2％的误报率,而 AUC 的值为 0.993 也说明了该方法具有非常高的稳定性。Bagging 算法也有比较好的性能表现,各种检测

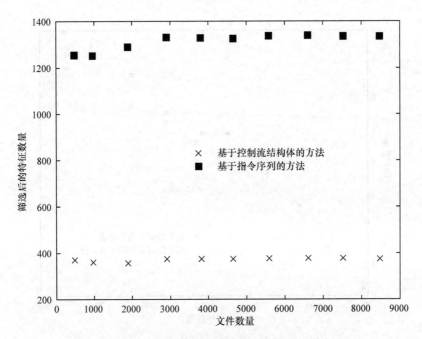

图 7.9　特征数量与文件数量关系图

表 7.1　三种恶意软件检测方法的检测模型性能对比

分类算法	特征数量	检测率/%	误报率/%	准确率/%	AUC	分类器训练用时/s
基于控制流结构体的恶意软件检测方法						
J48		95.5	4.7	95.5	0.956	13.52
Bagging	349	96.1	2.6	96.8	0.994	104.04
随机森林		97.1	3.2	97.0	0.993	5.27
基于指令序列的恶意软件检测方法						
J48		96.3	4.9	95.7	0.957	41.22
Bagging	593	96.3	3.5	96.4	0.992	256.28
随机森林		97.3	4.2	96.6	0.994	7.64
基于 2-grams 的恶意软件检测方法						
J48		93.1	7.5	92.9	0.923	8.24
Bagging	50	94.4	4.4	95.0	0.988	17.94
随机森林		96.1	5.3	95.5	0.988	5.91

指标都比 J48 算法有所改善,并且有最小的误报率。训练分类器用时表现上,同样是随机森林表现最好,原因是它采用了多个子分类器随机挑选的特征,数量上比全部特征少了许多,因此提高了训练速度。而 Bagging 使用全部特征投票的结果,增

加了分类器的数量,使用分类器训练时间也相应增加。

对比三种恶意软件检测方法,基于控制流结构体的误报率、准确率以及 AUC 的最优值在三种方法中表现得都是最好的,只有检测率的最优值(97.1%)比基于指令序列方法的最优值(97.3%)略低。这样说明基于控制流结构体的方法在检测性能上是三种方法中最好的。另外,从分类器训练用时记录了 10 折交叉验证过程中每一折的平均用时,由于本书所提方法在特征数量上较指令序列有大幅度的减少,因此分类器训练用时也相应减少。

基于控制流结构体方法与基于指令序列中都利用了中间代码的语义信息,构造的特征都是代表一定的操作含义,因此有必要比较两者生成特征的相似性。通过对比发现,基于控制流结构体方法所构造的特征集中有 246 个新特征,即有 70.5%的特征都是在指令序列方法中没有发现的。

对于 AUC 指标,基于控制流结构体方法最高(Bagging)能够达到 0.994,说明该方法在检测率(TPR)和和误报率(FPR)上有很好的折中,能够达到比较高的检测稳定性。

在本章的恶意软件检测模型中,分类器的性能在一定程度上代表了恶意软件的检测能力,但是对于验证未知恶意软件的检测能力,上述的分类器交叉验证方法不太适合。在交叉验证中,虽然每一折中分类器在学习和测试时使用的数据子集并没有重复的样本,但是在特征筛选阶段,所有样本都参与了频率统计和筛选,对于测试集就不再是“未知”的。因此,基于全体样本的特征选择后,分类器使用交叉验证并不能真正代表对未知恶意软件的检测能力,但这种验证方法却在文献[5]中被错误地用于评估分类器未知恶意软件的检测能力。

实验还采用独立测试验证的方法来说明恶意软件检测模型对未知恶意软件的检测性能。该验证方法是在软件反汇编阶段就对数据集进行划分,将数据集分成训练集和测试集两部分,每部分中的样本都是随机选定的;在使用训练集对分类器训练完毕后,再使用测试集对分类器的性能进行测试,由于这些测试样本完全没有参与训练过程,因此对于分类器是完全“未知”的。通过独立测试集得到的结果基本上能够仿真未知恶意软件检测(由于测试样本产生时间事实上存在差异,因此该结果与实际可能会存在偏差)。

实验中分别使用了不同数量的样本作为训练集,数据集中剩余样本作为测试集,即将数据集分割成训练集和测试集,分割采用按比例随机挑选。图 7.10 给出了不同比例情况下三种方法在使用随机森林分类算法时在准确率上的表现情况。从图中可以看出,训练集从 5%到 80%的过程中,基于控制流结构体方法的准确率始终最好。尤其需要指出的是,当训练集只有 5%时(包括 231 个恶意软件和 233 个正常软件),基于该方法的准确率达到 94.5%,而基于指令序列的方法只有 93.0%,基于 2-grams 的方法下降得更多,只有 89.9%。图中结果说明基于控制流结构体的方法与其他对照方法相比,在检测未知恶意软件时,不但拥有更高的准确率,而且在训练样本非常小的情况下也能保持这种优势。

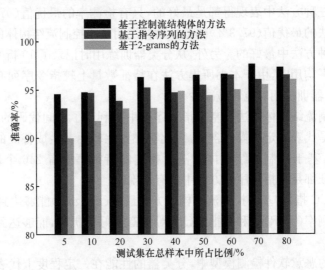

图 7.10　不同比例测试集的准确率结果

7.7　本章小结

　　本章介绍了软件控制流语义信息特征构造方法在恶意软件检测中的主要应用方式,提出了一种基于控制流结构体的软件特征构造方法,对软件反汇编后的中间代码进行重新组织,划分出软件控制流的基本块,基本块中的操作符序列体现了软件独立完整的语义信息,作为软件特征具有较好的语义代表性。使用空间向量模型对操作符序列进行量化和筛选,形成数量有限的软件特征;最后通过分类算法构造恶意软件检测规则,该规则能够对已知或未知的恶意软件进行有效识别。

　　基于控制流结构体的恶意软件检测方法中,主要工作原理和特点如下:

　　(1) 通过分析软件控制流表现,在反汇编代码中选取单入口、单出口的操作码序列作为软件特征的基本数据。由于此类数据是软件控制流基本单元的一种重要形式,同时具备语义可读性和结构完整性的特点。

　　(2) 使用向量空间模型对软件特征进行量化处理,并且使用频率分析对特征进行筛选,在大量的软件特征信息中只保留了部分软件特征,这些特征不仅具有较高的区分度,同时也有较好的代表性。实验数据表明向量空间模型与频率筛选方法所获得的特征数量比较稳定。

　　(3) 分别利用交叉验证和独立测试集验证考察了恶意软件检测模型对一般恶意软件和未知恶意软件的检测性能,实验结果表明,该模型构造的分类器最高检测率达到 97.0%,高于对比的其他方法。

参 考 文 献

[1] Bilar D. Opcodes as predictor for malware. International Journal of Electronic Security and Digital Forensics,2007,1(2):156-168.

[2] Santos I,Brezo F,Nieves J,et al. Idea:Opcode-sequence-based malware detection. Engineering Secure Software and Systems,2010,5965:35-43.

[3] Schultz M G,Eskin E,Zadok F,et al. Data mining methods for detection of new malicious executables. 2001 IEEE Symposium on Security and Privacy,2001:38-49.

[4] Moskovitch R,Feher C,Tzachar N,et al. Unknown malcode detection using OPCODE representation. Proceeding of Intelligence and Security Informatics First European Conference, 2008:204-215.

[5] Shabtai A,Moskovitch R,Feher C,et al. Detecting unknown malicious code by applying classification techniques on OpCode patterns. Security Informatics,2012,1(1):1-22.

[6] Deng P S,Wang J H,Shieh W G,et al. Intelligent automatic malicious code signatures extraction. Proceedings of the IEEE 37th Annual 2003 International Carnahan Conference,2003: 600-603.

[7] Christodorescu M,Jha S,Seshia S A,et al. Semantics-aware malware detection. 2005 IEEE Symposium on Security and Privacy,2005:32-46.

[8] Siddiqui M,Wang M C,Lee J. Data mining methods for malware detection using instruction sequences. Proceedings of the 26th IASTED International Conference on Artificial Intelligence and Applications,2008:358-363.

[9] Zhao Z,Wang J,Bai J. Malware detection method based on the control-flow construct feature of software. IET Information Security,2014,8(1):18-24.

[10] Karim M E ,Walenstein A,Lakhotia A,et al. Malware phylogeny generation using permutations of code. Computer Virology,2005,1(1):3-23.

[11] 孔德光,谭小彬,奚宏生,等. 提升多维特征检测迷惑恶意代码. 软件学报,2011,22(3): 522-533.

[12] Runwal N,Low R M,Stamp M. Opcode graph similarity and metamorphic detection. Computer Virology,2012,8(1):37-52.

[13] Smith G. Principles of secure information flow analysis. Malware Detection,2007:291-307.

[14] Kolbitsch C,Comparetti P,Kruegel C,et al. Effective and efficient malware detection at the end host. Proceedings of USENIX Security Symposium,2009:351-398.

[15] Yin H,Song D,Egele M,et al. Panorama:Capturing system-wide information flow for malware detection and analysis. Proceedings of the 14th ACM Conference on Computer and Communications Security,2007:116-127.

[16] Markov Z,Larose D T. Data Mining the Web:Uncovering Patterns in Web Content,Structure,and Usage. New York:Wiley,2007.

[17] VXHeavens Virus Collection. http://vx. netlux. org/vl. php[2015-5-2].

第8章 基于控制流图特征的恶意软件检测方法

8.1 引　　言

无论是单个指令还是指令序列,都是控制流语义信息的表现,反映出软件执行时可能的操作和功能。然而,恶意软件设计者可以通过花指令、指令替换和指令变形技术来干扰分析者获取软件真实语义信息,因此软件中间代码表现出的语法信息息也是研究者重点研究的对象。

使用软件语义信息作为软件特征时,会存在特征数量过多和语义信息不固定两个问题。一方面,为了保留最多的软件原有信息,语义信息的获取途径一般都会采用遍历或穷举的方式,虽然可以使用特征筛选的方法减少语义信息对应的特征数量,但是由于筛选过程大多依赖训练集样本的统计结果,这种方式会出现训练集改变造成特征不稳定的情况;同时特征筛选本身也会增加检测模型的复杂度,降低其工作效率。另一方面,软件设计者可以通过指令混淆技术如替代、冗余和重排等手段,使得不同的指令序列具有相同的语义信息,这种等价关系很难通过自动化的手段发现,由此可能产生内容不同的冗余特征,尤其是在符号化后的语义特征集中很难判断两个不同的特征之间的相似性。

软件的控制流结构可以抽象为控制流图,图中顶点代表某种定义好的指令序列结构,而边就是这种结构之间的关联,是控制流变化的一种表现。控制流图也被许多研究者用于恶意软件分析[1-4]。由于将指令序列抽象成图中的顶点,忽略了序列中指令的具体细节,因此可以较好地解决指令混淆带来的问题;同时,任何软件的控制流图都可以用相同的属性集合来描述,就能够使用固定的特征集合来描述软件,从这个属性集合中选择软件特征就可以避免特征对样本的依附问题。

8.2　相关工作

计算机软件作为一种结构化的智能系统,它的内在结构会体现其功能、性能和可靠性等指标。对软件结构形态的研究在一定程度上能够防止恶意软件通过指令保护或变形带来的干扰。控制流图和信息流图是软件结构形态的主要方式,都是控制流的语法信息的表现形式。

Bruschi 等[5]分析了恶意软件常采用的变形手段,然后通过代码规范化获得软件的控制流图结构,并使用子图同构的方法检测已知恶意软件的变种。软件功能的相似性通过控制流图结构的相似性来比较,研究重点主要在于图的表示以及图的相似性比较。

Anderson 等[6]利用指令执行序列建立图结构,并将其转化成图的相似性矩阵,通过支持向量机创建相应的分类算法来检测恶意软件。为了提高分析的准确性。该研究方法的重点执行序列的抽象表示以及相似性矩阵的表示方法。

Zhao 等[7]通过数理统计的方法,利用多项指标对软件内部的函数调用图进行量化,从而形成软件特征,实验结果表明,使用该方法对计算机病毒、特洛伊木马和计算机蠕虫都有较好的检测结果。研究特色是将控制流图使用更加容易描述与计算的向量进行表示,图指标的量化方法为控制流图相似性比较提供了一条可靠的途径。

8.3　软件控制流图

软件和图结构之间有着密切的联系,对于多数面向对象软件系统和部分结构化程序系统,能够使用类图对其中的软件结构及相互联系进行描述。如果将类图中的类抽象为顶点而它们之间的继承、引用等关系抽象为有向边,就可以利用有向图来表示类图,这种表示方法能够在比较高的抽象层次上研究软件系统的拓扑结构。使用图结构来研究软件系统的演化规律,或者用于发现软件系统的结构缺陷和设计缺陷,已经成为软件工程以及相关领域的一项重要研究内容[8-11]。

同样,图结构也与软件个体的信息表示密切相关。在软件设计初期,可以使用软件流程图来表示软件内部的逻辑结构、功能依赖等设计细节;在软件编译过程中,也会使用 DAG(directed acyclic graph)对基本块中的变量和数值进行监控;在反汇编得到的中间代码中,可以获得软件的控制流图和数据流图,发现软件的执行流程或数据依赖关系。因此,使用图这种数据结构来描述和研究软件是一种常用的手段。

利用控制流图来描述软件内部结构,可以在比代码级别更高层次上获得软件的特性。本章介绍的基于软件控制流图的恶意软件检测采用主要原理是:以软件反汇编后中间代码的控制流图为研究对象,从中发现控制流图中某些指标和软件安全性质之间的联系,然后利用机器学习算法构造恶意软件检测的规则。

控制流图是软件的一种抽象表示,本章所提到的控制流图特指软件经过反汇编后的中间代码形成的控制流图。控制流图能够描述软件在执行过程中控制流可能发生的变化,图中的顶点就是需要执行的代码序列,是控制流的一个基本单位;连接顶点之间的边表示两个不同控制流单位之间存在转换关系,是由这两个单位之间发生跳转、调用或者顺序执行等产生的。

8.3.1　基于单条指令的控制流图

　　根据控制流基本单位定义的不同,软件可以产生不同抽象程度的控制流图。文献[12]和[13]以单个指令为单位,每个指令都是控制流图中的一个顶点,指令之间的顺序或跳转关系形成连接顶点之间的边。在图 8.1 中描述的某个病毒文件经过反汇编后的中间代码,其对应的以指令为单位产生的控制流图如图 8.2 所示(只考虑出现的指令)。这种控制流图的特点在于能够表示出软件在运行时会执行的每一条指令以及它们的执行顺序,比较准确地描述出软件控制流的细节,适用于软件的精确比较。缺点在于包含的数据过多,图中顶点的数量接近于指令数,处理过程非常复杂;而且由于缺乏一定的抽象,对指令变形比较敏感。基于指令级别的控制流图常用于恶意软件的族群族谱研究。

```
0040B528 sub_40B528    proc near            ; CODE XREF: sub_40B46D:loc_40B4D6↑p
0040B528               cmp     dword ptr [ebp-28h], 0
0040B52C               jz      short sub_40B549
0040B52E               jl      short loc_40B53C
0040B530
0040B530 loc_40B530:                        ; CODE XREF: sub_40B528+10↓j
0040B530               call    sub_40B549
0040B535               dec     dword ptr [ebp-28h]
0040B538               jnz     short loc_40B530
0040B53A               jmp     short sub_40B549
0040B53C ; --------------------------------------------------------------------
0040B53C
0040B53C loc_40B53C:                        ; CODE XREF: sub_40B528+6↑j
0040B53C               inc     dword ptr [ebp-28h]
0040B53F               mov     eax, [ebp-24h]
0040B542               cmp     eax, [ebp-1Ch]
0040B545               jle     short loc_40B559
0040B547               jmp     short loc_40B58A
0040B547 sub_40B528    endp
```

图 8.1　Virus. Win32. HLLP 反汇编后的中间代码(片段)

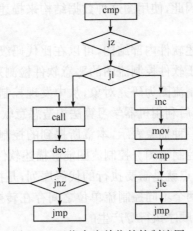

图 8.2　以指令为单位的控制流图

8.3.2　基于指令序列的控制流图

文献[1]以跳转语句划分指令序列,将两个跳转语句中的指令序列作为一个控制流基本单位,基本单位之间的调用或跳转形成相互联系。基于指令序列的控制流图如图 8.3 所示,每个顶点都包含一系列指令。这种类型的控制流图比基于指令的控制流图更加简化,不再关心指令序列内部的变化,因此从计算效率和健壮性上都比前者有所提高。但是处理控制流比较复杂的软件时,同样会出现因为抽象级别不足造成图结构复杂的情况。

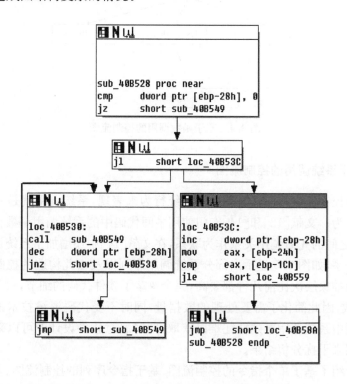

图 8.3　基于指令序列为单位的控制流图

8.3.3　基于函数的控制流图

文献[4]使用中间代码函数为单位构成控制流图,也称为函数调用图。在对二进制代码反汇编时,会使用签名库或其他技术手段发现中间代码中存在的函数结构,这种结构类似源程序定义的函数,是一种特殊的代码序列,它们都有独立完整的结构。例如,C 语言中的库函数的反汇编结果、用户在源程序中自定义的过程等。图 8.4 是某个软件反汇编后的函数调用图(部分),图中每个顶点都是一个函数,有向边代表函数之间的调用关系。函数调用图中完全忽略了具体的代码,具有非常高的抽象性。缺点在于会失去一些程序的局部信息,当二进制在反汇编效果不理想时,获得的函数数量往往非常少,从而使得函数调用图不能反映出软件控制流的完整信息。

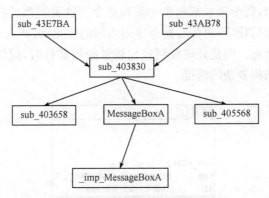

图 8.4　基于函数调用的控制流图

8.3.4　基于系统调用的控制流图

软件的控制流也可以通过软件的系统行为来表现,系统调用就是一类非常重要的软件行为。文献[12]和[14]专门使用中间代码中的系统调用函数作为基本单位,将它们之间的先后调用关系作为联系,在文献[14]中还增加了系统调用之间的数据依赖关系,如图 8.5 显示出部分系统调用序列以及由此构造的控制流图。这种控制流图抽象层次比前几种都要高,完全忽略了软件代码的细节,只关注所调用的 API 函数,因此简化了需要处理的数据量,同时不受代码混淆技术的影响。但是静态分析中系统调用序列往往难以获取,同时恶意软件设计者可以采用操纵系统调用序列来干扰分析结果。

以上介绍了基于单个指令的控制流图、基于指令序列的控制流图、基于函数调用的控制流图和基于系统调用序列的控制流图四种软件的图结构,它们虽然都是从反汇编代码中获取软件的执行信息,但是由于抽象层次不同,因此对数据的处理效率和适于应用的场合不同。基于单个指令或指令序列的控制流图充分反映了软件的执行细节,适用于软件的比较,如恶意软件族群族谱分析;基于函数调用和系统调用的序列简化了软件执行细节,但是对软件功能的描述更加直观,适用于恶意软件检测。

从软件控制流图中获取的软件结构特征,比单纯的语义信息特征更加抽象,在一定程度上能解决恶意软件设计者使用指令混淆等技术对分析工作的干扰;同时,控制流图特征也会避免出现语义特征中穷举方法造成特征数量过多的问题。

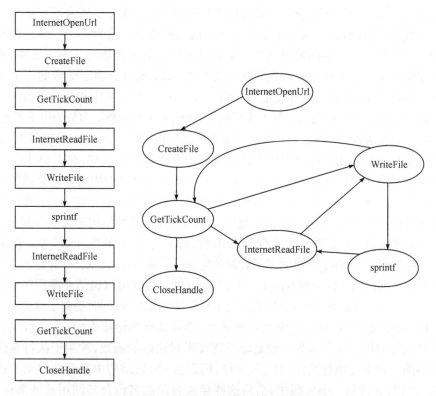

图 8.5　系统调用序列产生的控制流图

8.4　基于函数调用图的软件特征

根据前文的分析,函数调用图在抽象级别和信息完整性方面都有较好的表现。使用函数调用图作为软件控制流图,通过对图中的函数以及它们相互之间调用情况定义出不同类型的顶点结构,既能够充分表达软件控制流的内部结构,同时对软件设计风格、功能意图有准确的反映。

8.4.1　函数调用图构造

软件经过反汇编之后形成的中间代码中,有许多结构性的信息可以被标注出来,如指令序列组成的函数结构。反汇编代码中函数结构和程序设计中源代码的函数结构略有不同。源代码中的函数有非常明显的边界和格式,函数的函数名称、输入参数、输出结果以及执行代码都很容易理解。但是反汇编代码中的这些特征并不明显,只能通过一些特殊的方法对它们进行自动识别。

本章对反汇编代码中函数识别主要通过两种方法。第一种是通过调用指令和地址来识别函数,当"call"指令以及目标地址被识别后,就可以认为目标地址处是某个函数的开端,而函数的尾部是类似"ret"的返回指令。这种调用以及返回又被称为交叉引用。第二种函数识别方法是通过函数签名库实现的。该方法中,将常用程序设计语言中的库函数和操作系统提供的 API 函数等固定函数的反汇编代码放入签名库中,然后在软件反汇编代码中进行比较,发现其中相应的函数。

使用 IDA Pro 得到的软件反汇编代码中,将绝大多数函数结构分为以下五类:

(1) 常规函数:根据交叉引用情况和内部结构由 IDA Pro 自动识别函数,这类函数的原型主要是用户在源程序中自定义的函数或类似的结构,在 IDA Pro 中使用起始地址命名,如"sub_43E7BA"。IDA Pro 是利用交叉引用发现这类函数结构的,通常一个"call"指令调用的目标地址就是一个函数的入口地址,而距离该入口地址最近的"ret"指令是函数的出口地址。IDA Pro 将这种结构定义成常规函数。

(2) 库函数:通过签名库发现的库函数,如 C 语言中的"printf"等。在 IDA Pro 的签名库中,保存了大量的库函数被各类编译器编译后的格式,称为签名。如果反汇编的中间代码某段能够匹配上一个库函数的签名,就可以确信在源程序设计时该部分使用了对应的库函数,这样就简化了反汇编工作时间,同时提高了准确率。

(3) 导入表函数:导入表中出现的函数,通常是动态链接库中的函数,代表着对应的系统调用。这些函数一般是动态链接库封装好的函数,常用于执行系统调用等功能。许多可执行文件(如 PE 文件、ELF 文件)的结构中实现都注明了这些函数,如 PE 文件的 .idata 段中,会将这些导入表函数名称及其调用地址都标出,这些信息是在程序编译阶段和装载阶段产生的。

(4) 间接函数:函数体只包含一条"jmp XXXX"的指令,原型主要是源程序调用 API 函数的语句。这种函数在代码段中,是用户程序空间中调用导入表函数的一个间接手段。

(5) 入口函数:又称 start 函数,IDA Pro 将首地址是软件执行入口地址的函数称为 start 函数。函数首地址是软件的执行入口,尾地址一般是紧接的 ret 语句。

在反汇编得到的中间代码中,还有少部分代码不属于上述五类函数结构中,这些代码在分析时会被忽略。

构造控制流图时,不同类型的函数被作为图中对应的顶点,而函数之间的调用关系作为顶点之间的有向边,边的方向是从调用者指向被调用者。所有顶点和边就构成了代表软件控制流的函数调用图。函数调用图不但能从形态结构方面体现软件控制流的语法特点,而且函数类型和调用关系也表现出软件功能等语义性信息。

8.4.2　特征选择

对函数调用图中的各类信息进行指标化是特征选择的一种常用方法。将函数调用图的软件信息分成顶点信息、边信息和子图信息三大类,通过统计方法建立了一共 32 项指标,每项指标都可以作为软件的一个特征,由此可以产生基于函数调用图的软件特征集。表 8.1 描述了图特征的定义和说明。

表 8.1　基于图指标的软件特征描述

特征类型	特征名称	特征说明
顶点	顶点总数 SumofNodes	所有符合要求的函数数量
顶点种类	常规函数数量 AddressSub	函数调用图中常规函数的总数
	库函数数量 InnerSub	函数调用图中库函数的总数
	导入表函数数量 ExterSub	函数调用图中导入表函数的总数
	间接函数数量 RemoteSub	函数调用图中间接函数的总数
孤立顶点 (未发现与其他顶点 之间存在有向边)	孤立顶点总数 SumofAbsolutedNodes	函数调用图中孤立顶点的总数
	孤立常规函数数量 SumofAbAddressSub	孤立顶点中常规函数的数量
	孤立库函数数量 SumofAbInnerSub	孤立顶点中库函数的数量
	孤立导入表函数数量 SumofAbExterSub	孤立顶点中导入表函数的数量
	孤立间接函数数量 SumofAbRemoteSub	孤立顶点中间接函数的数量
终端顶点 (未发现存在指向其他 顶点有向边的顶点)	终端顶点总数 SumofFinalSub	函数调用图中终端顶点的总数
	终端常规函数数量 SumofFinalAddressSub	终端顶点中常规函数的数量
	终端库函数数量 SumofFinalInnerSub	终端顶点中库函数的数量
	终端导入表函数数量 SumofFinalExterSub	终端顶点中导入表函数的数量
	终端间接函数数量 SumofFinalRemoteSub	终端顶点中间接函数的数量

特征类型	特征名称	特征说明
入口顶点	入口顶点数量 HasStart	存在为1,不存在则为0
	入口顶点序号 StartNodeId	存在为实际序号,不存在为-1
度数	图中最大度数 MaxDegree	顶点度数(出度+入度)最大值
	所有顶点的平均度数 AverageDegree	2×(边的总数)/顶点的总数
	顶点度数的方差 VarientofDegree	所有顶点度数的方差值
边	图中边的数量 SumofEdges	函数调用图中边的总数
子图	有向最大连通子图数量 SumofGraphs	函数调用图分割成有向子图的数量
	无向连通子图的数量 SumofNondirectedGraphs	函数调用图分割成无向子图的数量
子图中的顶点	最大有向连通子图顶点数 MaxGraphNodes	最大有向连通子图中顶点的总数
	最大无向连通子图顶点数 MaxNondirectedGraphNodes	最大无向连通子图中顶点的总数
	有向连通子图顶点平均数 AverageNodesofGraphs	函数调用图分割后有向连 通子图的平均顶点数量
	所有有向连通子图顶点数的方差 VarientofGraphs	函数调用图分割后有向连通子 图的顶点数量的方差值
入口子图	入口子图的顶点数(有向图) StartGraphNodes	入口有向子图的顶点数量(不存在则为0)
	入口子图的顶点数(无向图) StartNondirectedGraph	入口无向子图的顶点数量(不存在则为0)
	是否最大子图 isStartMax	如果入口子图是最大有向子图, 值为1;否则值为0
扩展子图	前扩展子图顶点数量 ForeGraphsNodes	所有序号在入口顶点之前的 顶点引出的子图中顶点的数量
	后扩展子图顶点数量 ExtendGraphsNodes	入口顶点及之后的顶点引出 的子图中所有顶点的数量

　　软件特征主要包含顶点和边的信息。函数调用图是从软件反汇编后的中间代码中获取的,由于中间代码并非软件控制流的完整表现,获得的函数调用图大多数不是一个连通图,可能由多个互补交叉的连通图构成,因此子图的统计信息也是软件特征的重要组成部分。

　　根据函数在内存中的虚拟地址,按首地址从小到大对函数进行编号,编号从 1 开始递增。顶点的序号就对应于相应函数的编号,本章使用以下数据结构来描述顶点。

```
Typedef struct vertex_t{
addr_t start_add;          //对应函数的开始地址
addr_t end_addr;           //对应函数的结束地址
kind_t kind;               //对应函数的类型(常规函数、库函数、导
                             入表函数、间接函数及入口函数)
type_t type;               //在图中的位置(孤立顶点、终端顶点或普
                             通顶点)
vertex_t[] *in;            //所有调用本顶点的函数对应顶点
vertex_t[] *out;           //所有被本顶点调用的函数对应顶点
}vertex_t
```

　　顶点信息包括顶点对应代码的内存位置、对应函数类型的顶点数量统计。同时,根据顶点在函数调用图中的位置,将其分为孤立顶点、终端顶点和普通顶点三类。孤立顶点是指出度和入度都为 0 的顶点;终端顶点的入度大于 0,出度等于 0;而普通顶点是指除了孤立顶点和终端顶点的其他顶点。

　　边的信息代表函数之间的直接联系情况,在函数调用图中并没有对边设置权值,主要是考虑静态分析方法很难准确到获取函数之间的引用频率。在图指标设置中,边的信息主要是统计函数调用图中边的总数。

　　统计子图信息需要构造不同的子图。有向连通子图是指在函数调用图中,从一个入度为 0 的顶点开始进行遍历(深度或广度遍历都可以),直到所有入度为 0 的顶点都被遍历,这样形成若干有向子图。有向子图之间可能会有重复的顶点。无向子图遍历可以从任何一个顶点开始,直到所有顶点都被遍历。无向子图之间不存在重复的顶点。入口子图是指以入口顶点为起始进行遍历的有向或无向子图。

　　扩展子图是指一部分子图的集合。以顶点的序号从低到高排序,起始遍历顶点序号低于入口顶点的子图集合就是前扩展子图;而剩余子图集合就是后扩展子图。使用扩展子图主要是为了弥补函数之间存在的间接调用关系无法在中间代码中表现出来的缺陷。

8.4.3　特征分析

使用指标量化的方法构造出的 32 个软件特征，可以用数值型或布尔型的数据来表示它们的值。从第 3 章中使用的数据集中，剔除在反汇编过程中无法形成函数调用图的样本(被选用样本至少包含一个顶点)，剩余总共 6775 个 PE 文件，其中 1037 个计算机病毒、886 个计算机蠕虫、2778 个特洛伊木马以及 2074 个正常文件。表 8.2 给出了这些样本文件大小的统计信息。

表 8.2　数据集中样本信息统计

统计值	病毒大小/KB	木马大小/KB	蠕虫大小/KB	良性软件大小/KB
最大值	1380	4010	2730	9890
最小值	2	1	2	3
平均值	497	132	925	200
中间值	15	43	43	64

软件特征的值实际上是对软件控制流结构的量化结果，这些量化结果在很大程度上反映了不同安全性质软件的特点。根据研究发现，这些指标在正常软件和恶意软件之间存在较高的区分度。表 8.3 中统计了两类软件的多项特征的平均值，从这些数值可以看出，安全性质不同的软件，在对应特征上的表现差异明显。

表 8.3　部分图特征的平均值

数据集	VXHeavens			正常软件集
特征名称	计算机病毒	特洛伊木马	计算机蠕虫	—
顶点总数	168.05	359.79	255.81	717.79
常规函数顶点数量	114.90	210.01	106.97	564.05
库函数顶点数量	11.35	66.63	75.63	22.08
导入表函数顶点数量	19.67	20.46	13.974	105.23
间接函数顶点数量	19.70	46.93	33.30	22.29
入口函数顶点序号	34.04	29.78	22.477	259.53
孤立顶点总数	54.34	93.54	74.823	187.61
终端顶点总数	20.05	52.50	32.58	106.95
边总数量	337.80	738.70	521.226	1616.91
最大度数	21.19	29.72	22.64	96.94
平均度数	2.00	1.645	1.68	3.761
最大无向子图顶点数量	138.57	297.37	213.79	594.66
入口有向子图顶点数量	17.18	21.66	25.24	62
入口无向子图顶点数量	39.35	76.28	53.065	534.76

从顶点信息的统计结果看,正常软件的顶点总数明显高于各类恶意软件,主要原因在于正常软件中许多"大"文件,在反汇编时更容易得到顶点数量较多的函数调用图;另外,许多恶意软件针对逆向工程使用了一些特定的编程技巧,使得对其反汇编代码中的函数调用图不能代表完整的软件控制流图,因此也减少了顶点的数量。

对于不同类型的顶点,恶意软件和正常软件的分布差异也非常大,从表 8.3 可以看出,恶意软件中库函数和间接函数所占比例非常高,而导入表函数却远远小于正常软件,这意味着恶意软件较少调用导入表函数。一般来讲,正常软件的功能往往多样,需要使用大量的导入表函数来实现所需的系统调用;而恶意软件的功能比较单一,同时为了隐藏行为意图也不喜欢直接调用动态链接库,造成两者的导入表函数在数量和比例上都表现出明显差别的现象。

恶意软件和正常软件在边信息方面的统计也存在差别。正常软件的最大度数平均值要远远高于前者,这是因为正常软件中有许多系统软件和商业软件,在编程中更加重视代码的重用性,对于重要功能和常用功能多使用模块调用的方法来实现;而正常软件平均度数高于恶意软件平均度数,说明正常软件中功能模块之间的联系更加紧密,模块之间的连接更清晰,更容易被识别出来。

关于子图信息的统计信息中,正常软件的最大无向子图中顶点数量与入口无向子图中顶点数量相差不大,说明很可能在多数正常软件中两者是相同的;而恶意软件的最大无向子图和入口无向子图的顶点数量相差较大,说明两者在大多数恶意软件中都是属于不同的部分。

通过一些特征统计值的对比,发现根据函数调用图中指标定义的软件特征具备一定的区分度,但是如何利用这些特征构造软件安全性质的识别,还需要使用机器学习中的分类算法,在大量的样本中进行学习,找出分类规则,然后用于恶意软件检测。

8.5　语义特征和语法特征的比较

软件控制流中的语义信息和语法信息都可以构造成软件特征,即使在处理同一软件控制流时,不同类别软件特征反映出的软件信息也有很大差异。第 7 章介绍的基于控制流结构体的软件特征主要是通过操作符序列表达控制流语义信息;而本章介绍的基于函数调用图的软件特征,主要是通过量化图结构指标来表达控制流的语法信息。具体地,两者在构造思路、选取方法和应用特点等三方面有明显的差异。

从构造思路来讲,基于函数调用图的软件特征主要描述了软件的结构特点,即以函数为单元的功能模块的数量、分布、相互依赖程度等语法信息,这些语法信息体现出控制流正常完成软件预定义功能所需要的流程和复杂程度。而基于控制流结构体的软件特征是利用控制流中特殊的语法信息构造出基本结构体,这种以操作符序列为内容的结构体主要体现出软件的语义信息,即软件运行时所需要执行的指令序列。从恶意软件分析角度来看,控制流的语法信息较语义信息更加稳定,不容易受到指令混淆、重排和替代等编程方法的干扰;而语义信息比语法信息更直接,对理解软件的执行状况和功能特征有更好的帮助。

从选取方法来讲,基于函数调用图的软件特征是人工定义的,特征的含义和数量都取决于分析者的经验,各项特征的值都是经过统计和计算获得的,所包含的内容只是软件控制流语法信息的一个子集。而基于控制流结构体的软件特征是通过遍历代码,按照规则获取所有出现的操作码序列信息构造而成的,包含了能够得到的所有相关控制流语义信息。遍历方法获得软件特征的优点在于其全面性,为机器学习提供尽可能多的信息,有利于通过机器学习建立软件特征和软件安全性质之间的关系,得到较好的恶意软件检测规则;但是遍历方法也存在明显的缺陷,它所获得的软件特征严重依赖于样本的数量和质量,因此测试集和样本集语义信息的吻合度会对机器学习的结果产生重要影响。同时,遍历所获得的软件特征数目巨大,必须通过另外的特征筛选步骤来选定部分特征,在这个过程中,特征筛选算法又会影响恶意软件检测的速度和准确度。

从应用特点上比较,基于函数调用图的软件特征在构造时,不但依赖于软件逆向工具对软件反汇编后的中间代码,而且在建立功能模块(函数)时也需要额外的数据信息。例如,该方法对函数类型比较敏感,而多数函数类型是由软件逆向工具所配置的数据库认定的,当某段代码是被认为是库函数时,是因为在函数签名表中发现了这个函数的信息。由于软件逆向工具的性能会对函数调用图特征产生很大影响,因此选择合适的逆向工具对软件特征的构造至关重要。而基于控制流结构体的软件特征虽然也依赖软件逆向工具反汇编所得中间代码的质量,但是在构造结构体(操作码序列)时不依赖其他数据,因此该方法可以使用的逆向工具选择范围更广。

8.6　实验结果与分析

实验采用的数据集与第 7 章中基本相同,但由于不同函数调用图的大小(顶点数量)与文件大小、编程风格、文件类型以及反汇编的质量有关,为了减少这些差异性,本章将采用不同类型的恶意软件独立分析的方法,分别对计算机病毒、计算机蠕虫和特洛伊木马进行识别测试,同时考虑在分类时不同类别样本数量差异可能会引发分类器不平衡的问题[15](虽然这种不平衡问题是现实情况的真实反映),实验中减少了正常软件的数量,尽量采用 Windows 系统自带的可执行文件和动态链接库文件。

8.6.1　函数调用图中软件特征评价

基于函数调用图的恶意软件检测模型主要是利用分类算法建立恶意软件检测规则,在这个过程中软件特征选择决定了模型的执行效率和检测性能。在该模型中软件特征数量是固定不变的 32 个,比起文献[16]~[18]中使用的基于语义信息软件特征的数量要大大减少,相应会提高分类算法的执行效率。对于函数调用图特征的有效性,通过卡方校验、信息增益以及信息增益率三种特征评估方法来检验。

在计算机病毒和正常软件的检测模型中,首先利用卡方校验计算各种特征与分类结果之间的相互独立性,从统计学角度来说明所选指标与软件类别之间的相关程度。卡方校验值越大,说明该特征与类别越相关,而当值为 0 时,说明两者之间完全独立。信息增益和信息增益率从分类的角度评价某个特征的分类结果的影响程度,值越大说明对分类结果准确率影响越大。

表 8.4 中从大到小分别列出卡方检验、信息增益和信息增益率三种方法所得到的前 12 项特征的分类结果,三种特征评估方法的前两项完全相同,都与导入表函数有关,这个结果和表 8.3 中的统计结果非常吻合,导入表函数总数平均值在计算机病毒和正常软件之间的比例是 0.187∶1,两类软件该项特征值差别明显。四项特征"入口顶点序号"、"终端顶点总数"、"顶点总数"和"图中边的数量"在三种方法中同时出现并且排列比较靠前。从表 8.3 中可以看出,这些特征的特征值在计算机病毒和正常软件之间的表现差异也非常大。本章选取的函数调用图特征在多种特征评估方法中都有较好的表现,说明这些特征对软件的安全性质分类有较好的区分度,同时这些特征明显的语义信息对研究恶意软件的特点也有很大帮助。

表 8.4　三种特征评价方法的结果比较

序号	卡方校验	信息增益	信息增益率
1	终端导入表函数数量	终端导入表函数数量	终端导入表函数数量
2	导入表函数数量	导入表函数数量	导入表函数数量
3	入口顶点序号	入口顶点序号	库函数数量
4	终端顶点总数	入口子图的顶点数(无向图)	终端库函数数量

序号	卡方校验	信息增益	信息增益率
5	顶点总数	顶点总数	前扩展子图顶点数量
6	图中边的数量	终端顶点总数	入口顶点序号
7	入口子图的顶点数(无向图)	图中边的数量	最大有向连通子图顶点数
8	最大无向连通子图顶点数	最大无向连通子图顶点数	所有有向连通子图顶点数的方差
9	常规函数数量	库函数数量	图中边的数量
10	前扩展子图顶点数量	常规函数数量	前扩展子图顶点数量
11	顶点度数的方差	终端库函数数量	终端顶点总数
12	图中最大度数	前扩展子图顶点数量	顶点总数

利用 Levenshtein-Distance[19-21] 来比较三种特征评估方法所得的相似性。卡方校验与信息增益的编辑距离为 7,相似度为 0.417,其中前三项完全相同;卡方校验与信息增益率的编辑距离为 9,相似度为 0.2,其中前两项完全相同;信息增益和信息增益率的编辑距离为 10,相似度为 0.17,前两项也完全相同。这种相似性说明这些特征具有较好的稳定性,适应恶意软件检测模型中的多种分类算法。

8.6.2　分类器交叉验证

针对不同类型的恶意软件,分别使用 J48、Bagging 和随机森林三种分类算法构造分类器,表 8.5 中显示了使用 10 折交叉验证的检测准确率结果。从所有三种分类算法结果比较来看,随机森林在三个算法中检测结果最好,无论是在基于函数调用图方法还是作为对比参照的基于指令序列的恶意软件检测方法,都在随机森林分类器中达到最好的结果,实际上这种现象在第 7 章也出现过,说明随机森林算法在恶意软件检测模型中比较适合。

表 8.5　不同检测方法针对三种恶意软件的检测准确率性能对比　(单位:%)

分类算法	计算机病毒	特洛伊木马	计算机蠕虫	平均值
基于函数调用图指标的恶意软件检测方法				
J48	96.4	95.6	95.7	95.9
Bagging	95.7	95.8	96.5	96.0
随机森林	96.6	96.2	96.8	96.5
基于指令序列的恶意软件检测方法				
J48	94.5	93.8	95.0	94.4
Bagging	95.2	94.3	95.5	95.0
随机森林	95.3	94.8	96.0	95.4

对于两种不同的特征构造方法,本章提出的新方法在恶意软件检测率上要明显高于基于指令序列的方法。在任何一种相同分类方法比较中,新方法都表现出比较明显的优势,最大的差别是 J48 分类器在检测计算机病毒时,本章的方法比对照方法提高 1.9%,最小的差别是 Bagging 算法,新方法比对照方法高 0.5%;从平均值的角度,新方法在 J48 分类器中比对照方法的检测率提高了 1.4%,即使在 Bagging 中也提高了 0.5%。文献[22]指出,恶意软件中特洛伊木马和计算机蠕虫最难和正常文件区分开来,因为这些软件在设计时就经常使用伪装成正常软件的编程手段。新方法在检测特洛伊木马和计算机蠕虫时能够分别达到 96.2% 和 96.8% 的检测率,说明该方法具有非常明显的实用价值。

检测率的提高只是新方法比对照方法性能改善的一部分表现,由于基于函数调用图指标的特征构造方法事先定义软件特征,因此不需要对产生的特征进行筛选;同时,只有 32 个有效特征也大大降低了样本集进行机器学习的时间,提高了整个恶意软件检测模型的效率。

曲线下面积(AUC)代表了分类器在检测率和误报率上的折中,本章对检测模型中三种分类器的 AUC 性能进行了测试,从表 8.6 中可以看出,Bagging 和随机森林比 J48 有明显的提高,它们属于组合分类器,从表 8.4 中的检测率结果和表 8.5 中的检测结果稳定性来看,选用 Bagging 或随机森林都能够达到较为理想的性能。

表 8.6　恶意软件检测模型中的 AUC 值

分类算法	计算机病毒	特洛伊木马	计算机蠕虫
J48	0.956	0.958	0.957
Bagging	0.985	0.989	0.987
随机森林	0.988	0.989	0.983

从图 8.6 中可以比较三种分类器在不同种类恶意软件检测模型中的 ROC 曲线,从图中可以看出,各种分类器在误报率极低的情况下就能迅速地达到非常高的检测率。以特洛伊木马的 ROC 为例,当 FPR＝0.04 时,性能最差的 J48 分类器也可以达到 0.948 的检测率,这种现象充分说明本章的恶意软件检测模型中采用的分类器具有非常好的稳定性,能够在提供高检测率的同时,保持较低的误报率。

8.6.3　独立验证

在实验中还采用了独立测试集来验证检测模型对于未知恶意软件的检测能力。本实验将数据集中正常软件和计算机病毒样本按比例随机划分,一部分作为训练集,剩余部分作为测试集,两者在反汇编之前就进行相互隔离。

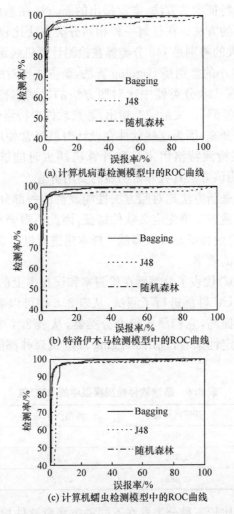

(a) 计算机病毒检测模型中的ROC曲线

(b) 特洛伊木马检测模型中的ROC曲线

(c) 计算机蠕虫检测模型中的ROC曲线

图 8.6　三种分类器在恶意软件检测模型中的 ROC 曲线比较

在图 8.7 中,以 J48 分类器为例测试了训练集样本数量变化时两种检测模型的检测率性能。从图中的数据来看,在多数情况下,本章提出的新方法在性能上都优于所对照方法,只有在训练集比例占 10% 时,基于指令序列的方法检测率会略高于基于函数调用图特征的方法;而当该比例增加或减少时,本章的方法所取得的检测率要明显好于基于指令序列的方法,尤其当训练集比例非常小时。当训练集比例从 10% 降到 1% 时,新方法的检测率从 91.7% 降到 87.7%,与此同时,对照的基于指令序列检测方法却从 92.1% 降到了 81.4%,可以看出,在训练样本极小的情况下,本章所提出的基于函数调用图恶意软件检测模型还会保持较高的检测性能和比较稳定的检测能力。

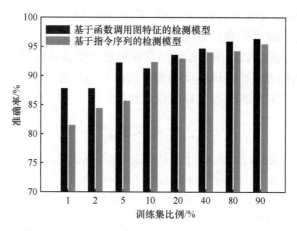

图 8.7　不同比例训练集时 J48 分类器的准确率对比

　　基于函数调用图特征的检测模型之所以比对照方法在小训练样本时有明显优势，这和它们的特征选取方法有密切的联系。基于函数调用图特征是根据经验事先定义的，与训练集中软件数量多少或者反汇编后中间代码的指令如何都没有关系，因此在机器学习过程中，训练样本不足除了降低所得检测规则的全面性，没有其他负面影响；而所对照基于指令序列的检测模型中软件特征通过遍历控制流语义信息所得，测试集和训练集的语义信息吻合度会严重影响检测结果的准确率，显然，当训练集数量太少时，双方的吻合度会大大降低，因此检测率会明显下降。

8.7　本章小结

　　本章介绍了恶意软件研究软件控制流图的构造方法和特点，重点讨论了量化软件控制流图构造软件特征的方法，以及利用分类算法构造恶意软件检测模型的过程。软件控制流图是软件语法信息的一种表现形式，如何将其转化成可以量化分析处理的数据是此类恶意软件检测方法研究的重点。

　　本章提出的函数调用图特征对已知和未知恶意软件都有很好的检测性能，在极少的学习样本下还能保持较好的计算机病毒检测率。该方法的工作原理和特点主要如下：

　　（1）构造多类型顶点的图结构表示函数调用图。根据反汇编过程中函数的构成特点可将其分为常规函数、库函数、导入表函数和间接函数四种类型，同时依据它们之间的引用情况构造以函数为顶点、调用关系为边的有向图来描述软件控制流图。

　　（2）通过量化函数调用图指标构造软件特征。分别从顶点、边和子图三方面构造描述函数调用图的 32 项指标，利用量化手段产生描述函数调用图的软件特征,这些特征不但能比较全面地体现函数调用图的结构特点,同时对软件安全性质分类也具有较好的统计性和区分度。

(3) 验证基于函数调用图特征的恶意软件检测模型的性能。分别通过交叉验证和独立测试两种方法验证该模型的恶意软件检测性能,两种方法都证实检测模型对不同类型恶意软件都具有较好的检测性能。

参 考 文 献

[1] Bonfante G,Kaczmarek M,Marion J Y. Control flow graphs as malware signatures. International Workshop on the Theory of Computer Viruses,2007.

[2] Jeong K,Lee H. Code graph for malware detection. International Conference on Information Networking,2008:1-5.

[3] Park Y,Reeves D,Mulukutla V,et al. Fast malware classification by automated behavioral graph matching. Proceedings of the Sixth Annual Workshop on Cyber Security and Information Intelligence Research,2010:45.

[4] 左黎明,刘二根,徐保根,等. 恶意代码族群特征提取与分析技术. 华中科技大学学报(自然科学版),2010,(4):46-49.

[5] Bruschi D,Martignoni L,Monga M. Detecting self-mutating malware using control-flow graph matching. Detection of Intrusions and Malware & Vulnerability Assessment,2006:129-143.

[6] Anderson B,Quist D,Neil J,et al. Graph-based malware detection using dynamic analysis. Journal in Computer Virology,2011,7(4):247-258.

[7] Zhao Z Q,Wang J F,Wang C G. An unknown malware detection scheme based on the features of graph. Security Communication Networks,2013,6(2):239-246.

[8] He K,Peng R,Liu J,et al. Design methodology of networked software evolution growth based on software patterns. Journal of Systems Science and Complexity,2006,19(2):157-181.

[9] Valverde S,Solé R V. Logarithmic growth dynamics in software networks. EPL (Europhysics Letters),2005,72(5):858.

[10] Vasa R,Schneider J G,Woodward C,et al. Detecting structural changes in object oriented software systems. 2005 International Symposium on Empirical Software Engineering,2005:479-486.

[11] Jing L,Keqing H,Yutao M,et al. Scale free in software metrics. Computer Software and Applications Conference,2006,1:229-235.

[12] Runwal N,Low R M,Stamp M. Opcode graph similarity and metamorphic detection. Computer Virology,2012,8(1):37-52.

[13] Bonfante G,Kaczmarek M,Marion J Y. Architecture of a morphological malware detector. Journal in Computer Virology,2009,5(3):263-270.

[14] 杨轶,苏璞睿,应凌云,等. 基于行为依赖特征的恶意代码相似性比较方法. 软件学报,

2011,22(10):2438-2453.

[15] Moskovitch R,Stopel D,Feher C,et al. Unknown malcode detection via text categorization and the imbalance problem. IEEE International Conference on Intelligence and Security Informatics,2008:156-161.

[16] Santos I,Brezo F,Nieves J,et al. Idea:Opcode-sequence-based malware detection. Engineering Secure Software and Systems,2010,5965:35-43.

[17] Moskovitch R,Feher C,Tzachar N,et al. Unknown malcode detection using OPCODE representation. Proceeding of Intelligence and Security Informatics First European, 2008: 204-215.

[18] Siddiqui M,Wang M C,Lee J. Data mining methods for malware detection using instruction sequences. Proceedings of the 26th IASTED International Conference on Artificial Intelligence and Applications,2008:358-363.

[19] Apel M,Bockermann C,Meier M. Measuring similarity of malware behavior. IEEE 34th Conference on Local Computer Networks,2009:891-898.

[20] Hirschberg D S. A linear space algorithm for computing maximal common subsequences. Communications of the ACM,1975,18(6):341-343.

[21] Hirschberg D S. Algorithms for the longest common subsequence problem. Journal of the ACM (JACM),1977,24(4):664-675.

[22] Shaflq M Z,Tabish S M,Mirza F,et al. PE-miner:Mining structural information to detect malicious executables in realtime. Proceeding of Recent Advances in Intrusion Detection 12th International Symposium,2009:121-141.

第 9 章　软件局部恶意代码识别研究

9.1 引　　言

恶意软件通过感染技术将自身部分代码注入正常文件中,即使恶意软件本身被检测出来甚至被删除,都不会影响其在软件系统中的生存。恶意代码注入已经成为病毒和蠕虫的重要传播方式,它们会通过感染技术对一些文件进行批量注入,例如,一些 Win32 型计算机病毒会遍历当前目录或重要系统目录中的文件,对符合感染条件的所有 PE 文件进行恶意代码注入,要将这些文件全部检测以及正确处理需要花费很大代价。

由于用户的安全意识日益增强,对陌生软件的执行具有较高的警惕性。恶意软件通过开机自动运行等方式获得代码执行权时,容易被简单系统检查所发现,因此恶意软件往往还会采用更加隐蔽的执行方式。通过将恶意代码注入正常文件中,在其运行过程中执行恶意代码,更加容易获得系统的执行权。一些恶意软件会对一些关键或常用的系统文件进行感染,如感染 Windows 系统的 explorer.exe,常用的 .dll 文件等,这样就大大增加了恶意代码被执行的机会。

感染上恶意代码的软件通过网络或其他介质进入新的软件环境中,也会给系统带来很大的威胁。例如,通过感染一些特定的视频文件、硬件驱动文件和安装文件,恶意代码就有了隐蔽执行的机会。TP-Link 官方网站下载专区中型号为 TL-WDN4800 的无线网卡驱动程序 V1.0 版被发现携带 Alman 病毒[1]。

绝大多数 PE 文件在编译阶段和装载进入内存时,系统会对其进行一些优化和格式要求,使得代码本身具有统一性。被恶意代码注入之后,原有代码和后注入代码之间的编码风格、结构特点等就会存在许多差异。这些差异在软件控制流中的表现如图 9.1 所示,主要反映在以下几点:

(1) 注入代码和原有代码之间缺乏联系。由于恶意代码在注入前不可能知道宿主的所有代码细节,因此只能采用简单的代码块添加、控制权转入和转出等关键技术实现代码注入。这种情况在代码段中表现出双方代码只能通过一个或几个跳转语句进行连接,而且绝大多数恶意代码需要一次性执行完毕,这些连接语句往往只出现在恶意代码控制流的首部和尾部。

(2) 注入代码和原有代码在逻辑地址空间中位置有较大差别。原有代码在编译时确定了逻辑地址空间,这些地址往往是从最低的逻辑地址到高地址连续排列。注入代码的逻辑空间有三种:第一种是重新开辟逻辑空间装载代码;第二种是利用剩余逻辑空间装载代码；第三种较为复杂，它将原有的逻辑空间中的代码移出并保存在某个空间，将恶意代码放入这些空间中。

（3）注入代码和原有代码编码风格上也存在差异。原有软件在编程时为了提高开发效率，会经常使用库函数，这些库函数有标准的参数，比较容易被识别；注入代码为了减少代码数量，注重代码执行效率而非代码的重用性。在调用系统函数方面，原有代码在编译期间会直接将相应的动态链接库中的相关函数填入导入表中，可以直接通过 call 指令直接调用导入表中的函数；而注入代码事先难以获知导入表中函数的逻辑地址，因此不能直接调用这些函数。

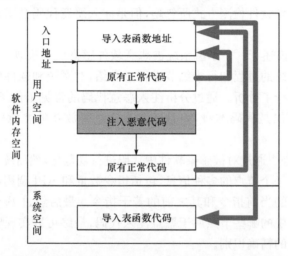

图 9.1　被感染软件加载后控制流结构异常表现示意图

由于恶意注入代码对宿主软件影响的复杂性，现阶段软件复原方法基本上只有备份覆盖和专杀工具两种。前者不但引起大量的系统负荷，而且可能会对用户数据造成损坏；后者通过专家对特定恶意软件分析并采用逆向操作实现文件复原，成本高昂并且效率低下，并且不能处理未知感染。大多数恶意代码感染为了做到隐蔽执行，都不希望破坏宿主软件原有功能。对于这种"良性"感染，本书根据被感染软件控制流的异常表现，研究一种通用的注入恶意代码识别方法，为文件复原提供新的解决思路。

9.2　相　关　工　作

信息系统被感染后主要表现在两个方面：第一种感染方式是系统被植入恶意软件，这种感染可以通过检测并使用简单的删除即可清除安全隐患[2-4]；另一种感染方式是一些系统或用户软件被注入恶意代码，这种感染方式比较难被发现，也是恶意软件经常表现出的一种恶意行为。面对被恶意代码感染后的软件,传统的恢复方法都是采用原始的备份系统或数据对其覆盖,这对于一些标准的系统软件或许比较适合,但对于一些缺少备份的专用软件或用户隐私要求较高的特殊软件,整体的系统恢复会造成个人数据或者软件不可估量的损失。

Szor[5]比较全面地介绍了计算机病毒的工作原理及通常使用的编程技术等,并且详细讨论了计算机病毒感染计算机系统的过程,尤其对计算机病毒将恶意代码通过文件读写操作注入正常文件中的技术进行了详细的分析。

Stolfo 等[6]的研究说明文档文件及可执行文件中隐藏恶意代码很容易被传统基于特征码的恶意软件检测方式所忽略,但是注入恶意代码会明显影响这些文件的字节统计信息。

Logan 等[7]描述了一个小型系统被恶意软件感染后的表现和恢复过程,对该恶意软件感染系统的过程和行为细节进行了介绍,对系统和软件感染上恶意代码后的异常表现进行了分析。通过分析注入恶意代码的常见工作场景,指出恶意代码感染的危害不仅是代码本身,而且还常常通过释放新的恶意软件对系统进行破坏。

Eskandari 等[8]通过对被感染软件中代码进行规范化,然后统计由这类指令构成的控制流图中每个节点的多种信息,包括指令数量和 API 调用数量等。统计的范围包含该节点的当前指令和其之前的若干指令。最后经过 Bayesian 网络学习和标识控制流图中的哪些节点属于恶意注入代码,最终可以实现感染检测以及恶意注入代码位置的精确识别。

与感染检测密切相关的是系统复原研究,Yu 等[9]通过监控计算机系统工作流建立连续时间马尔可夫链模型,当发现恶意代码造成数据损坏或行为异常时对系统进行复原,该方法同时也可以用于分布式系统的感染复原[10]。Hsu 等[11]通过对不可信软件的行为及日志进行监控,发掘系统出现异常时根据日志对系统进行恢复。Paleari 等[12]通过专用环境对恶意软件行为进行监控,记录它们对系统造成的影响,然后通过逆向行为来恢复感染后的系统;然而对于文件感染的处理,只是根据文件名判断是否操作系统文件,如果是操作系统文件就通过文件覆盖方法进行复原。上述文献中在处理被感染软件或系统时,都不能完全准确发现注入恶意代码,因此对软件感染后的修复基本上都是采用原文件覆盖的方法来实施。这些备份恢复来修复被感染的系统或软件的方式,会同时对许多正常软件(或代码)进行不必要覆盖。

在应用中,还有一些恶意软件专杀技术可以对特定的软件感染进行识别。这种技术首先需要专业人员对某个恶意软件的感染原理和影响进行详细分析,然后根据被感染对象的实际情况制定恶意注入代码识别策略。此类技术需要的研发代价以及其工作的滞后性并不能适用于大多数的恶意软件感染情况。

由于对软件感染后恶意代码识别的理论成果有限,工程领域和实际应用方面只能采用效率较低的方式来处理软件感染。许多国外的应用型发明专利如文献[13]～[16],都对软件被计算机病毒或其他恶意代码感染后的恢复工作做了具体介绍。它们多数都是通过软件快照(snapshot)方式保存其多个正常状态,当发现软件感染时将其重新恢复成最近的一个快照。与原文件覆盖方式相比,这种方法可以较好地保护用户的一些即时数据,但是一些正常的系统行为因为系统的回滚(rollback)而白白浪费系统资源,会严重影响系统的工作性能。

9.3　恶意代码感染技术

恶意软件采用的关键感染技术主要有内存地址重定位、API 地址获取和修改宿主软件代码等。内存地址重定位是指在感染后的恶意代码中的指令或数据在内存中的地址与编译时的地址可能会发生变化,要想正常使用这些指令或数据时就必须根据在宿主软件中的注入位置,采用更灵活的地址重定位技术来调用指令或引用数据。API 地址获取技术是因为宿主软件中调用的 API 地址是动态链接确定的(在 .text 节或 .idata 节中),恶意代码很难事先知道这些地址,必须通过间接计算的方式来获得所需 API 的地址。修改宿主软件代码是因为需要获得软件执行时的控制权以及隐藏恶意代码特征所必需的、但多数感染都不会破坏宿主软件原有的功能。

对宿主软件内影响的主要是恶意软件采用的修改宿主软件代码技术,不同的技术会对宿主软件产生不同的后果,下面主要从控制流结构和代码布局两方面介绍恶意代码注入对宿主软件的影响。

9.3.1　修改程序控制流

恶意注入代码对软件控制流的修改是为了获得控制权,从而优先执行恶意代码,当恶意代码执行完毕之后再将控制权交还给原有代码。这样做可以增加恶意代码被执行的概率,同时提高恶意行为实施期间的隐蔽性。

直接修改软件执行入口地址是感染型计算机病毒最早使用的技术,它通过将PE 文件头部的属性信息值(address of entrypoint)改为病毒代码入口位置,使得软件执行从恶意代码开始,然后在恶意代码的最后一条指令使用跳转语句返回原入口地址。

直接修改软件执行入口地址的方法能够保证注入恶意代码优先执行,如 Virus. Win32. Tenga. a 就会采用这种感染技术。许多杀毒软件也会利用这种特点检测软件是否被感染,因此,许多恶意代码设计者会采用更为复杂的 EPO(entry-point obscuring)技术获得指令执行控制权[17]。EPO 是指入口模糊化技术,是将恶意代码的执行入口置于 PE 代码段的中间某个位置,从而减少被查出的可能。

EPO 也根据隐蔽程度分为替换入口指令和替换任意指令两种。前者是将宿主软件执行入口的第 1 条指令换做跳转指令使得控制流转向恶意注入代码;后者是在软件代码段中选择某条指令,并将其修改成调用恶意代码的跳转指令。这个跳转指令就是控制流中原有代码和注入代码的一条分界指令,由于替换入口指令位置固定且容易发现,下面重点讨论第二种替换代码段内指令的方法。

比较简单的 EPO 实施方法是从入口指令遍历,直到发现一条跳转指令"jmp"或"call",将指令的操作数改为注入代码的入口地址。为了提高隐蔽性,EPO 技术还可以通过修改导入表函数调用地址入口来获得控制权,原因是这类调用在代码中经常出现,容易快速获得。如图 9.2 所示,恶意代码在感染期间首先搜索值"ff15",然后将其所在指令改为改为"call yyyy",地址"yyyy"是注入恶意代码的起始位置。在注入恶意代码最后,使用"push"指令将原"xxxx"的下一条指令地址压入栈中,用于执行系统调用后返回原代码处继续运行。而恶意代码段的最后一条指令是跳转到真正的系统调用中。为了保证恶意代码一定会被执行,恶意软件设计者常常会尽早地修改跳转指令,或是对必须执行的系统调用如"ExitProcess"进行替换。

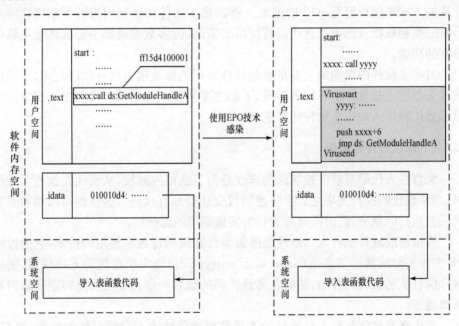

图 9.2　EPO 感染过程示意图

通过注入代码对宿主控制流影响的分析,可以看出两类代码(原有代码和注入代码)之间的边界是一些特定跳转语句,恶意注入代码正是利用这些跳转语句来操纵控制流在自身和原有代码之间进行切换,启动隐秘实施恶意行为的目的。

9.3.2　恶意注入代码存储位置

　　恶意注入代码在宿主软件中的位置与感染技术密切相关,通常分为添加新节感染、节空隙感染、覆盖式感染和捆绑式感染等类型。由于捆绑式感染是将原有代码当做注入代码的一部分,已经失去感染的隐蔽性,因此不在本书的研究范围内,以下分别讨论剩余三种感染方式的注入代码存储位置。

　　添加新节感染是将注入代码作为一个新的代码节加入软件原有节之后,同时修改节表和文件大小等相关属性值。这种方法实现比较简单,是早期 Win32 病毒感染软件的主要方式。被感染的宿主软件中原有代码和注入代码分界明显,只要确定恶意代码段(一般是最后的那个代码段)即可区分两者。

　　利用节空隙感染方法实现比较复杂,它是通过计算软件原有节空隙(节尾部未被有效代码或数据占用的空间)的大小,将恶意代码放入其中。这种方法使得注入代码和原有代码在一个节内,同时注入代码有可能分布在不同的节中,为区分两者带来了困难,因此采用有效的方法合并注入代码是区分两者的关键。

　　恶意软件 Virus.Win32.Tanga.a 是通过增加软件最后一个节的长度,并将恶意代码注入由此产生的节空隙中,同时通过修改软件执行入口地址获得控制权。图 9.3 是该恶意软件对某应用程序感染前后引起的节表信息变化情况,从"感染后"的节表信息可以看出,恶意软件修改了宿主软件最后一个节".rsrc"的长度,并且将其属性改为"可执行"。从图 9.4 中可以看出,在节".rsrc"空隙中增加了恶意代码,同时软件执行入口也指向这里。

Name	Start	End	R	W	X	D	L	Align	Base	Type	Class
.idata	01001000	01001348	R	.	X	.	L	para	0001	public	CODE
.text	01001348	01009000	R	.	X	.	L	para	0001	public	CODE
.data	01009000	01008000	R	W..	.	.	L	para	0002	public	DATA
.rsrc	0100B000	01013000	R	.	.	.	L	para	0003	public	DATA

(a) 感染前

Name	Start	End	R	W	X	D	L	Align	Base	Type	Class
.idata	01001000	01001348	R	.	X	.	L	para	0001	public	CODE
.text	01001348	01009000	R	.	X	.	L	para	0001	public	CODE
.data	01009000	0100B000	R	W..	.	.	L	para	0002	public	DATA
.rsrc	0100B000	01014000	R	.	X	.	L	para	0003	public	CODE

(b) 感染后

图 9.3　某软件被感染前和感染后的节表信息

```
.rsrc:01012F20                          public start
.rsrc:01012F20 start                    proc near
.rsrc:01012F20                          push      edx
.rsrc:01012F21                          pusha
.rsrc:01012F22                          mov       ecx, 739Dh
.rsrc:01012F27                          call      $+5
```

图 9.4　某软件被感染后的软件入口地址处代码信息

　　覆盖式感染对原有软件代码布局影响最大,也是最复杂的感染方法。恶意代码可以覆盖宿主软件的一些无用数据如 EXE 文件的重定位表来添加代码,也可以覆盖宿主软件原有代码来添加恶意代码。为了保持宿主软件原有的功能,在覆盖原有代码之前会对这些代码先进行处理(如压缩)并备份,将其保存在另外的空间,当需要时再将它们还原。这样增加了恶意代码的隐蔽性以及文件复原的难度。

　　Worm. Win32. Mabezat. b 是一种感染性非常强的计算机蠕虫,它感染正常软件后注入的恶意代码采用了加壳、变形等多种编程技术提高代码的隐蔽性,因此对这种恶意代码采用特征码的分析方式效果不太好;同时使用覆盖式感染将恶意代码保存在宿主软件代码原有位置。对这类感染方式的常规处理方法是使用逐步调试技术来区分恶意代码和正常代码。这种方式不但需要非常专业的分析经验,并且需要花费大量分析时间。

9.4　恶意代码段识别

　　恶意注入代码感染正常软件后,不仅仅对软件内部代码布局产生了影响,同时也会影响软件结构和数据。

　　感染会造成宿主软件代码数量的改变。恶意代码注入宿主软件后势必改变代码的数量,添加新节感染和利用节缝隙感染只是单纯地增加恶意代码数量,而覆盖式感染有可能处理原有代码,使得总代码数据不变或减少,因此不能单纯地认为感染一定会增加软件长度。

　　感染会引起宿主软件结构属性的变化。恶意软件在感染时,有可能会改变软件原有的结构属性值,例如,添加新节感染会修改节表属性值,覆盖式感染有可能将原来只读的段改为读、写和可执行,还有一些感染会修改节的长度等现象。

　　感染也会致使宿主软件中间代码控制结构的异常。原有代码在编译期间经过语法分析和优化时会对控制流异常进行检测和调整,因此控制流中基本不会有跳转到无效地址、越界访问的情况,然而注入的恶意代码中,这些现象都有可能出现,尤其是在覆盖式感染中。

9.4.1　控制流结构异常表现

如果将被感染后的宿主软件代码分为原有和注入两部分,可以看出两者在许多方面都有所不同,如设计风格、模块联系、系统调用实现、存储位置等都有各自特点。这些特点反映在软件控制流的语法和语义信息中,主要如下:

(1) 两者之间功能模块联系有限,典型情况下只有在注入代码的首句和尾部通过跳转语句实现双方的联系。即使在恶意代码使用覆盖方法占用原有代码部分空间的情况下,原有联系也会出现大量错误引用或调用的情况。如图 9.5 所示,软件被恶意代码覆盖后在原有代码部分也产生了许多错误代码调用(CXref Error 是指进行代码引用(跳转或调用)时目标地址不是正常代码),而这些错误代码调用的目标地址全部在恶意代码覆盖区域中。

(2) 设计风格的差异主要是因为一些恶意代码为了隐藏自身,往往会采用加密、多态等设计手段来改变特征码,因此会出现静态分析时代码不符合语法规则的现象。如图 9.5 所示,恶意代码注入部分有大量的数据引用错误(DXref Error 是指数据引用时目标地址出界或并非有效的数据)情况,这是因为该代码采用了简单的加密方式造成静态反汇编后代码语法出错。

(3) 在执行系统调用时,两者实现方式有重大区别。按照常用的编程方式,都是通过 API 调用实现系统调用,在中间代码中可以清楚地看到这些系统调用是通过调用导入表函数来实现的。而感染代码中,无法实现确定软件导入表的情况,因此执行系统调用时必须自己来查找 API 函数地址,最常用的方法就是通过 Get-ProcAddress 和 LoadLibrary 两个 API 来搜索其他 API 所在动态链接库文件(.dll)的位置及内存地址。图 9.5 统计了两种不同代码在导入表函数调用时的情况,从图中可以看出,原有代码中可以发现大量的导入表函数调用,而注入的恶意代码却没有出现一例,即使对注入代码进行动态解密,该段也只有 GetProcAddress 和 LoadLibrary 两个导入表函数调用。

恶意注入代码除了对宿主软件造成上述影响,还会产生其他影响。例如,将代码注入数据段时,会同时修改该段属性为可执行,因此反汇编软件会将原来一些数据误认为是代码,这种错误反汇编会产生大量"零散"的代码。

9.4.2　控制流基本结构 BasicBlock 识别

为了正确区分原有代码和注入代码,首先需要将代码组成一种基本结构,在这种结构中的代码一定会属于同一性质(原有代码或注入代码);然后根据基本结构之间的关系,将属于同一性质的结构合并;最后根据结果的特征确定哪些属于注入代码。

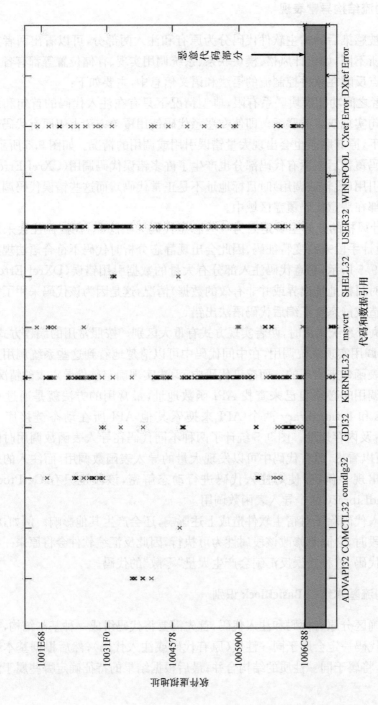

图 9.5　Mabezat.b 感染某应用程序后的系统调用情况统计

为了帮助分析者更方便地认识软件,许多软件逆向工具提供了代码分析与组合功能。IDA 中可以将反汇编后的代码分为函数(function)和非函数两种,函数是 IDA 根据代码结构、签名或调用情况产生的一种结构化的反汇编代码序列,而非函数结构是因为反汇编过程未能识别或其他原因无法构造的代码。本书设计的控制流基本结构 BasicBlock 会包括中间代码中出现的所有函数或非函数代码,但这两种代码产生 BasicBlock 时的方法略有差异。

函数是一个完整的结构,函数中的数据和代码只能在程序编译期内同时被创建。当恶意代码将自己的代码部分注入函数内部时,一般情况下会破坏函数结构,使得 IDA 无法将其识别为某类函数;但是也有可能将精心设计的注入代码和原有代码错误识别为同一个函数体。本书只考虑两种基本情况,一种是函数前部是注入代码,另一种是函数后部是注入代码。如图 9.6 中描述,当第一种情况出现时,注入代码的首句指令存在被外部引用的情况,包括数据引用、远跳转("jmp"指令引起)和调用("call"指令引起)三种类型,只有这样,恶意代码才能获得指令执行的控制流;而第二种情况由此处恶意代码执行完毕后跳转引起,也需要直接的远跳转、调用或其他跳转指令(如"retn")才能实现。

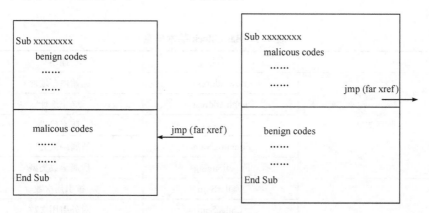

图 9.6　函数内部的恶意注入代码

根据以上分析,对于 IDA 识别的函数,可以将它们分为两类,一类是结构完整并且在代码中不包含外部引用或被引用(除首条指令),可以当做一个完整的 BasicBlock;另一类是包含外部引用或被引用,那么就要以引用或被引用位置为分界,将其分为两个或多个 BasicBlock。

非函数的代码中,可以根据出现的控制流转移情况对其划分。正常情况下,相邻的指令序列在没有发生出现如"jmp"、"call"和"retn"等跳转操作符时都有可能按地址顺序逐条执行,这些指令序列可以看成一条控制流,并由此构成软件代码的基本单位。但是,在发生感染的情况下,恶意代码可以在任意位置出现,有可能在一条顺序流中会出现两类代码,因此需要更细致地划分才能得到控制流基本结构。

本书采用断点分割的方法获得非函数指令序列的 BasicBlock,将引起或出现控制流转移的指令或位置作为整个代码段的断点,两个断点之间的代码序列就可以作为 BasicBlock 的内容。断点需要满足下列条件之一即可:

(1) 操作符为"jmp"、"call"和"retn"的指令,这些指令一定能引起控制流的转移。

(2) 发生代码引用的位置,即"jmp"或"call"的跳转目标地址。

这种定义和第 3 章中介绍的"基本块"非常相似,所不同的在于 BasicBlock 不使用条件转移指令如"jz"、"jcc"等指令作为断点,同时增加"call"作为断点。这主要是考虑到绝大多数注入恶意代码和原有代码的分界是使用无条件跳转指令实现的。

为了更加完整地描述每一个 BasicBlock 的特点,除了提取它们所包含的指令和数据,还对于它们产生的交叉引用等信息进行了处理。表 9.1 是一个 BasicBlock 所包含的基本信息,在其中的"引用"信息,定义了一个 BasicBlock 结构与其他结构之间的联系,这些联系是进行 BasicBlock 合并以及性质判断的重要依据。

表 9.1　BasicBlock 基本信息

	属性	描述
数据信息	LowAddress	起始内存地址
	HighAddress	终止地址
	Codes	所有代码
	FunctionName	所属函数名称
	FunctionFlags	所属函数类型
引用信息	CallerSum	被引用次数
	CalleeSum	对外引用次数
	CallerCorrupt	无效的被引用次数
	CalleeCorrupt	无效的对外引用次数
	Apicallee	调用导入表函数数量
	Xrefs	所有的引用数据
性质	Nature	良性、恶意或未知

9.4.3　BasicBlock 之间的联系

模块化和代码复用是现代编程技术的重要特点,在软件控制流中会表现出模块之间的频繁调用,在这些调用关系在反汇编代码中被称为"Xref"(引用),包括

"Data Xref"和"Code Xref"两种,"Xref"反映出引用者"Caller"和被引用者"Callee"之间存在一定的逻辑关系。二进制软件经过反汇编后,中间代码中主要的引用包括对"idata"节中数据的引用,函数内部通过条件和非条件跳转指令("jmp"、"jz"、"jbe"等)产生的代码引用,函数之间利用"call"调用产生的代码引用等形式。

PE 文件中各种节都有特殊的功能,如全局变量会保存在". idata"节中,代码段指令读写这类数据时会产生 Data Xref。对于导入表函数的调用有两种方法,一种是通过"call"(机器指令"ff15")远程调用. idata 节的导入表函数(实质上是动态链接库对应函数的入口地址),另一种是通过 thunk 函数的"jmp"(机器指令"ff25")调用 idata 节的导入表函数。这两种调用都形成了代码引用。

除了段(节)之间的远程引用,在代码段中出现最多的是近调用。函数内部的条件转移指令("jz"、"jnz"和"jbe"等)的操作数都采用了相对地址,在一定程度上表明它们之间都是同一编译时间内产生的;无条件转移指令主要有"jmp"、"call"和"retn"等。根据机器指令表示上的差别[18],"jmp"可以分为 Near jump(机器指令"EB")、Short jump(机器指令"E9")和 Far jump(机器指令"FF"),Near jump 和 Short jump 采用的都是相对地址,基本是某类结构体(如函数)内部引用;而 Far jump 可以使用绝对地址,能够用于结构体之间甚至不同段的数据或代码引用。同样,"call"指令也分为 Near call 和 Far call,Far call 常用于不同段(如代码节和导入表节之间)的代码引用,而 Near call 是代码段内部的引用,IDA 常常会根据 Near call 构造新的函数。

BasicBlock 之间的联系正是通过各种引用产生的,根据前面介绍的 BasicBlock 构造原则,任何软件在 IDA 反汇编获得的中间代码都可以被分割成函数型 BasicBlock(简称 F_BBlock)和非函数型 BasicBlock(简称 NF_BBlock),因此会出现函数内 F_BBlock 之间、F_BBlock 和 NF_BBlock 之间以及 NF_BBlock 之间三种联系。

函数内部的 F_BBlock 之间主要通过条件转移指令和 Near jump 实现联系。当两个 F_BBlock 同属于宿主软件时,它们之间的联系有可能是双向的;而当它们分别是原有代码和注入代码时,这种联系就变成单向的,因为这时注入代码不可能将控制流转向原有代码。原有代码的引用会产生两种后果,一种引用地址合法(注入代码在此恰好有一条合法指令),另一种会产生一个错误的代码引用。

F_BBlock 和 NF_BBlock 之间的联系也可以看成不同函数之间的联系,除了类似 F_BBlock 之间的引用,它们之间会存在 call 调用和 Far jump 跳转。根据人们对 BasicBlock 的定义,这两种引用都是一个块结束指令对另一个块起始指令的引用。

NF_BBlock 之间联系比较复杂,因为它们有可能属于同一函数,也有可能分属于不同函数,因此它们之间的联系包含前面介绍的所有联系。

9.4.4 控制流基本结构合并

本书设计的恶意代码识别方案采用"先划分后合并"的原则。对中间代码划分成 BasicBlock 的目的是保证宿主软件中原有代码和注入代码两种性质不同的代码不被混合在一起,而合并将性质相同的基本块重新组合到一起,提高分析的准确性。

将所有 BasicBlock 按地址从低到高排列,分别用 BasicBlock(1),BasicBlock(2),…,BasicBlock(i),…,BasicBlock(n)表示分割后的所有 BasicBlock。合并采用内存地址相邻的 BasicBlock 有条件合并的方法,即 BasicBlock(i)只能和 BasicBlock($i-1$)或 BasicBlock($i+1$)合并,显然,这种合并过程可以是一个迭代过程。通过下列策略将几种相邻 BasicBlock 合并:

(1) 相邻 BasicBlock 之间因为对外部引用造成分割时,如果低地址 BasicBlock(i)存在引用高地址 BasicBlock($i+1$)时,两者可以合并。这种情况下,根据图 9.6 中的描述,如果相邻 BasicBlock 性质不同时,只能是第二种情况,即 BasicBlock(i)是 malicious codes,而 BasicBlock($i+1$)是 benign codes,因此不可能存在从 BasicBlock(i)到 BasicBlock($i+1$)的引用。这种策略适用于相邻 F_BBlock 之间、F_BBlock 和 NF_BBlock 之间以及 NF_BBlock 之间的合并。

(2) 相邻的 BasicBlock 存在相互引用时可以合并。不同性质的 BasicBlock 之间的引用有两种,一种是在分界处对注入代码的跳转和跳出,另一种是注入代码覆盖原有代码后,在剩余的原有代码中还保留的代码或数据引用。因此,根据分隔原则和引用实际情况,相互代码引用的 BasicBlock 一定性质相同。

(3) 与相同的 BasicBlock 相互引用时可以合并。根据(2)中的分析,由于三者的性质相同,因此可以将地址相邻的 BasicBlock 合并。同样,策略(2)和策略(3)适用于各种相邻 BasicBlock 的合并。

通过迭代算法,可以将软件中所有满足合并条件的相邻 BasicBlock 全部合并,同时满足合并后的每一个 BasicBlock 还保存单一性质。理想的合并结果是将安全性质相同并且同属于一个函数体的 BasicBlock 结合到一起,这些 BasicBlock 可能因为静态分析的局限性或是恶意代码注入对结构的破坏性而无法被 IDA 识别为同一函数。

一些恶意注入代码在执行代码感染时,会将宿主软件中数据节的属性改成"可执行",因此会导致反汇编软件在产生中间代码时误将原有数据当成代码来处理。在这些节中产生大量的"代码"碎片,形成了许多无用的 BasicBlock,这些 BasicBlock 基本不会和其他 BasicBlock 之间发生逻辑关系,相邻的 BasicBlock 常常间隔着大量未能转换成代码的数据。为了防止数据被误转换成代码这种现象的产生,本书规定了如果顺序相邻的两个 BasicBlock 之间的数据空间超过两者所在地址空间最大值时,则取消两者的相邻关系。

9.4.5　恶意代码边界识别

根据对现有的恶意代码感染技术进行分析,可以认为绝大多数注入代码会在宿主软件中连续出现,它们所在的 BasicBlock 相应地也是连续出现的,因此恶意代码边界识别实际上等同于将这些连续的代码块和宿主软件原有代码区分开来。通过前文对被感染软件中控制流结构异常的认识,这些连续的代码块会满足这样一些条件:第一点是缺乏对导入表函数的调用;第二点是可能引起代码引用错误或数据引用错误;第三点是除了开始和结束的代码块,其他代码块缺少与宿主软件中其他代码块的联系,也就是它们基本上自成一体。

本书对恶意代码边界识别是逐步求精的过程,首先确定这些代码块所在的一些连续 BasicBlock 范围,然后根据恶意代码感染造成的控制流结构异常将两端不属于恶意代码的 BasicBlock 去除,最后得到精确的边界。

考虑到绝大多数恶意代码注入都是将代码放置到一个连续的地址空间中,本书使用 n-grams 技术,求取宿主软件中 BasicBlock 调用导入表函数的情况,并选择未调用导入表函数最多的连续 BasicBlock 作为恶意代码的作用范围。由于 Get-ProcAddress 和 LoadLibrary 这两个导入表函数的特殊性,它们在判断是否调用导入表函数时会被忽略。

通过 n-grams 方法计算得到的 BasicBlock 序列中,有可能会在起始及结束位置出现与恶意 BasicBlock 相邻的少量正常 BasicBlock,因为它们中恰好没有导入表函数调用的情况。恶意代码边界识别就是为了将这些正常 BasicBlock 和注入的 BasicBlock 区分开。在以下"恶意代码 n-grams 识别算法"中给出了在 n-grams 中寻找注入代码头部和尾部的过程:

(1)起始位置的确定。根据前文的分析,注入代码起始位置比较特殊,要么是软件执行的入口位置(通过修改软件执行入口或直接覆盖入口处代码实现),要么是外部引用的入口处(通过修改跳转指令的目的地址或直接使用跳转指令实现);注入代码的起始 BasicBlock 也比较特殊,它是原有代码能够正常引用的唯一基本块(覆盖式感染中,其他注入代码 BasicBlock 也有可能会出现虚假代码引用)。

(2)结束位置的确定。一般来讲,在注入代码结束处会将控制权重新交还给原有代码,但是由于求出的只是地址空间的结束位置,因此不能将其作为恶意代码控制流结束的位置。在注入代码最尾部 BasicBlock 之后的基本块中,可能会和宿主代码其他 BasicBlock 之间发生引用,但是不会引用注入代码的 BasicBlock 序列(除了可能跳转其头部 BasicBlock)。

名称:恶意注入代码 n-grams 识别算法

输入:候选的 n-grams 数组 Candidate_BBlocks 和剩余的 Rest_BBlocks

变量设置:head$=0$,tail$=$Candidate_BBlocks. Size-1,External_Xref$=0$

输出:恶意代码组成的子序列数组 Mal_BBlocks

实现步骤:

步骤 1　如果 head 小于 tail,则执行:

1.1 如果 Candidate_BBlocks[head]首地址是软件执行入口地址,执行 2;

1.2 如果 Candidate_BBlocks[head]首地址被外部引用,执行 2;

1.3 如果 Candidate_BBlocks[head]引用 Rest_BBlocks,则将其加入 Rest_BBlocks,head$=$head$+1$,执行 1;

1.4 如果 External_Xref 大于 1,head$=$head$+1$,Candidate_BBlocks[head]加入 Rest_BBlocks,执行 1;

1.5 如果 Candidate_BBlocks[head]引用 Rest_BBlocks,External_Xref$=$External_Xref$+1$,tail$=$tail-1;

步骤 2　如果 tail 大于 head,则执行:

2.1 Candidate_BBlocks[tail]与 Rest_BBlocks 相互引用,tail$=$tail-1,执行 2;

2.2 执行 1;

步骤 3　如果 head 大于或等于 tail,返回 Candidate_BBlocks[head,…,tail]作为 Mal_BBlocks。

虽然通过"恶意代码 n-grams 识别算法"可以找到候选 n-grams 中恶意代码的头部和尾部,但是还有许多恶意代码注入方法会在宿主软件的其他位置注入恶意代码,这些代码就是要保证软件执行控制流能够优先跳转到上述算法所确定的恶意代码序列之中。因此,当"恶意注入代码 n-grams 识别算法"求得的恶意代码 BasicBlock 序列头部存在外部引用时,将引用其所在的 BasicBlock 也作为恶意代码 BasicBlock。

9.5　实验结果与分析

本章分别选用添加型和覆盖型两种感染方式的恶意代码作为实验对象,以 Virus. Win32. Tenga. a 和 Worm. Win32. Wapomi! inf 为例,在虚拟的 Windows XP 系统中使它们感染一部分系统自带的应用软件,然后验证本章方法在这些被感染的宿主软件中的恶意代码识别效果。

在实验中,定义了宿主软件中恶意代码检测的指标如下:

True Positive(TP):被正确识别出为注入恶意代码的数量(指令条数)。

False Positive（FP）：将正常代码错误识别为恶意代码的数量。

True Negative（TN）：正确识别出正常代码的数量。

False Negative（FN）：将恶意代码误判为正常代码的数量。

由于宿主软件正常代码的数量由软件本身决定，因此主要使用检测率 DetectionRate 和误报率 FalseAlarmRate 来衡量算法性能。

9.5.1　添加代码型感染方式的检测

恶意软件 Virus. Win32. Tenga. a 感染其他 PE 软件时，首先通过查找感染目标软件的节信息找到软件的最后一个节，然后将该节属性改为"可执行"，并将注入代码从尾部添加到该节中，同时修改软件执行入口到注入恶意代码的首地址。这种感染方式产生的恶意代码在宿主软件中连续分布，使用 n-grams 方式容易获得注入的恶意代码。

实验中，利用 Virus. Win32. Tenga. a 感染 Window XP 中"C：\Windows\"目录下某个目标应用程序。对宿主软件的反汇编代码后得到一共 8706 条反汇编代码，组成的 BasicBlock 一共 470 个，注入恶意代码构成其中的 150 个 BasicBlock。经过相邻代码块合并之后，剩余 184 个 BasicBlock，其中包含 44 个恶意代码的 BasicBlock。

使用基于 n-grams 的恶意代码检测算法时，能够全部发现这些注入代码构成的序列，即算法得到的 n-grams 长度为 44，起始位置和结束位置和注入代码完全吻合。在正常代码中，符合算法要求的 n-grams 长度最大为 3，远远小于恶意代码所构成的 n-grams。

论文所提出的算法对 Virus. Win32. Tenga. a 感染后宿主软件中注入恶意代码的检测率为 100%，而误报率为 0。

9.5.2　覆盖代码型感染方式的检测

覆盖式感染是一种非常复杂的感染方法，单从软件结构或是反汇编后的代码中很难区分出哪些代码是软件原有的，哪些是后期注入的。分析者在应对这种感染方式时，需要将感染后的宿主软件与感染之间的代码逐条进行对比，并且通过单步调试的方法来分析恶意代码的注入位置以及工作原理，消耗大量的分析时间和精力。而且，许多此类恶意软件在感染时加入变形技术，针对不同感染目标时产生的感染位置也不相同，更加增加了此类感染的分析难度。

Worm. Win32. Wapomi! inf 采用了比较复杂的 EPO 方法，恶意注入代码的入口地址不固定，难以被发现；同时一部分恶意注入代码直接覆盖的宿主软件代码，另一部分恶意代码放置在数据段，而被覆盖的宿主软件原代码放置到数据段。当宿主软件运行时，会触发恶意代码，执行一系列恶意行为，只有恶意行为执行完毕后,才将宿主软件代码在内存中还原执行原有功能。

　　以 Window XP 中目录"C：\ Windows \"的某应用程序为例,感染 Worm. Win32. Wapomi! inf 后,文件长度由 10.500KB 增加到 68.096KB,宿主软件主要增加部分是恶意软件感染时将一部分恶意数据和宿主软件被覆盖部分的代码放置在软件数据节(. data)中,造成软件数据长度增加。图 9.7 显示软件感染前后中间代码形成的函数分布差异。从方框中可以看出感染后恶意代码主要分布在三个函数中,其中前两个是新出现的函数,而第三个虽然与原软件中函数名字相同,但实际上代码是完全不同的。通过对比软件感染前后代码段中的内容,从地址 1001251 到 10013EF 的代码基本被改变,其中只有在控制流转到恶意代码之前的三条指令使用宿主软件原有代码,而 10013F2 到 1001414 之间的数据由于缺少控制流以及感染导致的反汇编失败未被识别成有效指令。

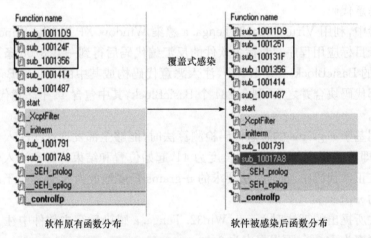

图 9.7　软件感染前后的函数分布变化

　　覆盖式感染中,除了宿主软件原有代码的改变,还出现了数据节内容的改变,从图 9.8 中可以看出,宿主软件的数据节被增大了 8KB。在这些新增加的数据中,不但包含了恶意代码执行时所需的必要数据,还包括被覆盖地址中原有的代码。恶意代码执行完毕后会将这些代码重新写回原来内存位置并继续执行,这样就可以将自身的恶意行为隐藏在宿主软件的正常功能之中。

　　对宿主软件进行反汇编之后,一共得到 458 行有效代码,全部位于代码节中。按照 BasicBlock 的构成算法,这些代码组成 40 个软件块,经过相邻合并之后形成 34 个软件块,使用 n-grams 方法发现从 1001251 到 10013EF 之间共 12 个连续 BasicBlock 没有出现对导入表函数的引用,包含了 131 条代码;而在宿主软件原有代码中,未出现导入表函数引用的最长 BasicBlock n-grams 长度为 4。

Name	Start	End	R	W	X	D	L	Align	Base	Type	Class
.idata	01001000	01001094	R	.	X	.	L	para	0001	public	CODE
.text	01001094	01002000	R	.	X	.	L	para	0001	public	CODE
.data	01002000	01003000	R	W	.	.	L	para	0002	public	DATA
.rsrc	01003000	01005000	R	.	.	.	L	para	0003	public	DATA

数据节被添加内容

Name	Start	End	R	W	X	D	L	Align	Base	Type	Class
.idata	01001000	01001094	R	.	X	.	L	para	0001	public	CODE
.text	01001094	01002000	R	.	X	.	L	para	0001	public	CODE
.data	01002000	01011000	R	W	.	.	L	para	0002	public	DATA
.rsrc	01011000	01013000	R	.	.	.	L	para	0003	public	DATA

图 9.8　软件被感染前后的节信息

经过对注入恶意代码识别算法在实验样本中最后识别结果的统计,检测率为 100%,而误报率为 0.991%(在 330 条原有代码中有 3 条被认为是恶意代码)。

通过两种典型恶意软件感染后注入代码识别实验,可以看出本书所提出的被感染软件中恶意代码识别算法能对未知的代码感染进行识别,已经具备了通用的注入代码识别能力。

9.6　本 章 小 结

本章分析了恶意代码感染其他软件时采用的主要技术及相应结果,从代码分析的角度指出被感染后宿主软件控制流中会出现多种异常现象;然后指出异常现象出现的根本原因是注入代码和原有代码的控制流存在较大的结构差异性;最后提出了一种基于控制流异常结构的恶意注入代码通用识别方法。本章的创新工作主要包括:

(1) 根据恶意代码感染对软件控制流的影响,指出宿主软件控制流结构异常的表现主要原因在于不同安全性质代码之间逻辑功能关联、代码设计风格表现以及功能实现途径等方面的差异性,为设计通用的恶意注入代码识别方法提供思路。

(2) 提出软件控制流结构先分解后合并的方法,将软件表示成若干控制流结构的集合。基于这些控制流的位置和对导入表函数引用情况,使用 n-grams 方法判断各个控制流集合的安全属性,最终识别出恶意注入代码所在的控制流结构集合。对典型感染后宿主软件的实验结果表明,本章所提出的软件局部恶意代码识别技术,具有很高的代码检测性能,以及解决未知感染代码识别的能力。

参 考 文 献

[1] Gostev A, Zaitsev O, Golovanov S, et al. Kaspersky Security Bulletin Malware Evolution. 2008,4. http://securelist. com/analysis/kaspersky-security-bulletin/36240/kaspersky-securi-ty-bullctin-malware-evolution-2008[2009-03-01].

[2] Yu M, Liu P, Zang W. Self-healing workflow systems under attacks. Proceedings of 24th Distributed Computing Systems, 2004:418-425.

[3] Yu M, Zang W, Liu P, et al. The architecture of an automatic distributed recovery system. IEEE Proceedings of Networking, Sensing and Control, 2005:999-1004.

[4] Hsu F, Chen H, Ristenpart T, et al. Back to the future: A framework for automatic malware removal and system repair. Computer Security Applications Conference, 2006:257-268.

[5] Szor P. The Art of Computer Virus Research and Defense. New Jersey: Addison Wesley for Symantec Press, 2005.

[6] Stolfo S J, Wang K, Li W J. Towards stealthy malware detection. Malware Detection, 2007, 1:231-249.

[7] Logan P Y, Logan S W. Bitten by a bug: A case study in malware infection. Journal of Information Systems Education, 2003,14(3):301-306.

[8] Eskandari M, Hashemi S. ECFGM: Enriched control flow graph miner for unknown vicious infected code detection. Journal in Computer Virology, 2012,8(3):99-108.

[9] Yu M, Liu P, Zang W. Self-healing workflow systems under attacks. The 24th International Conference on Distributed Computing Systems, 2004:418-425.

[10] Yu M, Zang W, Liu P, et al. The architecture of an automatic distributed recovery system. Proceedings of Networking, Sensing and Control, 2005:999-1004.

[11] Hsu F, Chen H, Ristenpart T, et al. Back to the future: A framework for automatic malware removal and system repair. Proceedings of Computer Security Applications Conference, 2006:257-268.

[12] Paleari R, Martignoni L, Passerini E, et al. Automatic generation of remediation procedures for malware infections. Proceedings of USENIX Security Symposium, 2010:419-434.

[13] Mann O. Method for Recovery of a Computer Program Infected by a Computer Virus: U. S. Patent 5,349,655. 1994.

[14] Shukla J. Fixing Computer Files Infected by Virus and Other Malware: U. S, 12/504, 970. 2009.

[15] Fan P, Lin J, Wang P. Snapshot and Restore Technique for Computer System Recovery: U. S. ,7,784,098. 2010.

[16] Masters D, Neill C. Malware and Spyware Attack Recovery System and Method: U. S. ,7, 756,834. 2010.

[17] 吴卉,舒辉,董卫宇. Windows PE 病毒的感染与变形技术研究. 信息工程大学学报,2008, 9(1):85-89.

[18] Intel Corporation. IA-32 Intel Architecture Software Developer's Manual, Volume 2, 2003,6.

第 10 章　基于多视集成学习的恶意软件检测方法

10.1　引　　言

根据 Symantec 公司发布的 2015 年互联网安全威胁报告[1]，2014 年该公司共捕获 3.17 亿个新恶意软件，平均每天接近 100 万个新的恶意软件释放到互联网。近年来，越来越多的恶意软件加速利用系统的 zero-day 漏洞对系统进行入侵和破坏，但系统提供商的响应时间仍然很慢。对于 2014 年恶意软件利用最多的三个系统漏洞，系统提供商发现漏洞后分别在 204 天、22 天、53 天后才提供了补丁程序[1]。此外，很多计算机用户并没有及时更新系统补丁程序，导致系统长期处于容易被入侵的状态。新出现的恶意软件，特别是 zero-day 恶意软件，在释放到互联网前，都使用主流的反病毒软件进行过测试，确保这些反病毒软件无法识别这些恶意软件，当前的反病毒软件通常对它们无能为力，只是在恶意软件大规模传染后，捕获到这些恶意软件样本，提取签名和更新签名库，才能检测这些恶意软件。

近年来，研究人员提出了基于数据挖掘和机器学习的恶意软件检测方法，这些方法从大量的恶意软件样本中学习识别规则，以实现恶意软件的智能检测。这些方法都是通过随机抽样的方法划分训练集和测试集，测试集对于训练集是未知的，可以验证所提出的方法检测未知恶意软件的性能。但现实场景中，恶意软件检测方法必须基于已存在的样本集训练分类模型，使用训练好的分类器检测新出现的未知恶意软件。现有的检测方法中，无论训练集还是测试集，都是新旧样本混合，无法评估检测新出现的未知恶意软件的性能。此外，由于恶意软件数量特别庞大，检测方法需要基于有限样本训练分类模型，使用分类模型识别大量未知的恶意软件，这就要求检测方法具有较强的泛化能力。

基于数据挖掘和机器学习的恶意软件检测方法将可执行文件表示成不同抽象层次的特征，使用这些特征来训练分类模型。字节码 n-grams、操作码 n-grams、格式信息特征是使用最多的特征类型，基于这些特征的检测方法也取得了较高的准确率。受文本分类方法的启发，文献[2]～[4]提出了基于可执行文件字节码 n-grams 的恶意软件检测方法，这类方法提取的特征覆盖了整个可执行文件，包括 PE 文件头、代码节、数据节、导入节、资源节等信息，但字节码 n-grams 特征通常没有明显的语义信息，大量具有语义的信息丢失，很多语义信息提取不完整。此外，基于字节码 n-grams 的检测方法提取代码节信息考虑了机器指令的操作数，保留了较多的信息，同时由于操作数比较随机，某种程度上又没有抓住主要矛盾，干扰了主要语义信息的提取。

　　Windows 平台 PE 格式可执行文件经过反汇编后得到汇编代码,汇编代码由机器指令序列组成。每一条机器指令包括操作码和可选的操作数,操作码确定指令的功能操作,操作数比较随机。排除操作数后汇编代码可表示成操作码序列,操作码序列有明显的语义信息。文献[5]～[8]提出了操作码 n-grams 的恶意软件检测方法,这类方法提取的操作码序列有较丰富的语义信息(如控制流和功能等),但由于只从代码节提取特征,丢失了 PE 格式可执行文件中的大量信息,如 PE 文件头、数据节、导入节、资源节等。

　　恶意软件和被感染可执行文件格式信息上存在一些异常,这些异常是检测恶意软件的关键。文献[9]～[12]提出了基于可执行文件格式信息的恶意软件检测方法,这类方法从可执行文件的 PE 文件头、节头部、资源节、导入表等提取特征,基于这些特征使用机器学习分类算法处理,取得了较高的检测准确率。这类方法通常不受变形或多态等混淆技术的影响,提取特征只需要对 PE 文件进行格式解析,无需遍历整个可执行文件,提取特征速度较快。此外格式信息具有明显的语义信息,但基于格式信息的检测方法没有提取决定软件行为的代码节和数据节信息作为特征。

　　某一种类型的特征都从不同的视角反映刻画了可执行文件的一些性质,字节码 n-grams、操作码 n-grams、格式特征都部分捕捉到了恶意软件和良性软件间的可区分信息,但都存在着一定的局限性,不能充分、综合、整体地表示可执行文件的本质。三种类型的特征具有自身的优势,特征之间存在部分重叠,但特征类型之间存在着互补,融合这些不同抽象层次的特征可以更好地发现软件的真正性质。此外,恶意软件通常伪造出和良性软件相似的特征,以逃避反病毒软件的检测。但恶意软件很难同时伪造多个抽象层次的特征逃避检测,融合多种类型特征不但提高了检测方法的准确率,同时也改进了检测方法的鲁棒性。

　　本章提出一种基于多视集成学习的恶意软件检测方法,应用多种集成学习方法来融合字节码 n-grams、操作码 n-grams、格式信息特征。该方法从数据层、特征层、模型层、融合策略层有效地融合了以上特征,能有效地检测新出现的恶意软件,同时具备较好的泛化性能。本章方法既可以实现不同特征类型间的互补,也能实现基分类器间的互补。

10.2　相关工作

　　集成学习的主要思想是组合多个基分类器以得到一个更好的复合全局分类器,模仿了人类进行集体决策的思想。在进行重要决策前,征询多个人的观点,然后权衡每个观点,组合这些观点形成最终决策。最近的研究显示,集成学习改进了学习模型的准确性、AUC,提高了学习模型的泛化能力,降低了误报率,多个研究工作已经探索了应用集成学习检测恶意软件的可行性。

Menahem 等[13]提取了三种类型的特性(字节码 n-grams、PE 结构特性和函数的统计特性),并使用不同的特征提取参数构建了五个数据集。每个数据集使用五种不同的分类算法(C4.5 决策树、naive Bayes、KNN、VFI、OneR)构建基分类器,然后使用多数投票(majority voting)、权重投票(performance weighting)、分布求和(distribution summation)、贝叶斯组合(Bayesian combination)、朴素贝叶斯(naive Bayes)、Stacking 和 Troika 等算法集成五个基分类器。实验结果表明,两种集成算法(Troika、Stacking)性能优于最好的基分类器,另外两个集成算法(distribution summation、Bayesian combination)与最佳的基分类器性能相当,其余三个集成算法(majority voting、performance weighting、naive Bayes)较最好的基分类器性能稍差。因为该方法使用单一特征视图构建不同的数据集,没有有效地集成三种类型的特征,导致该方法并没有明显优于使用单分类器的方法。

反病毒公司每天会发现大量可疑的样本,Ye 等[14]应用集成学习来识别可疑样本中的恶意软件。该方法构建了两个不同的数据集,提取了两种类型的特征(API 调用序列、可解释的字符串),基于数据集和特征的不同组合,使用支持向量机和关联规则分类算法构建了八个基分类器,最后使用多数投票法集成了八个基分类器。实验结果显示,该方法优于单分类器方法和反病毒软件。

Guo 等[15]将 API 调用分成七个大类,使用每个大类的 API 序列构建一个基分类器,然后使用 BKS 算法集成了七个基分类器。该方法取得了 98.7% 的检测率,但存在 9.1% 的误报率。该方法与多数投票法和最好的基分类器进行了对比,结果稍微优于这两种算法,该方法存在的主要不足是使用了相同的算法构建基分类器,特征间的互补性不强。

Lu 等[16]提出了融合静态特征和动态行为特征的恶意软件检测方法,该方法首先进行格式解析,提取导入节的 DLL 和 API 作为静态特征。同时将样本文件放入 VMware 虚拟机中运行,使用六个工具手动提取了恶意软件中常见的 12 个动态行为特征(如创建文件、DLL 注入、隐藏服务、打开端口等)。该方法将静态和动态特征组合,使用作者提出的一种新的集成学习算法 SVM-AR 训练分类模型。实验结果显示,组合特征后分类算法的准确率明显提高,SVM-AR 算法优于常用的集成学习算法(如 Bagging 和 Boosting)。但该方法的集成方式相对简单,基分类器的多样性明显不足,且需要手动的提取特征,无法自动化实现。

Landage 等[17]对样本进行反汇编,提取了三种长度的操作码 n-grams 作为特征,对每一种长度的操作码 n-grams 构造一个基分类器,然后使用多数投票法和veto-based 投票集成了三个基分类器。当任意一个基分类器预测某个样本为恶意软件时,veto-based 投票判定这个样本是恶意软件,而不管其他基分类器的预测。

实验结果显示，veto-based 投票比多数投票法的检测率高，但同时也增加了误报率。

Sheen 等[18] 提取 PE 文件头和导入节的 API 调用作为特征，使用多种学习算法构建了多个基分类器，然后使用作者提出的两种集成方法（HS_ENSEM_binary 和 HS_ENSEM_weighted）选择基分类器的子集进行集成。该方法取得了 99.7% 的检测率和 0.1% 的误报率，稍优于常用的集成学习方法（Bagging、Boosting、Stacking 和 Random Subspace）。

Krawczyk 等[19] 提取了和文献[18]相似的特征，将原始特征集分为多个特征子集，然后基于每个特征子集构建一个基分类器。该方法没有集成所有的基分类器，而是使用演化算法选择基分类器的子集，对选中的基分类器分配一个权重，使用权重投票集成了选中的基分类器子集。该方法用不平衡数据集进行了分类实验，比常用的集成学习方法取得了稍好的结果。

Zhang 等[20] 提取了两种类型的特征：静态的字节码 n-grams 和动态的 API 序列，基于字节码 n-grams 特征使用支持向量机构建基分类器，基于 API 调用序列使用概率神经网络（PNN）构建基分类器，然后使用 D-S 证据理论集成了两个基分类器。该方法使用 423 个良性软件和 450 个恶意软件进行了评估，取得了 98.73% 的准确率。

Ozdemir 等[21] 提出了融合静动态特征的 Android 恶意软件检测方法，该方法提取了四种类型的特征：静态 Native API、动态 Native API、静态 Dalvik Byte API 和动态 Dalvik Byte API。四种类型的特征被用来训练不同的基分类器，使用的分类算法是 KNN、NNet、SVMLinear、SVMPoly、SVMRadial 和 CART，然后使用选择性集成方法融合基分类器。该方法取得了 97.87% 的准确率，优于所有的基分类器。该方法的不足是四种类型的特征都是 API 信息，缺乏多样性的特征类型。此外，该方法的 4 种类型特征不一定都能提取，某些样本只能提取部分类型的特征，存在缺失值，影响了该方法的鲁棒性。

Sheen 等[22] 提取了 Android 可执行文件的两种特征（Permissions 和 API 调用），对每一种类型的特征，使用 J48、Decision Stump、Random Tree 构建基分类器，然后使用协同决策融合（collaborative decision fusion）集成了六个基分类器。该方法取得了 98.9% 的准确率，稍优于 Adaboost 和 Bagging 集成方法。

以上研究显示，多特征视图集成方法一般情况下优于单视特征方法的性能，也优于单分类器方法。但以上研究都使用交叉验证评估检查方法的性能，实验结果可能过于乐观，同时训练集和测试集都是新旧样本的混合，无法评估检测新恶意软件的性能，也不符合实际的检测场景。与以上方法不同，本章从数据层、特征层、模型层、融合策略层，使用两种集成方案、三种集成学习方法、多种集成策略有效集成了三种独立且互补的特征视图，提出一种基于多视集成学习的恶意软件检测方法。

此外,本章构建了两个数据集评估提出方法的新恶意软件检测性能和泛化性能,更符合现实的恶意软件检测场景。

10.3　实　验　概　览

为了设计一个有效的恶意软件检测方法,且检测方法无需借助工具手动提取特征,可以自动化实现,本章只使用字节码 n-grams、操作码 n-grams 和格式信息作为特征视图,主要实验步骤如下。

步骤 1:确定各个特征视图的较优参数和较优特征子集。

(1)评估字节码 n-grams 方法中 n 的大小和所需特征数量,确定较优性能的特征集作为一个特征视图。

(2)评估操作码 n-grams 方法中 n 的大小和所需特征数量,确定较优性能的特征集作为一个特征视图。

(3)从可执行文件提取可能区分恶意软件和良性软件的格式特征,使用特征选择方法选取较优的特征子集,使用该特征子集作为一个特征视图。

步骤 2:设计两种不同的方案集成以上三个特征视图。

方案一:基于字节码 n-grams 特征视图,使用不同的分类算法训练多个基分类器;基于操作码 n-grams 特征视图,使用不同的分类算法训练多个基分类器;基于格式特征视图,使用不同的分类算法训练多个基分类器。使用集成方法 Voting、Stacking、Ensemble Selection 集成前面所产生的基分类器集合,每种集成方法使用多种集成策略,最终得到集成的分类模型。

方案二:合并步骤 1 产生的三个特征视图,得到一个特征超集。基于合并后的特征超集,使用不同的分类算法训练多个基分类器。使用集成方法 Voting、Stacking、Ensemble Selection 集成所产生的基分类器集合,每种集成方法使用多种集成策略,最终得到集成的分类模型。

步骤 3:基于步骤 1 选出的特征,提取测试样本的相应特征,应用步骤 2 构建的集成模型对测试样本分类,得到检测结果。

10.4　实　验　与　结　果

10.4.1　实验样本

为了评估基于早期恶意软件检测新出现恶意软件的性能,本章实验构建了数据集 D1,数据集 D1 由 7871 个良性软件样本和 8269 个恶意软件样本组成。训练集由 4103 个恶意软件样本和 3918 个良性软件样本组成,恶意软件是 2011 年前发现的,良性软件是从全新安装的 Windows XP SP3 系统中收集的。测试集由 4166

个恶意软件和 3953 个良性软件组成,恶意软件是近年来发现的,良性软件是从全新安装的 32 位 Windows 7 专业版系统收集的。为了评估检测方法的泛化性能,本章实验构建了数据集 D2,数据集 D2 由 7871 个良性软件样本和 114447 个恶意软件样本组成。数据集 D2 没有按出现的时间顺序划分训练集和测试集,训练集和测试集都是新旧样本的混合。训练集由 3918 个良性软件样本和 5202 个恶意软件样本组成,恶意软件样本是从整个恶意样本中随机选择的。测试集由 3953 个良性软件样本和剩余的 109245 恶意软件样本组成。本章所有恶意软件样本都是从VXHeavens[23] 网站收集的,所有样本都是 Windows PE 格式,数据集的构成如表 10.1 所示。

表 10.1　样本集的构成

数据集		恶意软件样本	良性软件样本	合计
D1	训练集	4103	3918	8021
	测试集	4166	3953	8119
D2	训练集	5202	3918	9120
	测试集	109245	3953	113198

10.4.2　单视特征提取

1. 提取字节码 n-grams 特征视图

可执行文件通常以字节为单位进行存储,连续的几个字节可能是完成特定功能的一段代码,或者是可执行文件的结构信息,也可能是某个恶意软件中特有的字节码序列。PE 文件可表示为字节码序列,恶意软件可能存在一些共有的字节码子序列模式,研究人员直觉上认为一些字节码子序列在恶意软件可能以较高频率出现,且这些字节码序列和良性软件字节码序列存在明显差异。受文本分类启发,最近的研究[2-4] 提出使用字节码 n-grams 作为特征的恶意软件检测方法,本章使用数据集 D1 重现了文献[2]中的实验,评估了该方法基于早期恶意软件检测新出现恶意软件的性能,并选择较优长度的字节码子序列作为多视集成学习的一个特征视图。

可执行文件通常是二进制文件,需要把二进制文件转换为十六进制的文本文件,就得到可执行文件的十六进制字节码序列。在不知道多长的子序列能更好地表示可执行文件的情况下,只能以固定窗口大小在字节码序列中滑动,产生大量的短序列,由机器学习方法选择可能区分恶意软件和良性软件的短序列作为特征,产生短序列的方法称为 n-grams。例如,"08 00 74 FF 13 B2"的字节码序列,如果以3-grams 产生连续部分重叠的短序列,将得到"08 00 74"、"00 74 FF"、"74 FF 13"、

"FF 13 B2"四个短序列。每个短序列特征的权重表示有多种方法。最简单的方法是如果该特征在样本文件中出现,就表示为 1;如果没有出现,就表示为 0。也可以把特征的权重表示为词频(term frequency,TF),即某一个特征在该样本文件中出现的频率。较好的权重表示方法是 TF.IDF 值,TF 是词频,定义如下:

$$\mathrm{TF}_{i,j} = \frac{n_{i,j}}{\sum_k n_{k,j}} \tag{10.1}$$

式中,$n_{i,j}$ 是短序列特征 i 在文件 j 中出现的次数。为了防止偏向较长的文件,用 $\sum_k n_{k,j}$ 进行了归一化,$\sum_k n_{k,j}$ 是指在样本文件 d_j 中所有短序列出现次数之和。

逆向文件频率(inverse document frequency,IDF)是一个短序列特征普遍重要性的度量。某一短序列特征的 IDF,可以由总样本文件数目除以包含该短序列特征之样本文件的数目,再将得到的商取对数得

$$\mathrm{IDF}_i = \log_2 \frac{|D|}{|\{j : t_i \in d_j\}|} \tag{10.2}$$

式中,$|D|$ 为样本文件的总数;$|\{j : t_i \in d_j\}|$ 为包含特征 t_i 的样本文件数目。IDF 的主要思想是:如果包含短序列特征 t_i 的样本越少,也就是 $|\{j : t_i \in d_j\}|$ 越小,IDF 越大,则说明短序列特征 t_i 具有很好的类别区分能力。

TF.IDF 定义如下:

$$\mathrm{TF.IDF} = \mathrm{TF} \times \mathrm{IDF} \tag{10.3}$$

TF.IDF 潜在的思想是:如果某一特征在某样本文件中以较高的频率出现,而包含该特征样本文件的数目较小,可以产生出高权重的 TF.IDF,该特征的 TF.IDF 值能很好地表示该样本文件。因此,TF.IDF 倾向于过滤掉常见的特征,保留重要的特征。

n-grams 中滑动窗口的长度 n 取多大会得到较好的实验结果,本章用同样的实验过程进行了 $n = 2, 3, 4$ 的实验,以确定较优的 n 值。n-grams 产生的短序列非常庞大,以 $n = 4$ 为例,将产生 2^{32}(4294927296)个特征,如此庞大的特征集在计算机内存中存储和算法效率上都是问题。本章实验统计了每个特征的文档频率(document frequency,DF),DF 是指包含该特征样本文件的数目。如果特征的 DF 较小,对机器学习可能没有意义,本章实验选取了 DF 最高的 15000 个特征。初次过滤后剩余的 15000 个特征对分类学习仍然过多,本章实验使用特征选择算法选择最相关的一组特征子集。同时对于学习算法,有效的特征选择可以降低学习问题的复杂性,提高学习算法的泛化性能,简化学习模型。本章实验对比了信息增益(information gain)、信息增益比(information gain ratio)、过滤式特征选择方法 CfsSubsetEval 三种方法。信息增益和信息增益比特征选择算法保留的特征个数很难确定,与 CfsSubsetEval 性能相当时特征个数明显较多,所以使用 CfsSubsetEval 进行了特征选择。最后,使用四种分类算法(J48、Random Forest、Bagging (J48)、AdboostM1(J48))从训练集构建分类器,并使用测试集评估四种分类算法的性能,实验结果如表 10.2 所示。

表 10.2　字节码 *n*-grams 方法的实验结果

子序列长度	特征数	分类算法	检测率/%	误报率/%	准确率/%	AUC
2-grams	48	J48	75.1	3.6	85.5	0.883
		Random Forest	83.3	1	90.9	0.984
		AdboostM1(J48)	82.3	0.5	90.7	0.988
		Bagging(J48)	81.7	1.1	90.1	0.984
3-grams	63	J48	77.6	0.5	88.3	0.855
		Random Forest	84.8	0.2	92.1	0.982
		AdboostM1(J48)	80.1	0.2	89.7	0.982
		Bagging(J48)	83.5	0.1	91.5	0.988
4-grams	87	J48	81.7	0.2	90.5	0.912
		Random Forest	87.8	0.1	93.7	0.985
		AdboostM1(J48)	81.9	0.1	90.7	0.983
		Bagging(J48)	83.3	0	91.4	0.994

从表 10.2 可以看出,随着子序列长度 *n* 的增加,大多数算法的检测率、准确率、AUC 值逐渐增加,而误报率下降明显,当 *n*=4 时达到最小值。与文献[2]的研究相比,检测方法的四个评价指标明显下降,原因是文献[2]的研究使用新旧混合样本进行实验,而本章实验使用早期样本训练分类模型,然后将模型用于检测新的未知样本。通过四种分类算法的实验结果对比,集成学习算法(Random Forest、Bagging(J48)、AdboostM1(J48))取得了相似的结果,性能略优于 J48 算法。实验结果表明,大多数新的恶意软件可能扩展和改进了早期恶意软件的功能,和早期恶意软件在字节码子序列模式上存在一定的共性。但部分新出现的恶意软件可能是全新开发的,它们的字节码子序列模式发生了较大改变,这导致新恶意软件检测率不是很高。相对而言,新出现的良性软件字节码子序列模式没有发生明显的变化,从而检测方法取得了相对较低的误报率。通过综合考虑不同子序列长度 *n* 的四项评价指标,字节码 4-grams 特征表示取得了较好的实验结果,包括 87 个特征,字节码 4-grams 被选为第一个特征视图。

2. 提取操作码 *n*-grams 特征视图

可执行文件的功能实现在其代码节,代码节由机器语言指令组成。机器语言指令由操作码和可选的操作数组成。操作码是机器语言指令的主要部分,指定了机器指令进行的操作。操作码的操作包括算术运算、逻辑运算、数据处理、程序控制等。操作数通常是立即数、寄存器、内存地址、I/O 端口等。操作数比较随机,语义信息较少。软件通过连续的多条机器指令实现特定功能,去掉机器指令中相对随机的操作数,操作码序列具备较强的语义信息。恶意软件可能重用了早期恶意软件的部分代码,或者恶意软件实现特定恶意行为的操作码序列可能是相似的,操作码序列在恶意软件和良性软件间具备一定的区分度。

Bilar[5]分析和比较了恶意软件和良性软件的操作码分布,发现恶意软件和良性软件之间的操作码分布存在明显的差异,在样本中出现稀少的操作码对恶意软件检测有更好的区分能力。Santos 等[6]提出使用操作码子序列的频率检测恶意软件变种,取得了较好的实验结果。文献[7]和[8]提出使用操作码 n-grams 特征检测未知恶意软件,比文献[5]和[6]取得了更好的实验结果。以上研究显示操作码 n-grams 特征是更具有语义信息的特征表示,是检测未知恶意软件的可行方法。本章采用了和文献[7]相似的方法,使用数据集 D1 重现了该实验,评估该方法检测新恶意软件的性能。

实验过程如下:首先对加壳样本进行脱壳处理,使用 IDA Pro 对样本文件进行反汇编处理,得到汇编语言文件,反汇编后的汇编语言文件片段如图 10.1 所示;其次,从汇编语言文件提取操作码序列,图 10.1 的汇编语言文件片段提取的操作码序列为(mov push push push call push push push push push call push call push call add),尽管丢弃操作数后丢失了一些语义信息,但提取的操作码序列保留了汇编语言文件的主要语义信息;基于 n-grams 模型以固定窗口大小在操作码码序列中滑动,产生大量的短操作码序列,使用和字节码 n-grams 相同的方法,用同样的实验过程进行了 $n=2,3,4,5$ 的实验,以确定较优的 n 值,其中使用 TF. IDF 值表

```
loc_100010C5:                              ; CODE XREF: sub_10001020+95↑j
                mov       edx, hModule
                push      104h             ; nSize
                push      esi              ; lpFilename
                push      edx              ; hModule
                call      ds:GetModuleFileNameW

loc_100010D8:                              ; CODE XREF: sub_10001020+A3↑j
                push      edi
                push      offset aS        ; "\\%s"
                push      5Ch
                push      0
                push      esi
                call      ds:StrRChrIW
                push      eax              ; LPWSTR
                call      ds:wsprintfW
                add       esp, 0Ch
```

图 10.1　汇编语言文件片段

示每个操作码 n-grams 的特征值,然后选取文档频率(DF)最高的 15000 个特征;最后,使用 CfsSubsetEval 进行特征选择,使用四种分类算法(J48、Random Forest、Bagging(J48)、AdboostM1(J48))从训练集构建分类器,并使用测试集评估四种分类算法的性能,实验结果如表 10.3 所示。

表 10.3　操作码 n-grams 方法的实验结果

子序列长度	特征数	分类算法	检测率/%	误报率/%	准确率/%	AUC
2-grams	61	J48	80	1.3	89.1	0.87
		Random Forest	77.6	1	88.0	0.95
		AdboostM1(J48)	78.7	0.3	88.9	0.964
		Bagging(J48)	76.3	1	87.4	0.943
3-grams	80	J48	79.1	1.9	88.4	90.1
		Random Forest	81.9	1.2	90.1	0.967
		AdboostM1(J48)	81.3	0.4	90.2	0.974
		Bagging(J48)	80.1	0.3	89.6	0.968
4-grams	112	J48	81.6	0.9	90.1	0.928
		Random Forest	82.7	0.6	90.8	0.974
		AdboostM1(J48)	81.9	0.3	90.6	0.979
		Bagging(J48)	79.9	0.5	89.4	0.98
5-grams	93	J48	76.4	1.1	87.4	0.887
		Random Forest	84.6	0.1	92.0	0.98
		AdboostM1(J48)	79.2	0.3	89.2	0.982
		Bagging(J48)	76.2	0.4	87.6	0.984

从表 10.3 可以看出,随着操作码子序列长度 n 的增加,四项性能评估指标略有提高,但当 $n=5$ 时性能略有下降。集成学习算法(Random Forest、Bagging(J48)、AdboostM1(J48))性能略优于 J48 算法,但与文献[7]的研究相比,所有分类算法的性能下降明显。原因同样是本章实验按时间将数据集分为训练集和测试集,但文献[7]的研究使用混合新旧恶意软件样本进行实验,并使用交叉验证评估操作码 n-grams 方法的性能。通过比较不同的操作码子序列长度的实验结果,4-grams 特征表示取得了较好的实验结果,包括 112 个特征,操作码 4-grams 被选为第二个特征视图。

3. 提取格式信息特征视图

PE 文件规范的初衷是希望能开发一个在所有 Windows 平台上和所有 CPU 上都可执行的通用文件格式。PE 格式文件是封装 Windows 操作系统加载程序所需的信息和管理可执行代码的数据结构,数据组织是大量的字节码和数据结构的有机融合。PE 文件格式被组织为一个线性的数据流,由 PE 文件头、节表和节实体组成。恶意软件或被恶意软件感染的可执行文件,其本身也遵循格式要求的约束,但可能存在以下特定格式异常[24]:①代码从最后一节开始执行;②节头部可疑的属性;③PE 可选头部有效尺寸的值不正确;④节之间的"间缝";⑤可疑的代码重定向;⑥可疑的代码节名称;⑦可疑的头部感染;⑧来自 KERNEL32.DLL 的基于序号的可疑导入表项;⑨导入地址表被修改;⑩多个 PE 头部;⑪可疑的重定位信息;⑫把节装入 VMM 的地址空间;⑬可选头部的 SizeOfCode 域取值不正确;⑭含有可疑标志。

此外,恶意软件和良性软件间以下格式特征也存在明显的统计差异:①由于功能和性质不同,使用的动态库和 API 存在差异;②证书表是软件厂商的可认证的声明,恶意软件很少有证书表,而良性软件大部分都有软件厂商可认证的声明;③恶意软件的调试数据也明显少于正常文件,这是因为恶意软件为了增加调试的难度,很少有调试数据;④恶意软件 4 个节(.text、.rsrc、.reloc 和 .rdata)的 Characteristics 属性和良性软件的也有明显差异,Characteristics 属性通常指定该节是否可读、可写、可执行等,部分恶意软件的代码节存在可写异常,只读数据节和资源节存在可写、可执行异常等;⑤恶意软件资源节的资源个数也明显少于良性软件,如消息表、组图表、版本资源等,这是因为恶意软件很少使用图形界面资源,也很少有版本信息。

PE 文件很多格式属性没有强制限制,文件完整性约束松散,存在着较多的冗余属性和冗余空间,为 PE 格式恶意软件的传播和隐藏创造了条件。此外,由于恶意软件为了方便传播和隐藏,尽一切可能地减少文件大小,文件结构的某些部分重叠,同时对一些属性进行了特别设置以达到 Anti-Dump、Anti-Debug 或抗反汇编的目的。综合上面的分析可以看出,恶意软件的格式信息和良性软件是有很多差异性的,以可执行文件的格式信息作为特征,是识别已知和未知恶意软件的可行方法。最近的研究[9-12]使用不同的 PE 文件格式信息检测已知和未知的恶意软件,取得了较高的检测率和较低的误报率。基于作者的研究工作[11],本章实验使用数据集 D1 重现了该研究的实验,评估了该方法基于早期恶意软件样本检测新出现恶意软件的性能。

实验过程如下:首先对每个样本进行格式结构解析,提取代表每个样本文件的格式结构信息。PE 文件的格式结构有许多属性,但大多数属性无法区分恶意软件和良性软件,经过深入分析 PE 文件的格式结构属性,提取了可能区分恶意软件和良性软件的 197 个格式结构属性,初步提取出可能和恶意软件检测相关的格式属性见表 10.4。

表 10.4　可能和 PE 格式恶意软件检测相关的属性

特征描述	数量/个
引用的 DLLs	30
引用的 APIs	30
引用 DLL 的总数	1
引用 API 的总数	1
导出表中符号的总数	1
重定位节的项目总数	1
IMAGE_FILE_HEADER	7
IMAGE_OPTIONAL_HEADER	16
IMAGE_DATA_DIRECTORY	32
.text 节头	11
.data 节头	11
.rsrc 节头	11
.rdata 节头	11
.reloc 节头	11
资源目录表	23
合计	197

对表 10.4 提取的特征简单描述如下：

引用的 DLLs 和引用的 APIs：通过一个可执行程序引用的动态链接库（DLL）和应用程序接口（API）可以粗略地预测该程序的功能和行为。统计所有样本导入节中引用的 DLL 和 API 的频率，留下引用频率大于 100 次的 DLL 和 API，然后计算每个 DLL 或 API 的信息增益，选择信息增益最高的 30 个 DLL 和 30 个 API。若每个样本的导入节里存在选择出的 DLL 或 API，以 1 表示，不存在则以 0 表示。

PE 文件头部：PE 文件头部是定义整个 PE 文件"轮廓"的属性，排除了有可能误导结果的部分属性，如机器类型、链接器信息、操作系统信息、时间戳等，然后选择了剩下的所有字段。

节头部：提取了五个节（.text、.data、.rsrc、.rdata 和 .reloc）的节头部属性，这五个节在大部分 PE 文件中都存在。如果某个样本不存在相应节，该节头部的信息都以 0 表示。

资源目录表：提取了较常见的 22 种资源类型的个数，如果没有相应类型的资源，该资源的个数以 0 值表示，同时还提取了资源节中总的资源个数。

对于提取的 197 个格式特征，使用 CfsSubsetEval 算法进行特征选择，共选出 28 个特征。最后使用四种分类算法（J48、Random Forest、Bagging（J48）、AdboostM1(J48))从训练集构建分类器,使用测试集评估该方法的新恶意软件检测性能,实验结果如表 10.5 所示。

表 10.5　基于格式特征方法的实验结果

特征数	分类算法	检测率/%	误报率/%	准确率/%	AUC
28	J48	86.6	0.4	92.9	0.94
	Random Forest	88.8	0	94.3	0.985
	AdboostM1(J48)	86.4	0	93.0	0.984
	Bagging(J48)	89.6	0.1	94.6	0.995

从表 10.5 可以看出,格式特征方法取得了可接受的检测率和较低的误报率,集成学习方法(Random Forest、Bagging(J48)、AdboostM1(J48))明显优于 J48 算法。从实验结果可以看出,与早期的恶意软件相比,部分新出现恶意软件的格式特征发生了明显的变化,但新的良性软件格式特征和早期的良性软件类似。与文献[11]的实验结果相比,本章实验的恶意软件检测率显著降低,误报率则相对稳定,原因是新旧恶意软件在格式特征上存在一些差异。本实验选出的 28 个特征作为第三个特征视图。在 10.4.3 节~10.4.5 节将提出两种方案集成以上三个特征视图(字节码 4-grams、操作码 4-grams 和格式特性)来提高检测方法的性能,并评估提出方案的泛化性能。

10.4.3　集成方案一

集成方案一的架构如图 10.2 所示,使用数据集 D1 评估该方案的性能,实验分为三个步骤:①基于每个特征视图使用不同的三种学习算法训练三个基分类器;②使用三种集成方法 Voting、Stacking 和 Ensemble Selection 集成 9 个基分类器;③应用集成后的分类器对测试样本进行分类。详细的实验细节如下:基于字节码 4-grams 的 87 个特征,使用 J48、Random Forest、Bagging(REPTree)三种分类算法训练了三个基分类器。基于操作码 4-grams 的 112 个特征,使用 Random Forest、LogitBoost(Decision Stump)、MutilBoostAB(Decision Stump)三种分类算法训练了三个基分类器。基于 28 个格式信息特征,使用 Random Forest、Rotation Forests(J48)、Random Subspace(REPTree)三种分类算法训练了三个基分类器。使用集成学习方法 Voting、Stacking、Ensemble Selection 集成 9 个基分类器,其中 Voting 使用了 Average of Probabilities 和 Majority Voting 两种集成策略,Stacking 使用了 J48、Random Forest、BayesNet 三种分类算法集成 9 个基分类器,此外还使用了选择性集成方法 Ensemble Selection 对 9 个基分类器进行选择性集成。实验结果如表 10.6 所示。

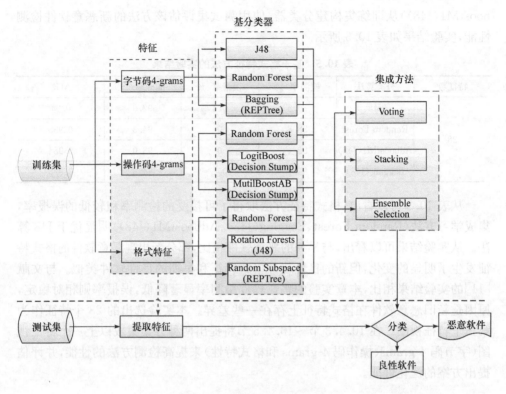

图 10.2　集成方案一的架构

表 10.6　集成方案一的实验结果

集成方法	集成策略	检测率/%	误报率/%	准确率/%	AUC
Voting	Average of Probabilities	91.1	0	95.4	0.995
	Majority Voting	90.6	0	95.2	0.953
Stacking	J48	86.1	0	92.9	0.961
	Random Forest	90.3	0	95.0	0.985
	BayesNet	88.3	0	94.0	0.989
Ensemble Selection	Optimize with Accuracy	91.6	0	95.7	0.996

从表 10.6 可以看出,Stacking 集成方法的结果明显弱于 Voting 和 Ensemble Selection 集成方法,可能的原因是 Stacking 集成方法训练的模型过于复杂,存在过拟合训练数据现象,从而导致泛化性能相对较差。Voting 集成方法的集成策略相对简单鲁棒,取得了较好的实验结果和泛化性能。Stacking 和 Voting 集成方法都是按照一定策略集成所有的基分类器,没有对基分类器进行取舍,而基分类器是

主观选择的结果,受研究人员对集成学习主观认识和经验影响较大,将较好的基分类器集合进行集成,并不一定获得更好的实验结果。选择性集成方法 Ensemble Selection 使用启发式算法选择较优的基分类器子集,然后进行优化组合,实验结果略优于 Voting 和 Stacking 集成方法。虽然 Ensemble Selection 集成方法并没有显著优于 Voting 和 Stacking 集成方法,但该方法至少简化了集成模型的复杂度和提高了算法的时间效率。

在两种投票规则中,平均概率投票规则明显优于多数投票规则。因为多数投票规则赋予每个基分类器相同的权重,部分性能较差的基分类器对集成模型的性能可能会产生负面影响。平均概率投票规则使用每个基分类器对预测结果的支持度进行权重投票,该方法减轻了性能较差分类器的副作用,提升了性能良好基分类器的正面作用。Stacking 集成方法使用基分类器的预测结果作为输入,应用 J48、Random Forest 和 BayesNet 算法构建最终的分类模型,Random Forest 算法略优于 J48 和 BayesNet 算法,但 Stacking 集成方法并没有显著提高检测方法的各项性能。

总体来说,Stacking 集成方法优于单视特征的字节码 n-grams 和操作码 n-grams方法,和基于格式特征的方法性能相当。Voting 和 Ensemble Selection 集成方法显著提高了检测方法的各项性能,特别是三种集成方法的误报率都为 0%。由于训练集和测试集之间存在明显的差异,方案一取得了可接受的实验结果,优于三种单视特征方法。

10.4.4　集成方案二

集成方案二没有单独使用每个特征视图构建不同的分类器,而是合并三个单视特征得到一个包括 227 个特征的特征超集,集成方案二的架构如图 10.3 所示,也是使用数据集 D1 评估集成方案二的性能。详细的实验过程如下:合并字节码 4-grams、操作码 4-grams、格式信息特征,共得到 227 个特征;基于合并后的特征,使用 7 种分类算法 J48、Random Forest、Bagging(REPTree)、LogitBoost(Decision Stump)、MutilBoostAB(Decision Stump)、Rotation Forests(J48)、Random Subspace(REPTree)训练 7 个基分类器;然后使用集成学习方法 Voting、Stacking、Ensemble Selection 集成 7 个基分类器,其中 Vote 使用了 Average of Probabilities、Majority Voting 两种集成策略,Stacking 使用了 J48、Random Forest、BayesNet 三种分类算法集成 7 个基分类器,此外还使用了选择性集成方法 Ensemble Selection 对 7 个基分类器进行选择性集成;最后提取待检测样本的相应特征,使用集成方案二构建好的集成分类模型对待检测样本进行分类,得到检测结果,实验结果如表 10.7 所示。

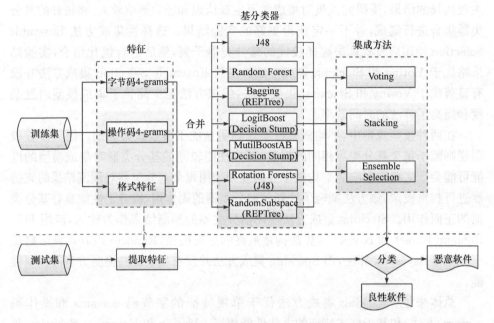

图 10.3　集成方案二的架构

表 10.7　集成方案二的实验结果

集成方法	集成策略	检测率/%	误报率/%	准确率/%	AUC
Voting	Average of Probabilities	92.4	0.1	96.1	0.999
	Majority Voting	92.2	0.1	95.9	0.961
Stacking	J48	91.8	0.1	95.7	0.975
	Random Forest	94.6	0.1	97.2	0.99
	BayesNet	93.3	0.1	96.5	0.986
Ensemble Selection	Optimize with Accuracy	93.6	0.1	96.7	0.999

从表 10.7 可以看出,集成方案二总体上比集成方案一的实验结果更好,原因是合并后的特征集有更多信息丰富和区分度较好的特征,从而使构建的基分类器有相对较好的性能,集成基分类器集合也相应地取得了更好的性能。集成方案二的检测率和准确率明显提高,但也相对增加了误报率,其中 Stacking 集成方法中使用 Random Forest 作为元分类器的方法取得了最高 94.6% 的检测率,显著优于单视特征方法的检测率,误报率也相对较低,仅仅产生了 0.1% 的误报率。总体而言,集成方案二明显优于三种单视特征方法,恶意软件的检测率和总体准确率有较大幅度的提升。考虑到实验是基于早期的样本检测新出现的样本,训练样本和测试样本存在一定的差异,具有较大的挑战性,使用多视集成方法取得了不错的实验

结果。

　　在本实验中,Stacking 集成方法略优于 Voting 和 Ensemble Selection 集成方法,可能的原因是大量的有较好区分能力的特征提高了复杂学习模型的泛化性能。在 Stacking 集成方法中,Random Forest 算法比 J48 和 BayesNet 算法取得了更好的实验结果。Voting 集成方法的性能稍弱于 Stacking、Ensemble Selection 集成方法,可能的原因是 Voting 集成方法相对较简单,存在欠拟合情况。在投票集成方法中,平均概率投票规则略优于多数投票规则,同样是相对复杂的模型取得了更好的结果。从实验结果可以看出,使用何种复杂程度的模型依赖于所使用的特征集,当特征集区分能力不强时,相对简单的模型可能会取得更好的实验结果,当特征集具备较好的区分能力时,相对复杂的模型可能会取得更好的实验结果。

10.4.5　泛化性能对比

　　集成学习主要是用于提高学习算法的泛化性能,并不是为了在一个特定的数据集中得到最佳性能的指标。数据集 D2 由 9120 个训练样本和 113198 个测试样本构成,是小训练集和大测试集组成的数据集,训练集和测试集都是新旧样本的混合,实验使用该数据集评估本章提出的两种集成方案的泛化性能。为了与三种单视特征方法进行对比,也使用数据集 D2 评估了三种单视特征方法的泛化性能。三种单视特征方法的实验结果如表 10.8 所示,本章提出的两种集成方案的实验结果如表 10.9 所示。

表 10.8　单视特征方法的实验结果

特征	分类算法	检测率/%	误报率/%	准确率/%	AUC	训练时间/s	测试时间/s
字节码 4-grams	J48	95.9	3.5	96.0	0.957	1	2
	Random Forest	97.6	0.1	97.7	0.999	4	4
	AdboostM1(J48)	97.7	0.4	97.8	0.998	16	1
	Bagging(J48)	97.2	0.2	97.2	0.998	8	1
操作码 4-grams	J48	94.8	2.2	95.0	0.957	3	2
	Random Forest	96.6	0.2	96.7	0.998	8	7
	AdboostM1(J48)	96.3	0.6	96.4	0.995	34	2
	Bagging(J48)	95.9	1.3	96.0	0.996	24	2
格式信息	J48	97.6	2	97.7	0.997	1	1
	Random Forest	98.3	0.1	98.3	0.999	4	4
	AdboostM1(J48)	98.1	0.3	98.2	0.999	4	1
	Bagging(J48)	97.9	0.1	98.0	0.999	3	2

表 10.9　提出的两种集成方案的实验结果

集成方案	集成方法	集成策略	检测率/%	误报率/%	准确率/%	AUC	训练时间/s	测试时间/s
方案一	Voting	Average of Probabilities	98.6	0	98.6	0.999	31	16
		Majority Voting	98.4	0	98.5	0.992	31	16
	Stacking	J48	98.4	0	98.5	0.994	549	73
		Random Forest	98.7	0	98.7	0.999	575	80
		BayesNet	98.3	0	98.4	1	545	75
	Ensemble Selection	Optimize with Accuracy	98.8	0	98.8	1	46	96
方案二	Voting	Average of Probabilities	99	0	99.0	0.999	52	49
		Majority Voting	99	0.1	99.0	0.995	53	49
	Stacking	J48	98.6	0	98.6	0.997	932	83
		Random Forest	98.8	0.1	98.8	0.999	980	90
		BayesNet	98.7	0	98.7	0.999	960	89
	Ensemble Selection	Optimize with Accuracy	98.9	0	98.9	0.999	51	103

从表 10.8 和表 10.9 可以明显看出,该实验的结果明显优于前面的实验结果,主要原因是该实验使用新旧混合样本构建分类模型,并使用分类模型对新旧混合的测试样本进行分类,而前面的实验用早期样本训练分类模型,使用分类模型检测新出现的样本。虽然这个实验使用小训练集和大测试集,但实验结果还是比较理想的。

从表 10.8 可以看出,格式特性方法优于字节码 4-grams 和操作码 4-grams 方法,字节码 4-grams 方法略优于操作码 4-grams 方法。集成学习方法(Random Forest、Bagging(J48)、AdboostM1(J48))明显优于 J48 算法,与 J48 算法和 Random Forest 算法相比,AdboostM1(J48)和 Bagging(J48)算法用了相对较多的时间训练分类模型,但所有算法都能在较短的时间内完成大测试集分类。

从表 10.9 可以看出,集成方案二明显优于集成方案一和三种单视特征方法,集成方案一略优于格式特征方法,但明显优于字节码 4-grams 和操作码 4-grams

方法,且本章提出的两种集成方案都取得了零误报率和几乎完美的 AUC 值。在本实验中,不同的集成学习方法和集成策略在四项性能指标上没有显著差异,Stacking 集成方法用了较长的时间构建分类模型,Voting 和 Ensemble Selection 集成方法构建模型的时间也比单视特征方法长,但所有方法的每种样本平均分类时间没有显著差异,综合考虑四项评估指标,本章提出的集成方案明显改进了检测方法的泛化性能。

10.5　实验结果对比分析

单视特征方法和本章提出的两种集成方案的新恶意软件检测性能对比如图 10.4 所示,泛化性能对比如图 10.5 所示,在使用不同算法和参数的同种类型方法中,选出最好的实验结果与其他方法进行对比。

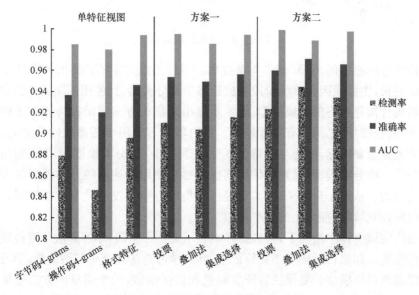

图 10.4　新恶意软件检测性能对比

从图 10.4 和图 10.5 可以看出,基于格式特征方法的新恶意软件检测性能和泛化性能明显优于字节码 4-grams 和操作码 4-grams 方法,字节码 4-grams 方法明显优于操作码 4-grams 方法。由于训练样本和测试样本之间存在部分差异,三种单视特征方法检测新恶意软件的实验结果都不太理想。集成方案二略优于集成方案一,说明在合并的特征视图上集成优于分别在单独的特征视图上集成。总体来说,两种集成方案都优于单视特征方法,在具体的性能指标方面,本章提出的两种集成方案显著提高了检测方法的检测率和总体准确率,降低了误报率,取得了和

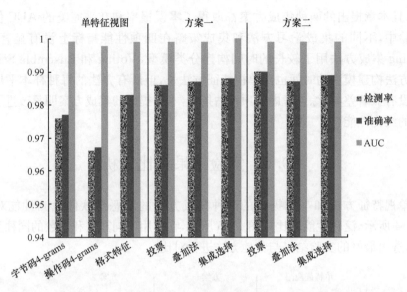

图 10.5　泛化性能对比

单视特征方法相似的 AUC 值。本章提出的两种集成方案的训练时间都比单视特征方法的长,主要原因是训练阶段要构建多个基分类器,且使用不同的方法集成基分类器集合构建最终的集成模型,但本章提出的集成方案和单视特征方法的每个样本平均测试时间之间没有显著差异。当机器学习应用于恶意软件检测时,测试时间才是更重要指标,因为一般情况下只需要构建一次分类模型,不需要对每个测试例构建一次分类模型,恶意软件检测也主要是使用构建好的分类模型对未知样本进行分类。从这个角度来看,本章提出的集成方案并没有显著增加检测方法的执行时间,和单视特征方法的效率相似。

在给定训练样本情况下,将训练样本表示为特征空间,学习算法尽可能地收敛到目标模型。如果目标模型不在特征空间中,学习算法将产生归纳偏置,学习到的模型将偏离目标模型。要保证特征空间包含目标模型,一个明显的方法是扩大特征空间。此外,即使目标模型在特征空间中,学习算法总是对目标模型的形式做预先的假定,应用某种策略在特征空间寻找近似的目标模型,由于各种类型的算法所使用的策略不同,这也导致学习算法产生不同的归纳偏置。

在现实的恶意软件场景中,检测方法必须基于现有的样本检测新的未知样本,同时由于未知恶意软件数量特别巨大,检测方法必须基于有限的样本检测数量巨大的未知恶意软件。本章实验构建了两个数据集模拟了以上场景,在这两个数据集中,训练集的单视特征空间中可能并不完全包含目标模型,实验结果也显示单视特征检测方法的性能并不理想。

本章从以下四个方面来解决学习归纳偏置问题:①通过集成互补且独立的三种

特征视图扩大训练集的特征空间;②如果每个基分类器在不同的情况下存在不同的误差,集成基分类器集合可以减少总误差,通过使用不同的分类算法构建基分类器,保证了每个基分类器具有不同的决策边界;③使用了不同的集成学习算法,如 Random Forest、Bagging(REPTree)、LogitBoost(Decision Stump)、MutilBoostAB(Decision Stump)、Rotation Forests(J48)、Random Subspace(REPTree),这些算法通过构建多样性的训练子集或特征子集,使用不同的学习算法或不同的集成策略构建了充分多样的基分类器,尽可能地修正最终模型的归纳偏置;④本章评估了使用不同的集成方案、集成方法、集成策略集成三种特征视图,尽可能地保证构建较优的最终决策模型。实验结果显示,本章方法以较高的准确率识别新的未知恶意软件,取得了较好的泛化性能,在各项性能指标上明显优于单视特征方法,且相对更鲁棒。

10.6 本章小结

本章提出了基于多视集成学习的恶意软件检测方法,首先评估了字节码 n-grams、操作码 n-grams、格式信息方法在不同参数和不同算法下的性能,选择以上三种方法的较优特征子集作为独立的三个特征视图,然后提出两种方案,应用不同的集成方法和集成策略有效地集成了以上三个特征视图。为了扩大训练集的特征空间和修正学习算法的归纳偏置,本章方法从数据层、特征层、基分类器层、集成层引入不同的集成学习机制,尽可能地保证构建较优的最终决策模型。实验结果显示,独立且互补的特征视图和不同集成学习机制的使用明显提高了检测方法的新恶意软件检测能力和泛化性能。本章实验场景一是基于早期的样本检测新出现的样本,训练样本和测试样本存在部分差异,实验场景二是以小的训练集构建集成学习模型,使用构建好的模型对大测试集进行分类,都具有较大的挑战性。本章提出的方法对新恶意软件最高检测率是 94.6%,大测试集的恶意软件最高检测率是99%,且最低误报率达到 0%,最高 AUC 值甚至达到 1。考虑到样本集可能存在噪声,本章提出的方法已取得了比较理想的结果。由于恶意软件很难同时伪造多个视图的特征,本章提出的方法比单视特征方法更鲁棒。尽管本章提出的方法明显改进了新恶意软件的检测率,但检测新出现的恶意软件仍然是一个挑战性的问题

本章的主要贡献如下:①从反病毒的现实场景出发,综合评估了字节码 n-grams、操作码 n-grams、格式信息方法在不同参数和不同算法下的新恶意软件检测性能和泛化性能;②引入不同的集成学习机制,提出两种方案从数据层、特征层、模型层、融合策略层有效集成了以上三种特征视图,明显提高了检测方法的各项性能指标;③对两种集成方案、三种集成学习方法、多种集成策略进行了综合评价和选择。

参 考 文 献

[1] Paul W,Ben N,Alejandro M,et al. Symantec Internet Security Threat Report 2015. http:∥www. symantec. com[2015-5-2].

[2] Kolter J Z,Maloof M A. Learning to detect and classify malicious executables in the wild. The Journal of Machine Learning Research,2006,7:2721-2744.

[3] Reddy D K S,Pujari A K. N-gram analysis for computer virus detection. Journal in Computer Virology,2006,2(3):231-239.

[4] Santos I,Penya Y K,Devesa J,et al. N-grams-based file signatures for malware detection. Proceedings of the 2009 International Conference on Enterprise Information Systems (ICEIS),2009,9:317-320.

[5] Bilar D. Opcodes as predictor for malware. International Journal of Electronic Security and Digital Forensics,2007,1(2):156-168.

[6] Santos I,Brezo F,Ugarte-Pedrero X,et al. Opcode sequences as representation of executables for data-mining-based unknown malware detection. Information Sciences,2013,231:64-82.

[7] Moskovitch R,Feher C,Tzachar N,et al. Unknown malcode detection using OPCODE representation. Intelligence and Security Informatics,2008:204-215.

[8] Shabtai A,Moskovitch R,Feher C,et al. Detecting unknown malicious code by applying classification techniques on opcode patterns. Security Informatics,2012,1(1):1-22.

[9] Shafiq M Z,Tabish S M,Mirza F,et al. Pe-miner:Mining structural information to detect malicious executables in realtime. Recent Advances in Intrusion Detection,2009:121-141.

[10] Shafiq M Z,Tabish S,Farooq M. PE-probe:Leveraging packer detection and structural information to detect malicious portable executables. Proceedings of the Virus Bulletin Conference (VB),2009:29-33.

[11] Bai J,Wang J,Zou G. A malware detection scheme based on mining format information. The Scientific World Journal,2014,(3).

[12] Zakeri M,Daneshgar F F,Abbaspour M. A static heuristic approach to detecting malware targets. Security and Communication Networks,2015,8(17):3015-3027.

[13] Menahem E,Shabtai A,Rokach L,et al. Improving malware detection by applying multi-inducer ensemble. Computational Statistics & Data Analysis,2009,53(4):1483-1494.

[14] Ye Y,Li T,Jiang Q,et al. Intelligent file scoring system for malware detection from the gray list. Proceedings of the 15th ACM SIGKDD International Conference on Knowledge Discovery and Data Mining,2009:1385-1394.

[15] Guo S,Yuan Q,Lin F,et al. A malware detection algorithm based on multi-view fusion. Neural Information Processing,Models and Applications,2010,1:259-266.

[16] Lu Y B,Din S C,Zheng C F,et al. Using multi-feature and classifier ensembles to improve malware detection. Journal of CCIT,2010,39(2):57-72.

[17] Landage M J,Wankhade M P. Malware detection with different voting schemes. COMPU-SOFT, An International Journal of Advanced Computer Technology (IJACT), 2014, 3(1):2320.

[18] Sheen S,Anitha R,Sirisha P. Malware detection by pruning of parallel ensembles using harmony search. Pattern Recognition Letters,2013,34(14):1679-1686.

[19] Krawczyk B,Wozniak M. Evolutionary cost-sensitive ensemble for malware detection. International Joint Conference SOCO'14-CISIS'14-ICEUTE'14,2014:433-442.

[20] Zhang B,Yin J,Wang S L,et al. Research on virus detection technique based on ensemble neural network and SVM. Neurocomputing,2014,137:24-33.

[21] Ozdemir M,Sogukpinar I. An android malware detection architecture based on ensemble learning. Transactions on Machine Learning and Artificial Intelligence,2014,2(3):90-106.

[22] Sheen S,Anitha R,Natarajan V. Android based malware detection using a multifeature collaborative decision fusion approach. Neurocomputing,2015,151:905-912.

[23] VXHeavens. http://vxheaven. org[2015-5-10].

[24] Szor P. The Art of Computer Virus Research and Defense. Pearson:Pearson Education,2005.

第 11 章　基于动态变长 Native API 序列的恶意软件检测方法

11.1　引　　言

静态检测方法和动态检测方法是恶意软件检测领域主要使用的两种分析方法。动态方法是指分析恶意软件运行时的行为，从而确定软件的功能和性质。静态方法是指反汇编后分析恶意软件中间代码的逻辑结构、控制流、数据流等，或者直接分析二进制文件的格式、结构、字节码等。两种方法都能从不同的角度（有时是互补的）洞悉恶意软件的功能和目的，它们都存在着自身的优势和不足。

由于不需要真正执行软件中的指令，静态方法能够提供更安全的检测环境和更快的检测速度，在针对数据规模较大的检测任务时更加高效。但是静态方法不能直接获得真实的软件执行过程和行为，所获得软件信息的真实性和完整性程度都会影响恶意软件检测的结果。静态检测很容易受到多态、变形、混淆、加壳等规避技术的影响，经过这些技术处理的恶意软件的二进制内容发生了很大的改变，原来用来检测的特征也有所改变，反病毒软件很难检测出改变后的恶意软件。此外，经过抗反汇编处理过的恶意软件很难反汇编成功，基于静态中间代码的检测方法无法处理这类恶意软件。

软件以静态方式存在于二进制文件中，以动态方式存在于内存中。通过静态分析与检测的软件，其行为不一定安全，因为软件的动态完整性可能被破坏。常见的进程注入、普通函数挂钩、系统函数挂钩、缓冲区溢出等，都是对软件的内存映像进行攻击，使得软件的执行行为发生改变，从而产生不安全的行为。为此，必须研究基于动态的恶意软件检测方法，基于程序行为的动态检测方法是目前反病毒技术的有效新途径。恶意软件必定存在某些特殊的功能，这使得恶意软件的行为与普通程序之间存在某些不同之处。因此监控程序的行为可以作为判断该程序是否为恶意软件的一个可行的方法，恶意软件的行为检测技术就是在这种情况下提出的。

监控运行期间的程序行为被广泛用于区分良性软件和恶意软件。在早期的操作系统中，应用程序主要通过中断使用系统服务和硬件资源，拦截程序的中断调用可粗粒度地分析软件的行为。1983 年美国国防部计算机安全保密中心发表了《可信计算机系统评估准则》(*Trusted Computer System Evaluation Criteria*, TC-SEC)。其中 C2 以上级别强制性要求应用程序必须通过操作系统提供的接口访问内核服务和硬件。系统调用就是操作系统提供给应用程序访问的接口,在 Windows 操作系统中,API(application programming interface)函数是 Windows 提供给用户作为应用程序开发的接口,程序利用 Windows 提供的接口(Windows API)实现程序的功能。理解 API 调用对理解软件的功能和性质至关重要。Windows API 调用序列反映了程序的行为,一个 Windows 应用程序的执行流本质上等价于一个 Windows API 调用流,监控 API 调用流可以洞察应用程序的行为。

所有可执行程序,无论是恶意的还是良性的,都有目的使用 API 调用来执行特定动作并实现特定功能。恶意软件与良性软件的区别主要在于其执行了不同的、相对特殊的可疑动作来破坏系统和进行传播。无论是二进制可执行恶意软件、脚本病毒还是宏病毒,它们都是一种程序,都需要调用操作系统提供的各种功能函数才能达到传播自身和破坏系统的目的。因此,通过监视程序所调用的 API 函数来实现对程序的行为监控是一种有效的方法。如果能够监测到这些行为对应的 API 调用,就能反映出相应的动态行为。具体的 API 调用本身是不具备恶意性的,任何 API 系统调用都是合法的。也就是说,恶意软件调用的 API,正常程序也是频繁调用,只有考虑 API 调用的上下文时序信息和调用参数信息,才能有效识别恶意软件的特殊可疑行为。大多数入侵检测系统或恶意软件检测技术都利用了 API 调用序列或调用参数信息,API 系统调用的上下文及其特权级别也是有用的信息。

API 调用序列的不同特征表示从不同视角对软件的行为进行建模,取得了较好的实验结果,但又各自存在着一些不足。本章引入文本分类的思想建模 API 调用序列,首先使用动态分析方法获取样本运行时的 API 调用序列,以长度 $n=2,3,4,5$ 滑动产生短序列,使用 TF. IDF 计算 API 调用短序列的特征值。如果使用固定长度的 API 调用短序列,很难确定较合理的长度,即使确定了一个较优的长度值,也丢失了其他长度的大量语义信息。本章提出了动态变长 Native API 序列的恶意软件检测方法,通过组合长度为 2、3、4、5 的短序列的特征,实现特征类型之间的互补,尽可能地保留更多的语义信息。应用机器学习方法处理组合后的特征,训练得到分类模型实现未知恶意软件的检测。

11.2　相 关 工 作

1986 年,Cohen[1,2]在他的最初研究工作中建立了行为检测的基础。他指出,计算机病毒就像任何其他运行程序一样,都使用系统提供的服务。通过程序的行为预测其是否恶意,相当于定义什么是或者什么不是合法使用系统的服务。如 Cohen 所述,两种相反的方法被提出用于基于行为的恶意软件检测。第一种方法是建模合法程序的行为,测度待检测程序是否偏离合法程序模型,如果符合就判断为良性软件,如果偏离就判断为恶意软件,该方法称为异常检测(anomaly detection)方法。该检测方法的优势在于能识别完全未知的恶意软件,但提炼出所有合法程序的特征是比较困难的,该方法容易产生较高的误报率。当一个集合由于过度复杂而难以详尽定义时,解决这个问题的互补问题是有效且可行的。研究人员提出了基于签名的检测方法:建模恶意软件的行为,建立恶意软件的行为签名集合,如果待检测程序产生了签名集中的恶意行为就判断为恶意软件,否则判断为良性软件。恶意软件的字节码签名是语法层面上的,一个签名只能识别特定的恶意软件。而恶意软件的行为签名具有语义解释,具有相似功能的一类恶意软件可以共用同样的行为签名。因此行为签名可以识别一类的恶意软件,比字节码签名更通用和更有弹性。该方法存在的缺点是只能识别已知的恶意软件和部分变种,该检测方法误报率低、漏报率高,而且签名库必须不断更新。随着数据挖掘和机器学习技术的发展,研究人员提出了使用分类算法在恶意软件和良性软件样本的行为中学习它们的区分规则,融合以上两种方法实现恶意软件的检测。将数据挖掘和机器学习技术引入恶意软件检测是一个重要趋势,数据挖掘和机器学习技术能够从大量数据中抽取出研究人员感兴趣的知识和规律,同时又摒弃了专家系统和统计方法所固有的缺点:对经验的过分依赖。

Forrest 等[3]完成了使用系统调用序列进行入侵检测的开创性工作。该研究记录了正常情况下 Unix 进程 sendmail 和 lpr 的系统调用序列,遍历系统调用序列产生了长度为 5、6、11 的短序列,把产生的所有短序列作为正常模式数据库。在 sendmail 和 lpr 运行过程中,将这两个进程的系统调用序列和正常模式数据库中系统调用短序列进行对比,检查是否存在异常的系统调用短序列,如果存在就判断该进程被入侵,发出入侵告警。该研究存在的不足是使用了固定长度的系统调用短序列,然而很难确定较合理的长度,即使确定了一个较优的长度值,也丢失了其他长度的大量语义信息。Wespi 等[4]提出了变长系统调用短序列的入侵检测方法,该研究使用生物信息学中的 Teiresias 算法[5]产生变长的系统调用短序列,将这些短序列作为正常模式数据库。检测阶段将进程运行时的系统调用和正常模式数据库进行比对,检查是否发生入侵。在以上研究的基础上,研究人员提出了基于有限自动机[6]、隐马尔可夫链模型[7]、最小对比子图[8]等入侵检测方法。以上方法都属于枚举匹配方法,尽管在构建模式数据库时采用的表示方法各具特色,但由于模式数据库的完备性可能存在不足,不足以刻画所有软件的模式特征,不具备对未知软件的行为匹配能力,导致检测漏报率相应提升。

研究人员也将 API 系统调用用于恶意软件检测,分为静态方法和动态方法。静态方法可以用两种方式提取 PE 格式文件的 API 信息,第一种方式是分析 PE 格式文件的导入节,提取该文件引入的 API 函数,这种方式提取的特征只能确定是否引入某个 API 函数,没有 API 函数间的时序信息。第二种方式主要通过反汇编可执行文件,得到汇编代码,从汇编代码提取 API 调用序列特征,这种方式覆盖了可执行文件的所有可执行路径,但由于没有实际执行样本文件,API 调用短序列的频率信息较弱,API 调用的部分全局语义信息无法提取。动态方法也主要有两种方式监控样本的 API 序列,第一种方式通过 API hooking 实现监控,第二种方式是将目标程序放置在一个受控环境中(如沙盒或虚拟机),实现监控目标程序运行过程的 API 调用序列。

Belaoued 等[9]应用统计 Khi2 检验分析了 PE 格式的恶意软件和良性软件的导入节中的 API 调用信息,以发现恶意软件经常使用的 API 调用。通过大样本的实验,他们的分析显示恶意软件和良性软件使用的 API 统计上有明显的差异。Schultz 等[10]将 PE 格式文件导入节引用的 API 函数转换成特征矢量,如果引用了某个 API 函数,该函数的特征值表示为 1,否则表示为 0。应用数据挖掘分类算法处理这些特征,训练得到分类模型,实现未知恶意软件的检测,该方法开创了将数据挖掘和机器学习方法应用于恶意软件检测的先河。Sami 等[11]改进了以上方法,统计所有样本导入节的 API 函数组成一个集合,使用 Clospan 算法[12]将该集合划分为许多个闭包频繁 API 子集,如果样本中引入相应 API 子集,该 API 子集的特征表示为 1,否则表示为 0。这些特征经过机器学习分类算法学习分类,取得了 99.7% 的检测率和 98.3% 的准确率。

基于静态反汇编代码提取的 API 调用序列的恶意软件检测方法是人们研究的热点。Sung 等[13]提出了基于静态 API 调用序列的恶意软件检测方法,该方法先对恶意软件样本反汇编,从中间代码提取 API 调用序列作为该恶意软件的签名,得到 API 调用序列签名库。对待检测文件,使用同样的方法产生 API 调用序列,将该文件的 API 调用序列和 API 调用序列签名库进行优化对齐,然后使用 Cosine、Jaccard、Pearson 等函数进行相似性对比,如果和已知的某恶意软件很相似,就将待检测文件判断为恶意软件。Shankarapani 等[14]改进了以上方法,同时使用汇编代码序列和 API 调用序列进行相似性对比,该方法提高了检测的准确性,但效率下降比较明显。Iwamoto 和 Wasaki[15]将静态 API 调用序列表示成图,使用 Dice 系数进行相似性比对。以上三种方法都可以检测多态恶意软件或已知恶意软件的变种,但都属于基于签名的方法,不能识别未知恶意软件,同时签名库必须不断更新。

Veeramani 和 Nitin[16]提出了基于静态 API n-grams 的恶意软件检测方法。该方法首先对样本文件进行反汇编,然后遍历汇编代码提取 API 调用序列,应用 n-grams 方法产生 $n=1,2,3,4$ 的短序列特征。如果短序列在某个样本中存在,则特征值表示为 1,如果不存在,则表示为 0。产生的特征使用 SVM 分类算法进行分类,取得的最高准确率是 97.23%。Alazab 等[17]用相似的方法产生 API 调用短序列,用该短序列在样本文件中出现的频率表示该特征的权值,也是使用 SVM 分类算法进行分类,该方法取得了 96.5% 的准确率和 1.6% 的误报率。以上两种方法的优势是遍历了程序的所有执行路径,同时该检测方法可以完全自动地实现。该方法的不足是只使用了 API 调用序列的局部语义信息,没有从程序的执行流程提取全局 API 调用序列语义信息。由于所有 API 调用只遍历了一次,反映 API 调用短序列的频率信息较弱,所以只能将特征的值表示为 0 或 1,或者表示成频率,没有使用 TF.IDF 表示特征值。基于静态 API 调用序列的检测方法效率较高,同时遍历了程序的所有执行路径,但由于很多最新的恶意软件进行了抗反汇编处理,这类方法不再有效。

　　基于动态 API 调用序列的检测方法通过动态地执行样本文件,监控其 API 调用序列,对采用加壳、混淆、变形、多态技术的恶意软件仍然有效。Nair 等[18]通过动态分析某类恶意软件及其变种的 API 调用序列,提取该类恶意软件共享的 API 调用短序列作为签名,可实现同一族类的恶意软件检测。Chen 和 Fu[19]也通过动态分析得到恶意软件的 API 调用序列,遍历 API 调用序列产生等长的 API 调用短序列,然后把这些短序列表示成矢量,作为恶意软件的签名。待检测文件也通过相同的方法得到矢量表示的短序列,然后和签名库中的短序列矢量进行相似性对比,如果和某恶意软件相似,就判断为恶意软件。以上两种方法都是基于签名的动态方法,只能检测已知的恶意软件及其部分变种。

　　Al-Sheshtawi 等[20]提出了基于动态 API 调用序列的恶意软件检测方法,该方法使用 API monitor 监控六种类型的 API 调用,使用 4-grams 产生 API 调用短序列。如果短序列在某个样本中存在,则特征值表示为 1,如果不存在,则表示为 0,然后运用特征选择方法选出较优的 500 个特征。产生的特征使用多种免疫算法进行学习分类,取得了 98% 的检测率,但误报率是 14%,该方法只使用蠕虫(worm)进行实验,恶意软件样本的代表性和多样性存在不足。

　　Ravi 和 Manoharan[21]也提出了相类似的方法,该方法使用 HOOK 技术监控样本的 API 序列,用 4-grams 产生 API 调用短序列,计算每个特征的支持度和信任度,如果高于阈值就加入规则库。对待检测样本,用同样的方法产生特征,应用恶意软件规则和良性软件规则计算特征对应的支持度和信任度的平均值,如果恶意软件规则高于良性软件规则的均值,则判定为恶意软件,否则判定为良性软件。将判定后的样本的规则加入规则库,迭代逐渐增加规则库,该方法训练集准确率是99%,测试集准确率是 90%。

　　Cheng 等[22]提出了基于动态 API 调用的恶意软件分类方法,该方法使用 Cuckoo Sandbox 分析样本,监控样本的 API 调用序列,然后组合 API 函数名、参数名、参数值作为特征,计算每个特征的 TF.IDF 值作为特征值,应用互信息约减特征数量,待测试样本使用相似的方法产生特征,然后和训练样本进行相似性比较,将测试样本分为相应恶意软件族类。该方法的主要不足是没有使用包括上下文的 API 序列信息,只使用 API 1-grams 作为特征,且 API 的参数相对随机,特征的区分度不是很好。

Ahmed 等[23]通过挖掘动态 API 调用序列中的空间和时序信息进行恶意软件检测。空间信息是指 API 调用的参数和返回值的统计信息,包括均值、方差、熵、最小值、最大值。时序信息是指 API 调用序列的相关系数。时序信息的表示方法是:遍历 API 调用序列产生长度为 2 的短序列,每个短序列的特征值为两个 API 的转移概率,然后使用信息增益选择出有效的特征子集。实验结果显示,单独使用空间信息取得了 89.8% 的准确率,单独使用时序信息取得了 95.2% 的准确率,同时使用空间信息和时序信息取得了 96.3% 的准确率。该研究还把 API 调用分为套接字、内存管理、进程和线程、文件 I/O、动态链接库、注册表、网络管理等七个类别,通过实验对比分析了哪一个类别或哪几个类别组合的 API 调用子集是较优的特征。该方法的优点是同时利用了 API 调用中的序列和参数信息,但该方法只考虑了长度为 2 的短序列,API 调用序列中丰富的语义信息没有被有效利用。此外,该研究只是分别把病毒、蠕虫、木马与良性软件组成样本集进行实验,没有使用混合的恶意软件样本集。同一类别的恶意软件功能和性质相似,导致 API 调用也有很多相似之处,该研究的实验结果比实际混合恶意软件的实验结果要好。但该方法不具有实际的可操作性,研究人员不可能先将未知样本归类为某类恶意软件,再判断是否为恶意软件。

11.3　Win32 API 调用机制

与其他操作系统相似,Windows 通过硬件机制实现了两个权限等级(内核模式和用户模式),内核模式可以访问所有的硬件,执行所有的指令,用户模式不能直接访问硬件,只能执行有限的指令。在 Windows 操作系统中,用户应用程序依赖 kernel32. dll、advapi32. dll、user32. dll 和 gdi32. dll 等动态库提供的接口访问硬件和系统资源,这个接口称为 Win32 API。

Win32 API 调用机制如图 11.1 所示,kernel32. dll 等动态库封装了 Win32 API 函数,没有具体实现,只是对调用参数进行检查确认,之后调用 ntdll. dll 中与之对应的 Native API 函数,然后调用内核模式中的服务例程。例如,用户程序调用 Win32 API 函数 ReadFile 时,首先转到内核态入口 ntdll. dll 中的 NtReadFile 函数,然后 NtReadFile 函数调用内核模式中的服务例程,该服务例程同样命名为 NtReadFile。应用程序可直接调用 Native API,如果要监控程序的 API 调用,最好直接监控 Native API 调用。

在 Windows NT/2000 系统中,调用 Native API 通过软中断 Int 0x2E 实现调用,在 Intel x86 的 Windows XP/2003 系统中,处理器通过执行 Sysenter 指令使系

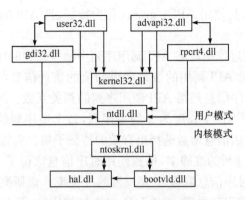

图 11.1　Windows API 调用机制

统陷入系统服务调用程序中,而在 AMD 的 Windows XP/2003 中使用 Syscall 指令来实现同样的功能。因此,要监视 Native API 的调用,最好同时监控 Sysenter、Syscall 指令和软中断 Int 0x2E。

11.4　检测方法架构

　　基于动态变长 Native API 序列的恶意软件检测方法的实验架构如图 11.2 所示。首先收集足量的具有代表性的恶意软件和良性软件组成实验样本集,将每一个样本放入分析平台运行定长时间,记录每个样本的动态运行时 Native API 调用序列。然后从每个样本的 Native API 调用序列进行不同长度的滑动,产生长度 $n=2,3,4,5$ 的 Native API 调用短序列,提取得到 2-grams、3-grams、4-grams、5-grams的特征,用 TF. IDF 表示每个短序列特征的权值。对于每种长度的短序列特征,特征数量比较庞大,应用特征选择方法约减特征的维度,选择有效的特征。不同长度的短序列特征都一定程度上丢失了一些语义信息,同时又保留了一些语义信息。通过组合 2-grams、3-grams、4-grams、5-grams 选择后的特征,实现特征类型之间的互补,尽可能地保留更多的语义信息。混合后的特征数量仍然较多,且部分特征存在冗余,再一次应用特征选择方法筛选出较优的特征子集。经过上述

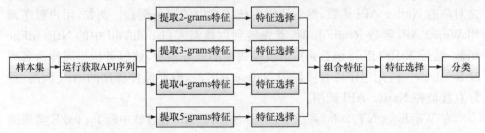

图 11.2　基于动态变长 Native API 序列的恶意软件检测方法实验架构图

过程的处理,得到维度较低、信息量丰富和能较好地区分恶意软件及良性软件的有效特征。最后使用多种分类算法进行分类,确定较优的分类算法,训练好的分类模型可实现未知恶意软件的检测。

11.5　实　　验

11.5.1　实验样本

入侵检测系统(IDS)有标准的实验样本集(DARPA 样本集),但恶意软件检测没有标准的实验样本集,研究人员必须根据实验目标构建自己的实验样本集。本实验收集了 2360 个实验样本,良性软件样本从 XP 操作系统的 Windows 目录和 Program Files 目录收集,是 PE 格式的 EXE 文件,包括不同类别的软件,如图形软件、系统工具、多媒体软件、办公软件、互联网应用等,共计 946 个,所有良性软件样本经过 360 杀毒软件检测不是恶意软件。恶意软件样本收集自 VXHeavens 网站[24],共计 1414 个,包括病毒、蠕虫、木马、后门程序(Backdoor)、DoS、Flooder、P2P-Worm 等类别,恶意软件的分布如表 11.1 所示。

表 11.1　恶意软件分布表

恶意软件类别	Backdoor	DoS	Flooder	P2P-Worm	Worm	Trojan	Virus	合计
数量/个	278	127	109	162	130	322	286	1414

11.5.2　分析平台搭建

恶意软件分析是恶意软件检测中的关键步骤,分为静态分析方法和动态分析方法。静态分析方法不实际运行恶意软件,直接分析软件的结构、字节码等信息;或应用反汇编工具分析软件的汇编代码、静态 API 调用序列、函数调用图、控制流图、数据流图,从而确定软件的功能和性质,寻找检测、清除和复原恶意代码的方法。动态分析方法通过在虚拟机或模拟器中运行待分析的样本,监控分析样本或整个系统的行为。记录系统调用、敏感数据、系统日志、CPU 负载、动态指令序列、网络访问等,通过分析这些记录确定软件的功能和性质。恶意软件分析方法的不断进步,使研究人员能深度理解最新的恶意软件。然而,恶意软件作者也应用了加壳、混淆、多态、抗反汇编、反虚拟、反调试等方法阻止研究人员理解恶意软件的内部工作原理。

实现软件的 API 监控有两种方式:盒内监控(in-of-box)和盒外监控(out-of-box)。盒内监控工具有较早的 API monitor 和最近的 WinAPI Override32,它们都是通过 API hooking 实现监控。近几年也开发了一些沙盒工具(如 CWSandbox[25]、Norman Sandbox[26]等),它们使用 API 虚拟调用技术实现监控。由于盒内监控工具和恶意软件运行在同一特权级别，很容易被恶意软件发现，从而隐藏其恶意行为，使得分析失败。此外，软件在沙盒工具中执行与在真实操作系统中执行环境变量存在部分差异，恶意软件很容易发现其行为被监控。盒外监控工具主要有 VMScope[27]、TTAnalyze[28]、Cuckoo Sandbox[29]、Ether[30] 等。VMScope 和 TTAnalyze 都是基于 QEMU[31] 二次开发实现 API 监控。由于盒外监控工具处于虚拟操作系统的下一层，特权等级分离较清晰，恶意软件很难发现其被监控。但 QEMU 是模拟执行虚拟操作系统的指令，效率相对较低，且模拟执行与在真实操作系统中执行存在部分差异，恶意软件很容易发现其行为被监控。Cuckoo Sandbox 和 Ether 都是基于虚拟机技术的分析平台，由于使用了硬件虚拟技术，执行效率较高。Cuckoo Sandbox 支持多种虚拟机软件，同时也可分析多种操作系统平台（如 Windows XP、Windows Vista 和 Windows 7），可同时分析样本的 API 调用序列、文件操作、进程的内存映像、网络连接等。

恶意软件分析的焦点是如何隐藏分析工具，从而使恶意软件不能发现被监控。Dinaburg 等[30] 基于开源硬件虚拟软件 Xen 进行二次开发，开发了 Ether 恶意软件分析平台，Ether 的目标是实现最大程度的透明和不干扰被监控系统。基于新颖的硬件虚拟化技术 Intel VT 的应用，Ether 分析平台完全驻留在目标操作系统环境之外，在被监控系统中不存在容易被恶意软件检测或攻击的软件组件。此外，与其他盒外监控方法相比，Ether 分析平台硬件的虚拟性质避免了其他平台由于不完整或不准确的系统模拟导致容易被恶意软件发现的缺点。Ether 平台可实现指定软件的 Native API 调用序列、动态执行指令序列、内存读写的监控，同时也实现了两种动态通用脱壳方法。

本章使用了 Ether 分析平台进行二次开发实现自动化的恶意软件分析，分析平台的架构如图 11.3 所示。Xen 位于操作系统(OS)和硬件之间，为 OS 提供了硬件虚拟抽象层。含有 Xen 软件的系统通常包含三个核心模块 Hypervisor、Guest OS、用户程序。Hypervisor 的任务是将 Guest OS 启动并运行，这些 Guest OS 也称为域(Domain)。Xen 启动后，首先加载 Dom0(Domain 0)内核，Dom0 是第一个启动 Guest OS，相对其他 Guest OS 拥有更高的权限。其他 Domain 称为 DomU，U 表示非特权(unprivileged)。Xen 运行的层级高于所有的 Guest OS，所有的 Guest OS 对硬件的访问都要通过 Xen Hypervisor。本实验使用 Debian Linux Lenny 操作系统作为 Dom0，Windows XP SP3（以下简称 XP）操作系统作为 DomU。

恶意软件和良性软件样本在 DomU(XP 操作系统)中运行，分析控制程序分为服务器端和客户端，基于轻量级的 Web Service 实现。服务器端在 DomU 中提供服务，主要任务是接收样本文件、启动运行样本、终止样本的运行。客户端运行在管理域 Dom0(Debian Linux Lenny)，主要任务是启动监控程序、传输样本、恢复

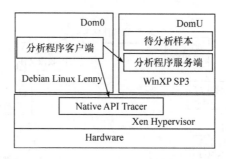

图 11.3　Native API 分析器架构

和启动 DomU。

　　分析恶意软件可能存在交叉感染的问题,分析每个恶意软件样本前都需要将 XP 系统恢复到干净状态。此外,恶意软件样本一般都可单独运行,不依赖于其他动态库和资源文件,可直接把恶意软件样本传入 DomU 运行分析。自动化的恶意软件分析流程如图 11.4 所示,如果有要分析的样本,首先把将 DomU 恢复到纯净状态(Window XP SP3 安装结束时的状态),然后启动 DomU,将分析样本传送到 DomU 中,开启监控程序,使其监控样本的 Native API 调用,远程启动样本执行,开启定时器,如定时时间到,远程终止样本的执行,停止监控程序,关闭 DomU。如果要继续分析下一个样本,继续从开始执行,直到分析完所有样本。客户端的分析控制程序伪代码如下:

procedure StartAnalazyMalware()
　repeat
　　(1) 获取待分析的下一个恶意软件样本
　　(2) 恢复 DomU 的映像文件为纯净状态
　　(3) 启动 DomU
　　(4) 远程调用将恶意软件样本传入 DomU
　　(5) 启动 Native API Tracer,记录目标恶意软件的 Native API 调用序列
　　(6) 远程调用运行 DomU 中的恶意软件样本
　　(7) Sleep (90s)
　　(8) 远程调用终止恶意软件样本的运行
　　(9) 终止 Native API Tracer
　　(10) 终止 DomU
　until 完成所有恶意软件样本分析

　　分析良性软件不存在交叉感染问题,分析完一个良性软件样本后不需要将 DomU 恢复到干净状态。但是良性软件的运行一般依赖于自带的动态库和资源文件,所以需要先将良性软件安装到 DomU,然后记录 DomU 里所有待分析的 PE

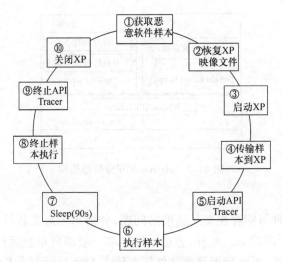

图 11.4　自动化恶意软件分析流程

格式 EXE 文件的完整路径名到一个文本文件存储。分析良性软件样本无需将文件传入 DomU,只需要将待分析样本的完整路径名作为参数进行远程调用。自动化的良性软件分析流程如图 11.5 所示,首先启动 DomU,如果有要分析的样本,开启监控程序,使其监控样本的 Native API 调用,以待分析样本的完整路径名作为参数远程启动样本执行,开启定时器,如定时时间到,远程终止样本的执行,停止监控程序。如果要继续分析下一个样本,继续重复执行,直到分析完所有样本。客户端的分析控制程序伪代码如下:

procedure StartAnalazyBenign()

　　启动 DomU(XP 操作系统)

　　　repeat

　　　　(1) 获取待分析的下一个良性软件的完整路径名

　　　　(2) 启动 Native API Tracer,记录目标良性软件的 Native API 调用序列

　　　　(3) 以待分析良性软件的完整路径名作为参数,远程调用运行DomU 中指定的良性软件样本

　　　　(4) Sleep (90s)

　　　　(5) 远程调用终止良性软件样本的运行

　　　　(6) 终止 Native API Tracer

　　　until 完成所有良性软件样本分析

　　终止 DomU

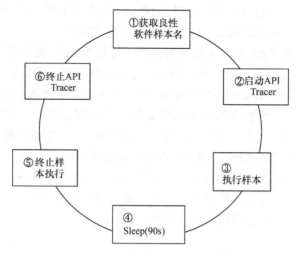

图 11.5　自动化良性软件分析流程

11.5.3　特征提取和选择

使用以上平台对实验样本进行自动化分析,记录每个样本的 Native API 调用序列,这些 Native API 调用序列还不能直接使用机器学习分类算法进行处理。使用分类算法之前,必须把每个样本的 Native API 调用序列转换为特征矢量。在不知道哪些子序列具有语义信息的情况下,只能以固定窗口大小在 Native API 调用序列中滑动,产生大量的短序列,由机器学习方法选择可能区分恶意软件和良性软件的短序列作为特征,产生短序列的方法称为 n-grams。n-grams 模型也称为 Markov 链,n-grams 是在给定的长序列中以窗口 n 为大小滑动产生长度为 n 的部分重叠连续短子序列。n-grams 模型广泛应用于自然语言处理、信息检索、生物信息学、通信等领域。对于 Native API 调用序列 NtClose→NtOpenFile→NtFsControlFile→NtQueryAttributesFile→NtOpenSection→NtMapViewOfSection,如果以 3-grams 产生连续部分重叠的短序列,将得到"NtClose→NtOpenFile→NtFsControlFile"、"NtOpenFile→NtFsControlFile→ NtQueryAttributesFile"、"NtFsControlFile→ NtQueryAttributesFile→NtOpenSection" 和 "NtQueryAttributesFile→NtOpenSection→NtMapViewOfSection"四个短序列。

每个短序列特征的权重表示为 TF.IDF 值,n-grams 中滑动窗口的长度 n 取多大会得到较好的实验结果,本实验用同样的实验过程进行了 $n=2,3,4,5$ 的实验,以尽可能地保留较多的语义信息。n-grams 产生的短序列非常庞大,以 1000 个 API 和短序列长度 $n=4$ 为例,将产生 $1000^4=10^{12}$ 个特征,如此庞大的特征集在计算机内存中存储和执行时间上都是问题。本实验统计了每个特征的文档频率

(DF),DF 是指包含该特征的样本文件的数目。如果特征的 DF 较小,则对机器学习可能没有意义,本实验选取了 DF 最高的 5000 个特征。

　　初次过滤后剩余的 5000 个特征对分类学习仍然过多,需要使用特征选择算法选择最相关的一组特征子集。本实验对 n-grams 模型中 $n=2,3,4,5$ 产生的特征使用过滤式特征选择算法——CfsSubsetEval[31]进行特征选择,以确定较优的特征子集。$n=2,3,4,5$ 产生的 Native API 短序列特征保留的语义信息各不相同,存在着互补。通过把 $n=2,3,4,5$ 过滤选择后的 Native API 短序列特征进行组合,得到不同长度短序列的特征。组合后的特征数量是 195 个,对于分类学习仍然较多,再次使用过滤式特征选择算法——CfsSubsetEval 进行特征选择,得到最终用于分类学习的 14 个特征。经过上述过程的处理,得到维度较低、语义信息量丰富和能较好地区分恶意软件及良性软件的有效特征。

11.5.4　分类

　　经过特征提取和选择后的特征,作为分类算法的输入训练学习得到分类模型。在分类阶段,实验的目标是选择一个能从 Native API 序列中有效学习恶意软件和良性软件区分规则的分类器。本章的实验使用了四个经典的机器学习分类算法——J48[31]、RandomForest[32]、AdboostM1(J48)[33]和 Bagging(J48)[34]。遵循大部分研究人员的惯例,四个算法都使用开源机器学习平台 WEKA[31]的实现版本,使用标准工具的目标是消除分类算法实现差异导致的评价偏差。

11.6　实验结果与分析

11.6.1　实验结果分析

　　本章实验使用 10 折交叉验证实验方法,应用 J48、Random Forest、AdboostM1(J48)、Bagging(J48)四种分类算法进行分类,基于变长 Native API 调用序列的检测结果如表 11.2 所示。为了评估变长 Native API 调用序列检测方法的性能改进,对 Native API 调用序列 2-grams、3-grams、4-grams、5-grams 选择后的特征,也使用以上四种分类算法进行实验,实验结果如表 11.2 所示。

表 11.2　基于 Native API 调用序列的恶意软件检测方法实验结果

特征表示	特征数量/个	分类算法	检测率/%	误报率/%	准确率/%	AUC
2-grams	31	J48	97.2	3.6	96.9	0.969
		Random Forest	98.5	3.6	97.7	0.993
		AdboostM1(J48)	97.9	3.3	97.5	0.993
		Bagging(J48)	97.9	3.0	97.5	0.988

续表

特征表示	特征数量/个	分类算法	检测率/%	误报率/%	准确率/%	AUC
3-grams	49	J48	95.7	5.8	95.1	0.979
		Random Forest	95	6.3	94.5	0.977
		AdboostM1(J48)	94.8	5.1	94.9	0.988
		Bagging(J48)	95.5	4.4	95.5	0.982
4-grams	54	J48	97.9	2.0	97.9	0.98
		Random Forest	97.5	2.7	97.4	0.99
		AdboostM1(J48)	97.5	1.9	97.7	0.991
		Bagging(J48)	97.7	1.7	98	0.987
5-grams	61	J48	97.9	1.8	98	0.981
		Random Forest	97.5	2.6	97.5	0.989
		AdboostM1(J48)	97.4	1.8	97.7	0.99
		Bagging(J48)	97.9	1.7	98.1	0.987
变长 Native API 调用序列	14	J48	99	0.7	99.1	0.989
		Random Forest	99.2	0.7	99.2	0.996
		AdboostM1(J48)	99.2	0.7	99.2	0.996
		Bagging(J48)	99	0.6	99.2	0.992

　　为了对比 Native API 调用序列2-grams、3-grams、4-grams、5-grams、变长短序列的各项评价指标,基于四种分类算法中表现较好的 Bagging(J48)算法对五种特征表示的实验结果进行了对比,检测率和准确率对比如图 11.6 所示,误报率对比如图 11.7 所示,AUC 值对比如图 11.8 所示。

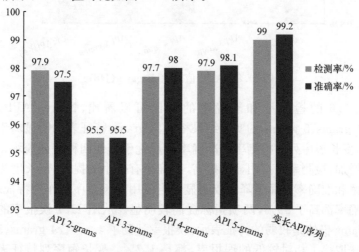

图 11.6　检测率和准确率对比(Bagging(J48))

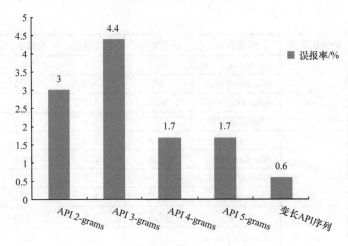

图 11.7　误报率对比(Bagging(J48))

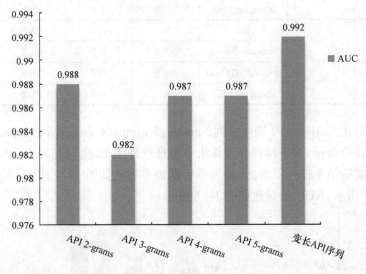

图 11.8　AUC 值对比(Bagging(J48))

　　从图 11.6 的检测率和准确率的对比可以看出,Native API 调用序列 2-grams、4-grams、5-grams 的实验结果相当,3-grams 特征表示明显弱于其他四种特征表示,变长短序列的检测率和准确率明显优于其他四种特征表示。随着短序列长度的增加,检测率没有明显的提高,准确率有微小的提升,但长度为 3 的短序列的检测率和准确率反而下降比较明显。当使用变长短序列作为特征表示时,检测率和准确率都高于 99%,两项指标提高较明显。从图 11.7 误报率的对比可以看出,3-grams 仍然是较弱的特征表示,误报率达到了 4.4%。4-grams、5-grams 特征表示方法取得了相对较低的误报率,都是 1.7%。变长短序列特征表示方法取得了最低的误报率,是 0.6%。随着短序列长度的增加,总体上误报率有一定程度的下降,但 3-grams 特征表示方法的误报率反而升高。当使用变长短序列作为特征表示时,误报率下降比较明显,是比较理想的实验结果。从图 11.8 的 AUC 值对比可以看出,3-grams 仍然是相对较弱的特征表示方法,其他四种特征表示方法性能相当,变长短序列特征表示方法稍微优于其他特征表示方法,AUC 值是0.992,已经非常接近 AUC 的最优值 1。

综合考虑五种特征表示方法的四项评价指标,随着短序列长度的增加,实验结果并没有明显提高,3-grams 特征表示方法的各项指标反而下降比较明显。变长短序列特征表示方法的四项指标都是最好的,明显优于其他特征表示方法,四项指标都已经非常接近最优值。总体来说,使用变长短序列特征表示方法明显地改进了实验的各项性能指标,取得了较理想的实验结果,也明显优于相关文献报道的动态方法的实验结果。

从表 11.2 可以看出,随着短序列长度的增加,选择过滤后的特征数量有一定程度的增加,但实验结果的各项指标提高并不明显,可能的原因是短序列长度的增加导致特征值的权重变得稀疏,有较好区分度的特征变少,需要增加部分特征保持分类学习时较好的区分度。变长短序列的特征表示方法使用的特征最少,共 14 个特征,但取得了最优的检测结果,这说明变长短序列实现了特征类型之间的互补,尽可能地保留了更多的语义信息,对机器学习算法具有较好的区分度。

从表 11.2 可以看出,对于本章实验的场景,四种分类算法的各项性能指标相当,集成学习算法(Boosting 和 Bagging)并没有明显改进 J48 算法的性能,集成学习算法 Random Forest 也没有明显优于其他三种分类算法。在四项评价指标中,三种集成学习算法(Random Forest、AdboostM1(J48)、Bagging(J48))的 AUC 值稍微优于 J48 算法,四种算法的检测率、准确率、误报率基本相当。总体来说,本章方法所使用的特征是比较稳定有效的,所使用的四种算法都取得了较理想的实验结果,使用不同的分类算法,对实验结果影响并不明显。

11.6.2　特征分析

恶意软件和良性软件的变长 Native API 短序列特征的均值如表 11.3 所示。从表 11.3 可以看出,恶意软件和良性软件这些特征的均值差异非常明显。这些特征中部分有明显的语义,较容易解释,但部分特征很难解释存在如此明显的差异的原因。

表 11.3　组合选择后特征的均值对比

组合后选择的特征	均值(数量级 10^{-6})	
	恶意软件	良性软件
NtAccessCheckByType→NtClose	251.8	5.9

组合后选择的特征	均值(数量级 10^{-6})	
	恶意软件	良性软件
NtWriteVirtualMemory→NtFreeVirtualMemory	2448.2	14543.5
NtCreateSemaphore→NtTestAlert	162.5	2915.6
NtQueryInformationProcess→NtQueryAttributesFile→NtQueryAttributesFile	3249.7	1.4
NtClose→NtSetEvent→NtDelayExecution	519.2	4597.4
NtOpenProcessToken→NtReleaseSemaphore→NtWaitForSingleObject	1.4	862.6
NtAllocateVirtualMemory→NtRequestWaitReplyPort→NtQueryAttributesFile	1148.9	71.4
NtQueryValueKey→NtCreateEvent→NtConnectPort	8.7	2169
NtWaitForMultipleObjects → NtWaitForMultipleObjects → NtWaitForMultipleObjects→NtWaitForMultipleObjects	520.9	4630.1
NtQueryInformationFile→NtSetInformationFile→NtSetInformationFile→NtClose	6.4	367.1
NtOpenProcessTokenEx→NtQueryInformationToken→NtClose→NtOpenKey→NtOpenThreadTokenEx	831.1	0
NtOpenKey→NtOpenKey→NtOpenKey→NtQueryDefaultUILanguage→NtQueryInstallUILanguage	0	893.7
NtClose→NtQueryValueKey→NtClose→NtOpenSection→NtMapViewOfSection	4421.8	0
NtWaitForMultipleObjects→NtClose→NtSetEvent→NtClose→NtClose	1499.3	10.9

　　NtAccessCheckByType→NtClose 短序列检查调用者是否具有指定的访问权限,然后关闭调用者对象,恶意软件的该短序列均值是良性软件的 42 倍,这说明恶意软件频繁地测试是否具有访问某些对象的权限。NtWriteVirtualMemory→NtFreeVirtualMemory 短序列向目标进程的虚拟内存写,然后释放目标进程中的虚拟内存,良性软件的该短序列均值是恶意软件的 6 倍。NtCreateSemaphore→NtTestAlert 短序列创建信号灯,然后检查是否有线程在等待警报,良性软件的该短序列均值是恶意软件的 18 倍。

　　NtQueryInformationProcess→NtQueryAttributesFile→NtQueryAttributesFile 短序列获取指定进程的信息,获取指定文件的属性信息,再次获取指定文件的属性信息,恶意软件的该短序列均值是良性软件的 2321 倍,该短序列说明恶意软件频繁地获取其他进程的信息,查询文件的属性,该短序列具有明显的恶意性。NtClose→NtSetEvent→NtDelayExecution 短序列关闭指定对象,设置指定事件对象为已通知状态,暂停当前线程并在指定时间后执行,良性软件的该短序列均值是恶意软件的 9 倍。

　　NtOpenProcessToken→NtReleaseSemaphore→NtWaitForSingleObject 短序列打开指定进程的令牌,给信号灯增加指定的量,然后使线程进入等待状态,直到一个特定的内核对象变为已通知状态,良性软件的该短序列均值是恶意软件的 616 倍。

NtAllocateVirtualMemory→NtRequestWaitReplyPort→NtQueryAttributes-File 短序列在指定进程的虚拟空间中申请一块内存,向指定端口发送请求的消息并等待应答,获取指定文件的属性信息,恶意软件的该短序列均值是良性软件的 16 倍,该短序列也是对其他进程虚拟内存和相应文件属性的查询,也具有明显的恶意性。NtQueryValueKey→NtCreateEvent→NtConnectPort 短序列获取注册表中指定键的值,然后创建一个事件对象,当前线程向服务线程发出连接请求,良性软件的该短序列均值是恶意软件的 249 倍。

NtWaitForMultipleObjects→NtWaitForMultipleObjects→NtWaitForMulti-pleObjects→NtWaitForMultipleObjects 短序列连续四次使一个线程或多个线程进入等待状态,直到一个特定的内核对象变为已通知状态,良性软件的该短序列均值是恶意软件的 9 倍。

NtQueryInformationFile → NtSetInformationFile → NtSetInformationFile → NtClose 短序列获取文件对象的信息,然后修改文件对象的信息,再次修改文件对象的信息,关闭文件对象,良性软件的该短序列均值是恶意软件的 57 倍。NtOpen-ProcessTokenEx → NtQueryInformationToken →NtClose → NtOpenKey→NtOpen ThreadTokenEx 打开指定进程的令牌,获取令牌对象的信息,关闭令牌,打开注册表中指定键的对象,打开指定线程的令牌,恶意软件的该短序列均值为 831.1,良性软件的该短序列均值为 0,该短序列也是进程和注册表的敏感操作,具备明显的恶意性。

NtOpenKey→NtOpenKey→NtOpenKey→NtQueryDefaultUILanguage→Nt-QueryInstallUILanguage 短序列重复 3 次打开注册表中指定键的对象,获取缺省的用户接口语言,获取安装的用户接口语言,恶意软件的该短序列均值为 0,良性软件的该短序列均值为 893.7。

NtClose→NtQueryValueKey→NtClose→NtOpenSection→NtMapViewOf-Section 短序列关闭指定对象,获取注册表中指定键的值,关闭指定对象,打开 Section 对象,映射 Section 对象到进程的虚拟内存,恶意软件的该短序列均值为 4421.8,良性软件的该短序列均值为 0,该短序列也是对注册表和虚拟内存的敏感操作,也具有恶意性。

NtWaitForMultipleObjects→NtClose→NtSetEvent→NtClose→NtClose 短序列设置一个线程或多个线程进入等待状态,直到一个特定的内核对象变为已通知状态,关闭指定对象,设置指定事件对象为已通知状态,连续两次关闭指定对象,恶意软件的该短序列均值是良性软件的 137 倍。

综合以上对比分析可以看出,对于涉及权限查询、文件操作、进程和线程操作、系统内核对象的操作的短序列,恶意软件的均值一般明显高于良性软件的均值,而常规的 API 调用短序列,良性软件的均值一般明显高于恶意软件的均值。选择出的变长 Native API 短序列特征的均值在恶意软件和良性软件间差异比较明显,具备较好的区分度。

11.7　本章小结

本章提出了基于动态变长 Native API 序列的恶意软件检测方法,使用比较多样的恶意软件和良性软件样本进行了实验,取得了 99.2% 的检测率、0.7% 的误报率和 99.2% 的总体准确率。评价的重要指标 AUC 值达到 0.996,已经非常接近最优值 1。通过与固定长度 2-grams、3-grams、4-grams、5-grams 特征表示方法进行对比,本章方法在四项性能指标方面都提高比较明显,也明显优于相关文献报道的动态方法的实验结果。本章使用了四种分类算法(J48、Random Forest、AdboostM1(J48)、Bagging(J48))进行了实验,四种分类算法实验结果相当,实验结果显示本章方法所使用的特征是比较有效的。

本章检测方法的主要贡献如下:①提出动态变长 Native API 序列的恶意软件检测方法。②在基于 API 调用序列的方法中首次引入 TF. IDF 表示每个 n-grams 特征的权值。③对于 n-grams 方法产生的 API 短序列数量特别庞大,导致机器学习算法无法处理,引入 DF,选取了 DF 最高的 5000 个特征,对庞大的特征进行了初筛。

本章提出的方法有以下的优点:①本章方法使用了变长 Native API 短序列作为特征表示方法,尽可能地保留了 Native API 调用序列中更多的语义信息,实现了不同长度特征类型之间的互补。②本章方法的实验过程可以全自动地实现,无需人工干预。国内外相关动态检测方法大部分是手动分析可执行样本,记录样本的 API 调用序列。本章方法使用自动化分析平台直接监控样本的 Native API 调用序列,解决了从用户态监控 API 调用导致的漏监控缺陷。③基于静态 API n-grams 的恶意软件检测方法是只使用了 API 调用序列的局部语义信息,没有从程序的执行流程提取全局 API 调用序列语义信息,没有有效利用 API 调用短序列的频率信息,特征表示比较简单,只对能反汇编成功的文件有效,不能处理无法反汇编的文件。本章方法属于动态检测方法,有效地解决了静态 API n-grams 检测方法的以上不足,对经过加壳、变形、多态、抗反汇编的恶意软件仍然有效。

本章提出的方法也存在以下不足:①由于动态运行时只遍历了有限的执行路径,没有呈现出恶意软件的完整态势,后续工作中将改进动态分析平台,尽可能地遍历执行样本的所有可执行路径。②由于同一样本在不同的硬件和软件配置环境下执行,可能会得到有细微差别的 Native API 调用序列,从而会影响本章方法的稳定性,后续工作中将进行深入研究,有效解决该问题。③本章提出的方法只使用了 PE 格式的 EXE 文件进行了实验,没有使用脚本恶意软件和宏病毒,实验样本的覆盖面还存在不足。

参 考 文 献

[1] Cohen F. Computer viruses: Theory and experiments. Computers & Security, 1987, 6(1): 22-35.

[2] Cohen F. Computational aspects of computer viruses. Computers & Security, 1989, 8(4): 297-298.

[3] Forrest S, Hofmeyr S A, Somayaji A, et al. A sense of self for Unix processes. Proceedings of the IEEE Symposium on Security & Privacy, 1996, 11(30): 120-128.

[4] Wespi A, Dacier M, Debar H. Intrusion detection using variable-length audit trail patterns. Recent Advances in Intrusion Detection, 2000: 110-129.

[5] Rigoutsos I, Floratos A. Combinatorial pattern discovery in biological sequences: The TEIRESIAS algorithm. Bioinformatics, 1998, 14(1): 55-67.

[6] Sekar R, Bendre M, Dhurjati D, et al. A fast automaton-based method for detecting anomalous program behaviors. Proceedings of the IEEE Symposium on Security & Privacy, 2001: 144-155.

[7] Ye N. A Markov chain model of temporal behavior for anomaly detection. Proceedings of the 2000 IEEE Systems, Man, and Cybernetics Information Assurance and Security Workshop, West Point, 2000, 166: 169.

[8] Bonfante G, Kaczmarek M, Marion J Y. Architecture of a morphological malware detector. Journal in Computer Virology, 2009, 5(3): 263-270.

[9] Belaoued M, Mazouzi S. Statistical study of imported APIs by PE type malware. 2014 International Conference on Advanced Networking Distributed Systems and Applications (INDS), IEEE Computer Society, 2014: 82-86.

[10] Schultz M G, Eskin E, Zadok E, et al. Data mining methods for detection of new malicious executables. 2001 IEEE Symposium on Security and Privacy, 2001: 38-49.

[11] Sami A, Yadegari B, Rahimi H, et al. Malware detection based on mining API calls. Proceedings of the 2010 ACM Symposium on Applied Computing, 2010: 1020-1025.

[12] Yan X, Han J, Afshar R. CloSpan: Mining closed sequential patterns in large datasets. Proceedings of the SIAM International Conference on Data Mining, Society for Industrial and Applied Mathematics, 2003: 166-177.

[13] Sung A H, Xu J, Chavez P, et al. Static analyzer of vicious executables. Computer Security Applications Conference, 2005: 326-334.

[14] Shankarapani M K, Ramamoorthy S, Movva R S, et al. Malware detection using assembly and API call sequences. Journal in Computer Virology, 2011, 7(2): 107-119.

[15] Iwamoto K, Wasaki K. Malware classification based on extracted APT sequences using static analysis. Proceedings of the Asian Internet Engineeering Conference, 2012: 31-38.

[16] Veeramani R, Nitin R. Windows API based malware detection and framework analysis. International Journal of Scientific & Engineering Research, 2012, 3(3): 1-6.

［17］ Alazab M,Layton R,Venkataraman S,et al. Malware Detection Based on Structural and Behavioural Features of API Calls. Perth:School of Computer & Information Science Security Research Centre Edith Cowan University Perth Western Australia,2010.

［18］ Nair V P,Jain H,Golecha Y K,et al. MEDUSA:MEtamorphic malware dynamic analysis using signature from API. Proceedings of the 3rd International Conference on Security of Information and Networks,2010:263-269.

［19］ Chen F,Fu Y. Dynamic detection of unknown malicious executables base on API interception. International Workshop on Database Technology & Applications,2009:329-332.

［20］ Khaled A,Al-Sheshtawi K A,Ul-Kader H M,et al. Artificial immune clonal selection classification algorithms for classifying malware and benign processes using API call sequences. International Journal of Computer Science and Network Security,2010,10(4):31-39.

［21］ Ravi C,Manoharan R. Malware detection using Windows API sequence and machine learning. International Journal of Computer Applications,2012,43(17):12-16.

［22］ Cheng Y C,Tsai T S,Yang C S. An information retrieval approach for malware classification based on Windows API calls. 2013 International Conference on Machine Learning and Cybernetics(ICMLC),2013:1678-1683.

［23］ Ahmed F,Hameed H,Shafiq M Z,et al. Using spatio-temporal information in API calls with machine learning algorithms for malware detection. Proceedings of the 2nd ACM Workshop on Security and Artificial Intelligence,2009:55-62.

［24］ VXHeavens. http://vx. netlux. org[2015-5-20].

［25］ Willems C,Holz T,Freiling F. Toward automated dynamic malware analysis using cwsandbox. IEEE Security & Privacy,2007,(2):32-39.

［26］ Solutions N. Norman sandbox whitepaper. 2003.

［27］ Jiang X,Wang X. "Out-of-the-box" monitoring of VM-based high-interaction honeypots. Recent Advances in Intrusion Detection,2007:198-218.

［28］ Kruegel C,Kirda E,Bayer U. TTAnalyze:A tool for analyzing malware. Proceedings of the 15th European Institute for Computer Antivirus Research(EICAR 2006) Annual Conference,2006,4.

［29］ Guarnieri C,Developers C S. Automated Malware Analysis-Cuckoo Sandbox. 2012.

［30］ Dinaburg A,Royal P,Sharif M,et al. Ether:Malware analysis via hardware virtualization extensions. Proceedings of the 15th ACM Conference on Computer and Communications Security,2008:51-62.

［31］ Witten I H,Frank E,Hall M A. Data Mining:Practical Machine Learning Tools and Techniques. 3rd Ed. Boston:Morgan Kaufmann,2011.

［32］ Breiman L. Random forests. Machine Learning,2001,45(1):5-32.

［33］ Freund Y,Schapire R E. A decision-theoretic generalization of on-line learning and an application to boosting. Journal of Computer and System Sciences,1997,55(1):119-139.

［34］ Breiman L. Bagging predictors. Machine Learning,1996,24(2):123-140.

第12章 基于多特征的移动设备恶意代码检测方法

12.1 引 言

近年来,移动设备数量的增量惊人,根据权威调查公司的统计数据显示,2013年第三季度,全球智能手机的销售量为 2.5 亿多台。其中 Android 系统占据了80%的份额[1]。根据工业和信息化部发布的数据,我国移动互联网用户达到 9.64亿户,移动电话普及率达到 95.5 部/百人[2]。截至 2016 年底,有 23 亿台计算机、平板电脑以及智能手机使用 Android 系统。Android 系统的快速发展使其迅速地占领了市场,成为一个占主导地位的移动端智能手机平台,并拥有了大部分的市场份额。

由于拥有巨大的用户量,基于 Android 平台的移动设备成为恶意代码攻击者的主要目标之一,已形成了集恶意应用开发、发布、预装、传播为一体的获利链条,是造成移动应用市场不安定的首要因素。其主要攻击手段为"重打包"技术,即攻击者首先下载正常应用程序,随后将其破解、添加恶意代码、添加广告,之后再重新打包,并在应用平台发布。在这样的情况下,用户难以正确识别正常的移动应用软件。当用户下载带有恶意程序的应用并安装后,这些应用会在用户不知情的情形下触发恶意扣费、系统破坏、隐私窃取、访问不良信息等恶意行为,给用户带来经济损失和信息安全问题。还有一些软件,并不具备通常意义上的恶意行为,但在为用户服务过程中会进行一些敏感危险行为,如获取隐私信息、擅自连接网络或发送短信,这些行为也可能会泄露用户隐私,并为用户带来经济损失。

在我国,基于 Android 平台的恶意代码泛滥情况尤为严重。根据来自 Trust-Go 公司的一份调查报告所示,Google play 上有 3.15%的应用有可能泄露用户隐私或者存在恶意行为。而在第三方应用市场,如国内主要的应用市场"91 手机助手"上,恶意应用的比例则为 19.7%[3]。这种情况产生的一个重要原因是国内用户较难直接从 Google play 下载应用,因而滋养了大量管理混乱的第三方应用市场,对 Android 设备的安全带来了严重的威胁。

为了对抗恶意代码的攻击,安全研究人员开展了大量的工作。目前主要的恶意代码检测方法可以分为动态检测和静态检测两种。动态方法是在系统运行过程中收集应用程序的一些行为信息。优点是绕过了静态方法遇到的代码混淆和加密等方面的问题,缺点是动态测试代码覆盖率低,并且有些恶意程序可以防止自身在模拟器下运行,当在模拟器下运行时会自动崩溃;静态方法则侧重于使用反编译技术,并在反编译后得到的中间代码上进行特征提取和数据分析来进行恶意代码检测。其优点是代码覆盖率高,缺点是很难检测混淆、加密处理的恶意代码。

以上两类检测方法均大量使用了数据挖掘技术,该技术可以从大量样本中挖掘出有意义的信息和恶意应用的行为特征,因而被很多研究者使用,并以此来检测未知的恶意应用。但目前很多基于数据挖掘技术的 Android 移动应用恶意代码检测技术均侧重于从某一方面的特征入手进行检测,致使这些方法存在以下几方面的局限性:①针对某类特征的恶意代码检测技术中,不同的数据挖掘算法有不同的检测效率,不容易预知最优的算法;②同一种算法对不同类型的特征检测效果不一定都是最优的;③使用单一的算法不能充分发挥每类特征在 Android 恶意应用检测时所起的不同作用。基于以上问题,本章提出一种基于多特征的恶意代码检测技术,能够较好地弥补这些缺陷。

12.2　相关工作

目前,基于单类特征分析的恶意代码检测的方法不断增加,并陆续开始出现了一些基于多特征的检测方法。这些检测方法主要可以分为三类:①基于签名的恶意代码检测技术;②基于静态分析的恶意代码检测技术;③基于动态分析的恶意代码检测技术。这三类方法的核心思想都是分析和提取样本的特征,从而能识别已知的恶意代码。

参照基于 Windows 平台的恶意代码检测算法,较早出现的移动端病毒检测方法是基于签名的检查方法,如文献[4]重点介绍了基于特征码的恶意代码检测方法。国外著名的 Android 恶意代码检测工具 Androguard 也是基于签名的方法。该类方法的主要缺点是无法检测未知恶意应用。

为了提高检测性能,基于 Android 恶意代码的静态检测技术开始被广泛研究。该方法首先要对应用程序进行反编译(如文献[5]和[6]等),从而提取出不同的特征。例如,Kirin[6] 通过检查用于恶意应用程序的权限来识别恶意代码;Stowaway[7] 通过分析权限提升后的 API 调用来进行检测;RiskRanker[8] 则通过静态分析来定义和评价应用程序的安全级别。

本章提取静态特征来识别恶意应用,如权限、网络地址和 API 调用等。并在此基础上进行进一步的改进,如放弃各种手动检测模式,而采用机器学习的方式来分析从静态分析中提取的特征。同时,也对机器学习的效率进行评价,选择效率最稳定的机器学习算法来提高检测效率。

在动态检测方面,检测效果比较好的系统有 TaintDroid[9] 和 DroidScope[10]。TaintDroid 系统定义并标记了应用的敏感信息,通过污点分析的方法来检测恶意代码。而 DroidScope 系统则通过对 Android 平台不同层面的信息进行分析和识别。虽然这两种方法都提供了其动态分析的具体细节和技术,但由于移动设备系统资源限制较强,两种方法都很难真正部署并应用在手机上。

基于这样的局限性,动态分析主要应用于离线检测恶意软件,这样才能进行大量样本的分析。例如,DroidRanger[11]、AppsPlayground[12] 和 CopperDroid[13],这三种检测方法都可以成功地应用于动态检测目标应用的恶意行为。但需要注意的是,这些方法虽然能够在系统资源较充足的平台上较好、较方便地检测官方 Android 市场的应用,但是由于 Android 平台的开放性,用户通常也会从其他来源获取应用,如网页、论坛、移动存储设备、内存卡等。因此,在移动端部署能实时检测恶意代码的工具的需求是客观存在的。Paranoid Android[14] 是为数不多的能够较好地运行于移动设备的检测机制。它将一个虚拟的克隆机部署在一个专用的服务器上,与移动设备同步运行并传输数据。这种方式虽然能够使虚拟机上的检测不影响真实的移动设备使用,但是由于移动应用中存在大量重复的功能,同时对虚拟机能承担海量智能手机的同步运行的要求非常难实现,使得这种技术不能大范围使用。

在自动检测方面,传统人工检测的效率很低并且更新困难,使越来越多的研究者使用机器学习来辅助进行恶意代码检测,从而产生了很多基于机器学习的检测方式,如文献[15]和[16]等。这些机器学习的算法主要专注于对恶意软件的检测率,而在检测算法的综合效率、分类算法适用性等方面考虑较少。本章中提出的方法能够为更好地解决这些问题提供参考。

12.3　检测模型设计

12.3.1　检测模型整体框架

为了使恶意代码的检测程序能够在移动端运行,检测程序必须是轻量级的且能够有效捕捉到典型的恶意行为。基于此要求,本章检测方法的原理为:首先从不同的信息源提取特征,并将其放在向量空间中进行机器学习。之后,对不同信息源的机器学习输出,采用 Dempster-Shafer 证据理论(D-S 证据理论)进行融合,如图 12.1 所示。

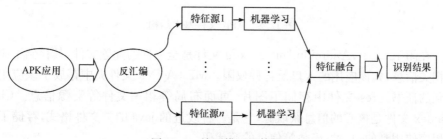

图 12.1　检测模型整体框架

　　具体步骤如下：

　　(1) 不同信息源的特征提取。首先对 APP 应用进行反编译,得到其反编译后的代码,并从中提取出不同层面的信息作为独立的信息源。之后再从这些信息源中分别提取出它们的特征。

　　(2) 机器学习阶段。把步骤(1)中提取出的不同信息源的特征分别放入不同的特征向量中,在进行机器学习后获取结果。在此步骤中,比较了不同的机器学习算法结果,并决定采用分类效果最稳定的 SVM 算法作为分类器。

　　(3) 信息融合阶段。将步骤(2)中各信息源的特征经过机器学习算法分类后的结果,使用 D-S 理论进行信息融合,得到最终的检测结果。

12.3.2　恶意代码特征提取

　　本章检测方法所使用的特征均来自于对恶意应用的逆向分析,首先要完成的就是对 Android 执行文件的解析,从中提取出需要用到的权限、函数、类等特征信息。基于 Android 平台的应用执行文件称为 APK 文件,它本质上是一种压缩文件,其结构和 zip 等格式的压缩文件非常类似。如果把 APK 文件的后缀 .apk 修改为 .zip,就能够使用解压软件直接进行解压。通常情况下,对 APK 文件解压缩后能够得到如图 12.2 所示的文件结构。

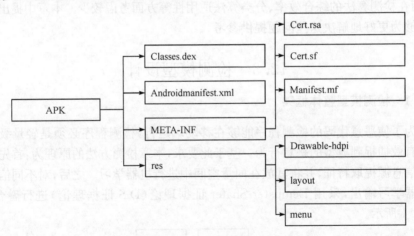

图 12.2　APK 文件基本结构

　　在图 12.2 中,Androidmanifest.xml 文件是全局性的配置文件,其存储了应用的相关信息,如该应用的入口及各种权限。META-INF 文件夹中存放了该应用使用到的证书。res 文件中存储了图片、页面布局等相关文件等资源信息。Classes.dex 文件是核心的信息获取源,它是一种改进的 java 的类文件格式,存储了应用程序使用到的包、类、函数等信息的源代码。

　　在提取特征阶段,通过对 APK 文件的反编译,能够获取上述文件的反编译代码,从中获取的特征信息主要包括以下几个方面。

　　1) 敏感权限

　　权限是 Android 安全机制中的一个重要组成部分。Android 是一个权限分离的系统。利用基于 Linux 构建这一特点,Android 平台可以使用 Linux 已有的权限管理机制进行工作。通过为每一个应用程序分配不同的 UID 和 GID,能够隔离不同应用程序之间的私有数据和访问。在此基础上,Android 还定义了自己的权限机制来进行安全保护,它的主要功能是用来对某应用程序可以执行的某些具体操作进行权限细分和访问控制。

　　一个权限主要包含三个方面的信息:权限的名称、所属的权限组和保护级别。权限组是指把权限按照功能分成的不同的集合,每一个权限组包含若干具体权限,例如,在 COST_MONEY 组 中 包 含 android.permission.SEND_SMS、android.permission.CALL_PHONE 等与费用相关的权限。每个权限通过保护级别来标识,保护级别名称包括 normal、dangerous、signature 和 signatureorsystem。不同的保护级别代表了程序要使用此权限时的认证方式。normal 的权限只要申请了就可以使用;dangerous 的权限在安装时需要用户确认才可以使用;signature 和 signatureorsystem 的权限需要使用者的 APP 和系统使用同一个数字证书。

　　虽然权限机制的出发点是保护用户免遭恶意代码的攻击,但在实际使用中,因为用户对权限了解甚少,致使权限的保护功能往往被最小化,甚至成为恶意攻击的目标。通过对 Android 各种权限在正常样本和恶意代码中的使用情况,对其重新整理和归类,发现了恶意代码在入侵过程中的常用权限,将其定义为敏感权限,作为恶意代码识别的一种重要特征。

　　2) 函数

　　Android 应用中的函数及其调用关系包含着丰富的行为信息,类似于权限的处理方法,通过分析大量恶意代码样本与正常样本中的函数,本书提取出其中的敏感函数作为检测识别的特征之一。

　　3) 相关组件

　　Android 的应用程序由一些基本的组件构成,这些组件在不同的功能中发挥着不同的作用。Androidmanifest.xml 文件将这些零散的组件绑定在一起。由于重打包技术,与这些组件使用相关的代码也常常包含着恶意行为的信息。

　　4) 控制流图

　　函数的控制流图是一种抽象的数据结构,是一个执行程序内部调用过程和执行情况的抽象表示。

　　基于以上几个层面的特征,能够对一个 APP 应用程序的安全情况做出一个较为综合的评价。

12.4　实验与分析

12.4.1　实验样本准备

本章的实验样本数据集中收集了 1580 个 Android 恶意代码样本,以及 2400 个正常样本。恶意代码样本的创建时间为 2011~2015 年,包含 20 余个病毒家族。正常样本来自于 Google play[17]、360 助手[18]等第三方应用商店,包含 10 余种不同类别的应用。该实验数据集样本充足且涵盖面广,能够适应本实验的需求。

12.4.2　实验主要算法

1. 支持向量机算法

支持向量机(support vector machine)是 Cortes 和 Vapnik 于 1995 年首先提出的,它在解决小样本、非线性及高维模式识别中表现出许多特有的优势,并能推广应用到函数拟合等其他机器学习问题中。支持向量机算法是建立在统计学习 VC 维理论和结构风险最小原理基础上的,根据有限的样本信息在模型的复杂性(对特定训练样本的学习精度,Accuracy)和学习能力(无错误地识别任意样本的能力)之间寻求最佳折中,以获得较好的泛化性能。

需要注意的是,SVM 基本特点中提到的小样本,并不是样本的绝对数量少,而是与问题的复杂度比起来,SVM 算法要求的样本数是相对比较少的。非线性是指 SVM 擅长处理样本数据线性不可分的情况,主要通过松弛变量和核函数实现,是 SVM 的精髓。高维模式识别样本维数很高,通过 SVM 建立的分类器却很简洁,只包含落在边界上的支持向量。

2. 决策树算法

决策树算法是一种逼近离散函数值的方法,它是一种典型的分类方法,其具体工作原理在第 2 章中已进行了详细的介绍。在 Android 恶意代码检测领域,该算法同样具有很好的分类效果,因而被很多检测模型使用。为了测试决策树算法在本章检测模型中的效果,在实验阶段,其被应用到对本模型训练样本的分类中,并与其他分类算法进行了分类效率的比较。在本方法中,主要使用的是决策树算法中的 J48 算法。

3. 贝叶斯算法

贝叶斯算法是探索、处理不确定性知识领域的一种简洁而有效的方法,以概率理论为基础,其学习和推理都由概率规则实现,该算法关键在于使用概率表示各种形式的不确定性,原理是根据新的信息从先验概率得到后验概率。贝叶斯规则指

出,如果存在一个假设 H 和一个样本 E,其中 $P(H)$ 是 H 的先验概率,$P(H|E)$ 是后验概率,$P(H|E)$ 反映在 E 条件下对假定 H 成立的信任程度。$P(E|H)$ 反映出假定 H 成立的前提下,满足 E 条件的概率。后验概率 $P(H|E)$ 比先验概率 $P(H)$ 基于更多的信息,根据不断获取的新信息修正先验概率 $P(H)$,最终得出后验概率 $P(H|E)$。

4. Dempster-Shafer 证据理论

证据理论是 Dempster 于 1967 年首先提出,由他的学生 Shafer 于 1976 年进一步发展起来的一种不精确推理理论,故称为 Dempster-Shafer(D-S)证据理论,该理论属于人工智能范畴,最早应用于专家系统中,具有处理不确定信息的能力。作为一种不确定推理方法,证据理论的主要特点是:满足比贝叶斯概率论更弱的条件;具有直接表达“不确定”和“不知道”的能力。其主要内容如下。

首先要明确的是识别框架,它是证据理论中最基本的概念,取决于人们能知道什么和想知道什么。任一关注命题都对应于识别框架 Θ 的一个子集。如果式(12.1)成立,即

$$m(\Phi)=0,\quad \sum_{A\subseteq\Theta}m(A)=1 \tag{12.1}$$

则称 $m:2^\Theta\to[0,1]$ 为 Θ 上的基本信度赋值(BBA),也称为 mass 函数。2^Θ 表示 Θ 的幂集,即 Θ 所有子集所构成的集合,信任函数(Bel)和似真函数(Pl)定义为

$$\mathrm{Bel}(A)=\sum_{B\subseteq A}m(B),\quad \forall A\subseteq\Theta \tag{12.2}$$

$$\mathrm{Pl}(A)=\sum_{B\cap A\neq\varnothing}m(B) \tag{12.3}$$

对于识别框架 Θ 中的命题(或事件)A,可构成信度区间 $[\mathrm{Bel}(A),\mathrm{PL}(A)]$ 用于描述命题 A 发生可能性的取值范围,即证据理论利用信度区间来描述命题的不确定性。证据理论中的 $m(\Theta)\in[0,1]$,即全集的 mass 赋值用于描述未知性(不知道)。因此证据理论能够区分“不确定”和“不知道”。需要指出的是,依据概率公理,全集的总概率为 $P(\Theta)=1$。

基于 Dempster 规则可获取独立证据 m_1、m_2 的组合或融合结果,即

$$m(A)=\begin{cases}0, & A=\varnothing \\ \dfrac{\displaystyle\sum_{A_i\cap B_j=A}m_1(A_i)m_2(B_j)}{1-K}, & A\neq\varnothing\end{cases} \tag{12.4}$$

式中

$$K=\sum_{A_i\cap B_j=\varnothing}m_1(A_i)m_2(B_j) \tag{12.5}$$

K 称为冲突项,多个证据组合时,Dempster 规则满足结合律和交换律,这有利于信息融合系统的分布式实现。

12.4.3　实验结果分析

对检测效果的评估,本章使用以下几种评价指标:

(1) 检测率(true positive rate,TPR)或灵敏度(sensitivity);

(2) 误报率(false positive rate,FPR);

(3) 精确率(Precision);

(4) 准确率(Accuracy);

(5) AUC。

1. 实验一:不同分类算法在各信息源中的检测效果评价

在该实验中,使用不同的分类算法对敏感函数特征、敏感权限特征、组件信息特征、控制流图特征等进行检测,获得了详细的检测结果,如表 12.1～表 12.4 所示。

表 12.1　不同分类算法对敏感函数特征进行分类结果对比

分类算法	检测率/%	误报率/%	精确率/%	AUC
SVM算法	94.1	6.0	94.5	0.94
决策树算法	93.9	7.4	94.1	0.95
贝叶斯算法	91.7	10.1	92.1	0.94

表 12.2　不同分类算法对敏感权限特征进行分类结果对比

分类算法	检测率/%	误报率/%	精确率/%	AUC
SVM算法	94.2	20.4	94.1	0.87
决策树算法	95.4	18.5	95.5	0.88
贝叶斯算法	93.0	21.5	92.8	0.92

表 12.3　不同分类算法对组件信息特征进行分类结果对比

分类算法	检测率/%	误报率/%	精确率/%	AUC
SVM算法	95.1	10.3	95.0	0.92
决策树算法	94.9	9.1	94.9	0.98
贝叶斯算法	86.8	20.4	86.9	0.95

表 12.4　不同分类算法对控制流图特征进行分类结果对比

分类算法	检测率/%	误报率/%	精确率/%	AUC
SVM算法	95.5	2.9	95.9	0.96
决策树算法	94.1	7.3	94.3	0.95
贝叶斯算法	89.3	17.4	89.2	0.94

通过以上实验可以发现,不同的分类器在进行检测时,效果不尽相同,可以根据不同的需求进行取舍。其中,选择相对稳定且效果较好的 SVM 算法作为主要的分类算法。将本实验中的不同特征经过 SVM 分类得到的结果作为信息源,在实验二中进行信息融合。

2. 实验二:信息融合实验

基于实验一的结果,在本实验中使用 D-S 算法对从不同特征信息源得到的结果进行信息融合,得到如表 12.5 所示的结果。

表 12.5　信息融合结果

参数	敏感函数	敏感权限	控制流	组件信息	融合结果
准确率/%	93.3	90.4	94.3	94.8	97.3
检测率/%	93.3	90.8	94.6	94.9	97.4
误报率/%	6.9	35.2	15.2	3.6	1.9
AUC	0.93	0.78	0.94	0.96	0.98

从该实验结果可以看出,经过信息融合后,检测效果的各检测指标较单一特征的检测效果都有了较大的改善。本系统提取了 Android 应用的多类行为特征,充分反映了 Android 应用恶意行为特征,弥补了采用单一分类或者聚类算法进行检测的缺陷。本书设计的实验收集了更多现实中的应用程序进行检测来验证系统的有效性和准确性。

12.4.4　实验结论

本章中的方法在经过实验论证后,可以总结出以下几方面的特点:

(1) 以往的研究方法大多提取单一种类特征进行分析,本书提出的检测系统提取四种不同类型特征,这些特征较为全面地涵盖了 Android 应用程序的静态特点。

(2) 使用了大量的真实样本来验证本章方法,使实验结果更具说服力。

(3) 机器学习的大量样本的训练阶段采用线下的方式进行,对实际检测过程的程序执行效率不会产生较大影响。

在有待改进的方面:

(1) 本书提出的 Android 恶意应用检测系统具有一定的扩展性,主要表现在两个方面。一是特征类型方面,可以加入更多类型的特征,不仅局限于本书提出的特征;二是基础分类器的选择,本书比较了三种常用的分类算法,也可以采用更多的分类算法进行比较。

（2）本章提出的 Android 恶意应用的检测强调将不同的特征作为信息源，而在对每类特征的分析算法方面还有继续改进的空间。

12.5　本章小结

　　本章采用不同的方式提取 Android 应用的多类行为特征，通过设计信息融合的检测模型进行恶意代码检测。一方面克服了基于单类特征静态分析的缺点，另一方面充分考虑了不同类型特征在 Android 恶意行为检测中所起的不同作用，对各类特征分别选取最优算法并给出分类结果。在实验中，通过对大量样本的测试，证明了该模型对 Android 恶意代码的检测效果良好。下一步工作更深入地研究恶意样本特征，发掘更加隐蔽的特征（如网络通信或功能替代方面的特征），同时也可以改进特征融合算法或使用精度更高的基础分类算法来完善检测模型。

参 考 文 献

［1］Gartner Says Smartphone Sales Accounted for 55 Percent of Overall Mobile Phone Sales in Third Quarter of 2013. http://www. gartner. com/newsroom/id/2623415［2013-11-10］.

［2］2015 年 12 月通信业主要指标完成情况. http://www. miit. gov. cn/newweb/n1146312/n1146904/n1648372/c4610257/content. html［2016-1-2］.

［3］云安全：百亿美元的市场百万款染病的 APP. http://www. xue163. com/22/1220/227925. html［2016-7-10］.

［4］Wang F F. Study on Detection and Protection Techniques of Mobile Phone Malicious Code Under the Android Platform. Beijing：Beijing Jiao Tong University，2012.

［5］Enck W，Octeau D，McDaniel P，et al. A study of Android application security. Proceedings of USENIX Security Symposium，2011：1175.

［6］Enck W，Ongtang M，McDaniel P D. On lightweight mobile phone application certification. Proceedings of ACM Conference on Computer and Communications Security（CCS），2009：235-245.

［7］Felt A P，Chin E，Hanna S，et al. Android permissions demystified. Proceedings of ACM Conference on Computer and Communications Security（CCS），2011：627-638.

［8］Grace M，Zhou Y，Zhang Q，et al. RiskRanker：Scalable and accurate zero-day android malware detection. Proceedings of International Conference on Mobile Systems，Applications，and Services（MOBISYS），2012：281-294.

［9］Enck W，Gilbert P，Chun B G，et al. TaintDroid：An information-flow tracking system for realtime privacy monitoring on smartphones. Proceedings of USENIX Symposium on Operating Systems Design and Implementation（OSDI），2010：393-407.

［10］Yan L K，Yin H. DroidScope：Seamlessly reconstructing the OS and Dalvik semantic views for dynamic Android malware analysis. Proceedings of the 21st USENIX Conference on security Symposium,2013:569-584.

[11] Zhou Y,Wang Z,Zhou W,et al. Hey,You,Get Off of My Market:Detecting Malicious Apps in Official and Alternative Android Markets. New York:NDSS,2012.

[12] Rastogi V,Chen Y,Enck W. AppsPlayground:Automatic security analysis of smartphone applications. Proceedings of the Third ACM Conference on Data and Application Security and Privacy,2013:209-220.

[13] Reina A,Fattori A,Cavallaro L. A system call-centric analysis and stimulation technique to automatically reconstruct android malware behaviors. EuroSec,2013.

[14] Portokalidis G,Homburg P,Anagnostakis K,et al. Paranoid Android:Versatile protection for smartphones. Proceedings of the 26th Annual Computer Security Applications Conference,2010:347-356.

[15] Peng H,Gates C S,Sarma B P,et al. Using probabilistic generative models for ranking risks of android apps. Proceedings of ACM Conference on Computer and Communications Security (CCS),2012:241-252.

[16] Sarma B P,Li N,Gates C,et al. Android permissions:A perspective combining risks and benefits. Proceedings of ACM Symposium on Access Control Models and Technologies (SACMAT),2012:13-22.

[17] Google Play. https://play. google. com/store[2015-3-2].

[18] 360 应用. http://app. so. com[2015-5-2].

第 13 章　基于实际使用的权限组合与系统 API 的恶意软件检测方法

13.1　引　言

Android 系统是 Google 于 2007 年提出的基于 Linux 的操作系统,凭借其系统的开源性、市场的开放性及良好的兼容性,Android 吸引了越来越多的手机生产厂商、程序开发者,为他们开发应用程序提供了极大的便利,在智能手机操作系统中占有绝对的主导优势。图 13.1 为 Net Applications[1] 于 2015 年发布的关于智能手机操作系统的市场份额统计数据。

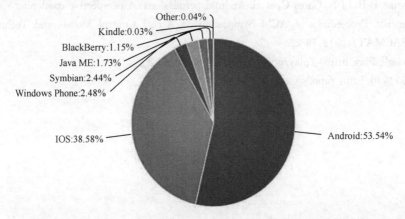

图 13.1　Net Applications 发布的 2015 年全球手机操作系统市场份额

在统计数据中,Android 操作系统以高达 53.54％的份额位居榜首,IOS 次之,所占份额为 38.58％。与此同时,以 Android 操作系统为平台的应用程序也呈现了快速且多样化的增长,2014 年 1 月,Google 官方应用市场上的应用数量已经超过 150 万[2]。

Android 系统缺乏对上传到应用市场中的程序进行严密审查的安全机制,使得其成为恶意软件开发者攻击的目标,进而导致恶意软件数量的迅猛增长。恶意软件开发者通常会选择一些热门的应用程序作为恶意攻击的对象,通过在其中增加一些恶意的程序后,将其重新发布到应用商店、第三方市场进而吸引用户下载。而一些缺乏网络安全知识的用户很容易下载这些含有恶意代码的应用,从而导致用户隐私信息的泄露、流量的消耗、电话费的扣除等危害,给用户带来不必要的经济损失与安全威胁。因此,准确有效地检测 Android 平台上的恶意软件的需求显得十分迫切。本章在基于对应用程序静态分析的基础上,通过提取应用程序实际使用的权限组合与系统 API 特征,采用机器学习分类算法对应用程序进行分类识别,对 Android 平台上的恶意软件检测技术进行研究。

13.2　相关工作

基于特征码的恶意代码检测方法是一种通用的静态检测技术,该方法在不执行恶意程序的情况下,采用逆向工程技术提取其中的词法、语法特征,并与已知恶意软件的特征进行匹配,进而实现对恶意软件的检测识别。近年来,许多国内外学者也提出了一些基于机器学习的检测方法。

文献[3]通过对应用程序进行逆向分析,提取在配置文件中申请的权限特征并进一步构造特征向量,采用机器学习中的 AdaBoost、决策树 J48、朴素贝叶斯(Native Bayes)、支持向量机(SVM)四种分类算法在学习训练分类器的基础上,实现了应用程序的识别与分类。文献[4]通过对提取程序申请的权限与 API 调用这两类特征,分别采用 J48、Decision Stump 和 Random Tree 三个不同的分类算法训练分类器,最后采用集成学习的方法实现了应用程序的分类预测。文献[5]基于 Android 系统权限与 API 映射信息的不完整性,采用静态分析方法开发了工具 PScout,并提取了更为全面的四个不同 Android 版本的权限与 API 的映射关系。文献[6]通过对 49 个恶意代码家族中 1000 个恶意软件和 1000 个良性软件的分析,在提取 API 调用与系统命令特征的基础上,采用贝叶斯分类算法对应用程序进行了检测,实验表明该方法能够达到 90.6% 的检测率和 92.1% 的准确率。文献[7]依据应用程序申请的权限、所属类别及同一类别中其他应用所申请的权限信息,提出了几种危险信号用以提醒用户安装该应用程序可能存在的风险,在一定程度上预防了恶意代码的入侵。

由于应用程序可以无限制地对权限进行申请,大量研究表明开发人员为了保证其程序的顺利运行,往往会申请比实际使用更多的权限,导致对基于应用程序申请的权限特征的恶意软件检测方法的准确率不高。因此,针对应用程序对权限的过度滥用问题,本章基于 Android 应用程序的语法级别特征,提出以应用程序实际使用的权限组合与调用的系统 API 函数为特征的机器学习检测方法。该方法通过对应用程序进行逆向分析,提取其中实际使用的权限组合与调用的系统 API 特征并生成特征向量,进一步采用信息增益与 CFS 两种属性选择方法对属性进行筛选,并利用 WEKA 数据挖掘平台中的五种不同的分类算法,采用 10 折交叉验证方式对未知恶意软件的检测能力进行验证。

此外,与基于应用程序申请的权限特征、单独使用权限组合与系统 API 特征时不同分类算法上的检测结果进行对比分析。实验表明,融合应用程序实际使用的权限组合与调用的系统 API 特征能够进一步提高对恶意软件的检测率,同时可降低良性软件的误报率,进而提高对应用程序是否具有恶意性的判定能力。

13.3　检测架构

基于实际使用的权限组合与调用的系统 API 为特征,机器学习检测框架如图 13.2 所示,该框架主要包括五个部分,分别为应用程序的逆向分析、权限组合特征的提取、系统 API 调用特征的提取、权限组合与系统 API 特征向量的生成和应用程序的分类识别。

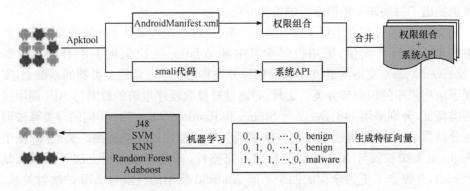

图 13.2　机器学习检测框架

首先,采用 Apktool 反编译工具对应用程序进行反编译操作,得到应用程序的配置文件 AndroidManifest.xml 与程序源代码经过反汇编之后的 smali 文件。

其次,使用 Python 中的 xml.dom.minidom 包对 AndroidManifest.xml 配置文件进行解析,提取应用申请的权限。并通过采用 PScout[4] 得到的权限与 API 之间的映射关系对应用所申请的权限进行过滤,得到该应用实际使用的权限,同时进一步获取实际使用权限的不同组合。

然后,扫描经过 Apktool 反编译应用后得到的 smali 汇编文件代码,在提取该应用所使用的函数的基础上,采用 PScout 权限与 API 映射关系对遍历得到的函数进行过滤,提取应用程序调用的系统 API 函数。

接着,在以提取的应用程序实际使用的权限组合与调用的系统 API 函数为特征的基础生成布尔型的特征向量,每个应用程序用一个实例表示,0 和 1 分别表示该实例是否含有对应的属性特征,最后用 malware 和 benign 分别表示该实例是恶意软件与良性软件。

最后,采用机器学习中的五种典型的分类算法,包括决策树 J48、随机森林(Random Forest)、支持向量机(SVM)、K 近邻算法(KNN)、元学习(AdaBoost)算法,实现对应用程序进行检测与识别,并计算各项评估指标。

13.3.1　权限组合特征提取

通过采用 Apktool 逆向工具反编译应用程序,提取 AndroidManifest. xml 配置文件中所申请的权限,并进一步依据 PScout[4] 中提出的权限与 API 的映射关系,提取应用程序中实际使用的权限而不仅仅是申请的权限。

虽然应用程序的权限可以在很大程度上反映其实现的功能,但往往很难精确根据应用程序使用的一个单独权限来区分其类别,本章通过对 1170 个已知的恶意软件及 1205 个良性软件申请的权限与实际使用的权限进行分析,发现有 873 个应用程序存在申请的权限中至少还有 1 个权限是实际并没有使用到的。其中,约有 60% 的软件至少有两个申请的权限实际没有使用。经统计分析,分别提取了恶意软件与良性软件申请和使用的排名在前 20 的权限,如图 13.3 与图 13.4 所示。

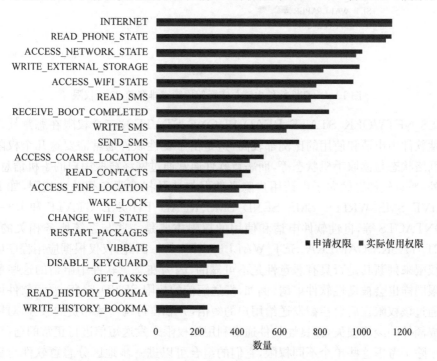

图 13.3　恶意软件申请与实际使用频率排名前 20 个权限

无论是恶意软件还是良性软件,都存在权限提升的问题,其所申请的权限普遍多于实际真正使用的权限,良性软件不仅在申请的权限分布与恶意软件不同,在实际使用的相同权限方面也与恶意软件不同。与良性软件相比,恶意软件更倾向于申请比实际使用更多的权限用以保障程序的顺利运行。其中,INTERNET、AC-

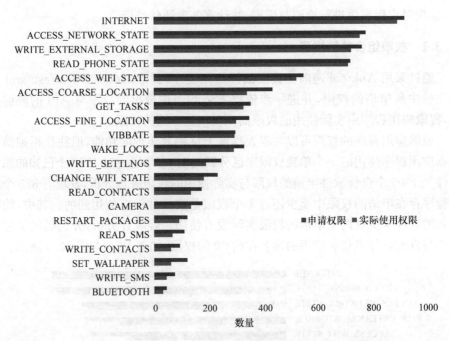

图 13.4　良性软件申请与实际使用频率排名前 20 个权限

CESS_NETWOEK_STATE、READ_PHONE_STATE 这三个权限在恶意软件和良性软件中申请和使用的比例都较高,这是由于良性软件通常需要这几个权限访问网络状态与读取手机状态等,而恶意软件通常通过网络窃取用户的手机信息等。此外,恶意软件更倾向于申请用户隐私数据与涉及扣费服务相关的权限,如 RE-CEIVE_SMS、WRITE_SMS、SEND_SMS、READ_PHONE_STATE 和 READ_CONTACTS 等,良性软件申请和使用的权限主要是一些与系统服务相关的,如GET_TASKS、CAMERA、SET_WALLPAPER 等。因此,仅仅根据应用程序申请的权限来判断其是否具有恶意性是不可靠的,因为在恶意软件中申请的这些单个权限同样也会被良性软件申请,例如,发送短信的权限 SEND_SMS,恶意软件可能会通过该权限在后台拦截发送给用户的短信,并私自订购一些扣费的服务,对用户造成额外的经济损失,而良性软件通常利用该权限来发送短信进行正常的通信。

　　除了考虑这些单个不同权限,它们的组合可以进一步地区分恶意软件与良性软件的特征,为程序恶意特性的判定提供依据。例如,单个权限 READ_CON-TACTS 或 INTERNET 在恶意软件和良性软件中都出现得比较频繁,不会对用户造成影响。但是这两个权限同时使用的结果会有很大的不同,恶意软件首先会通过 READ_CONTACTS 权限读取手机中的联系人信息,然后通过 INTERNET 权限将读取的联系人信息发送到远程主机,造成用户隐私信息的泄露。

在提取应用程序实际使用的单个权限的基础上,进一步提取了这些不同单个权限的组合特征,由于实际使用的单个权限是权限组合中只含一个权限的特例,在本章中将单个权限及其不同组合统一称为权限组合。最后,每个应用程序用其实际使用的权限组合信息来表示,并表示为一个二进制特征向量 P,其中,$P_i=1$ 意味着这个应用程序使用了第 i 个权限组合,否则表示为 $P_i=0$。通过对 1170 个已知的恶意软件及 1205 个良性软件实际使用权限组合进行分析,提取了其中出现频率最高的前 20 个权限组合及出现的频率,并对每个权限组合的功能进行说明,如表 13.1 所示。

表 13.1 恶意软件与良性软件中出现频率前 20 个权限组合

权限组合	恶意软件出现频率	良性软件出现频率
INTERNET	1149	896
READ_PHONE_STATE	1118	714
INTERNET,READ_PHONE_STATE	981	568
ACCESS_NETWORK_STATE	972	757
WRITE_EXTERNAL_STORAGE	813	727
ACCESS_WIFI_STATE	780	523
READ_SMS	752	68
RECEIVE_BOOT_COMPLETED	659	243
WRITE_SMS	633	45
INTERNET,WRITE_EXTERNAL_STORAGE	597	550
SEND_SMS	504	67
INTERNET,ACCESS_NETWORK_STATE,READ_SMS	455	25
READ_PHONE_STATE,READ_SMS	425	26
INTERNET,ACCESS_WIFI_STATE, RECEIVE_BOOT_COMPLETED	422	90
INTERNET,ACCESS_WIFI_STATE,WRITE_SMS	422	28
INTERNET,READ_CONTACTS	420	135
INTERNET,READ_PHONE_STATE,ACCESS_WIFI_STATE	413	221
ACCESS_NETWORK_STATE,READ_SMS,WRITE_SMS	372	10
PROCESS_OUTGOING_CALL,INTERNET,RECORD_AUDIO	366	97
RECEIVE_SMS,SEND_SMS	360	16

由表 13.1 可以看出,相同的权限组合在恶意软件中出现的频率明显多于良性软件,权限组合所要实现的功能也主要集中在涉及用户隐私数据泄露、恶意扣费服务与木马控制方面。例如,权限组合 INTERNET & READ_PHONE_STATE 与

READ_PHONE_STATE&READ_SMS 可以实现通过网络或短信通道泄露手机
IMEI 号,INTERNET & READ_CONTACTS 权限组合通过读取手机中的联系
人信息,并将其通过网络发送到远程主机,权限组合 PROCESS_OUTGOING_
CALL & INTERNET & RECORD_AUDIO 能够监听记录用户的通话内容并通
过网络发送出去,实现对用户隐私数据的泄露。此外,RECEIVE_SMS & SEND_
SMS、ACCESS_NETWORK_STATE & READ_SMS & WRITE_SMS 等权限组
合通过在后台拦截操作用户的短信内容,实现短信内容的窃取、扣费服务定制等功
能,造成用户数据的安全威胁与不必要的经济损失。RECEIVE_BOOT_COM-
PLETED、INTERNET & WRITE_EXTERNAL_STORAGE、INTERNET &
ACCESS_WIFI_STATE & RECEIVE_BOOT_COMPLETED 等权限组合通过网
络控制手机的开机自启动方式、读写外部存储设备,实现木马能力的控制。恶意软
件与良性软件在相同权限组合使用频率的差值,也进一步说明使用权限组合来判
定应用程序的恶意性是有效的。

13.3.2　系统 API 特征提取

Android 平台提供了丰富的 API 资源用于应用程序与底层操作系统进行交
互。通常,一个应用程序由大量的函数构成,而这些函数往往通过调用大量的系统
API 函数来实现其功能。因此,本章基于恶意软件和良性软件调用的系统 API 特
征来实现对未知恶意软件的检测与识别。

首先,采用 Apktool 反编译应用程序提取 smali 反汇编文件;其次,扫描 smali
反汇编文件的代码提取应用程序调用的函数,依据 PScout 对这些函数进行过滤以
提取系统 API 函数;最后,将每个应用程序用其所调用的系统 API 特征表示为一
个二进制布尔型特征向量 A。若该应用程序调用了第 i 个 API,则表示为 $A_i=1$;
否则,用 $A_i=0$ 表示。

通过对实验数据集中 1170 个恶意软件与 1205 个良性软件所调用系统 API
进行统计分析,并依据每个 API 被调用的频率,提取其中出现频率最高的前 20 个
API,如图 13.5 所示。

由图 13.5 可知,与良性软件相比,恶意软件更倾向于调用更多的 API 来实现
其恶意的行为,这些 API 一般涉及读取用户的数据、连接网络、跟踪用户的地理位
置等方面,如 getDeviceId、getSubscriberId、getNetworkInfo、sendTextMessage
等,这与应用程序实际使用的权限信息也是一致的。这也进一步说明了依据恶意
软件与良性软件在相同系统 API 函数方面存在的调用频率差异来判定应用程序
是否具有恶意性是可行的。

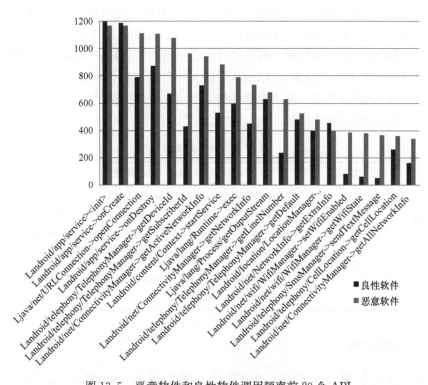

图 13.5　恶意软件和良性软件调用频率前 20 个 API

13.4　实验与分析

　　为了验证本章提出的未知恶意软件检测方法的有效性与准确性,首先提取了应用程序实际使用的权限组合与调用的系统 API 特征;其次,采用信息增益与 CFS 两种特征选择方法对特征进行了筛选;最后,利用机器学习中五种不同的分类算法,并采用 10 折交叉验证方式对应用程序进行了检测。

　　实验主要分为两个部分:首先,对本章检测方法对应用程序的区分能力进行验证,并与单独使用权限组合、系统 API 为特征时分类算法的分类能力进行对比分析;其次,与文献[3]中提出的基于应用程序申请的权限为特征的检测方案在同一实验数据集上分类效果的对比分析。

13.4.1　实验样本

　　为了验证本书提出恶意软件检测方法的有效性,总共收集了 2375 个样本。其中,恶意样本来自基因工程[8],由 23 个已知恶意代码家族中的 1170 个恶意软件构成。为了保证数据集两类样本的均衡,从 Google 官网与应用商店爬取了包含多种不同类别的 1205 个应用程序作为良性样本。为了确保良性样本及检测结果的准确性,数据集中的这些良性样本都是经过卡巴斯基、360、瑞星三种最新版本的杀毒软件对良性样本进行了检测,过滤被其中任意一种杀毒软件检测为恶意软件或具有威胁的应用程序,选取三种杀毒软件都未检测出的应用程序作为良性样本,数据集的具体构成如表 13.2 所示。

表 13.2　数据集构成

数据集	样本总数/个	恶意代码家族/类别
恶意样本	1170	ADRD、AnserverBot、Asroot、BaseBridge、BeanBot、Bgserv、Crusewin、DroidKungFu1、DroidKungFu2、DroidKungFu3、DroidKungFu4、Droid-Dream、DroidDreamLight、FakePlyer、Geinimi、GoldDream、Pjapps、Plankton、KMin、SndApps、RogueSppush、YZHC、ZSone
良性样本	1205	安全、工具、浏览器、输入法、个性化、教育、购物、社交、游戏、休闲娱乐、阅读、影音、金融、健康、生活

13.4.2　实验环境

操作系统为 Ubuntu 12.04 的虚拟机;处理器为 Pentium(R) Dual-Core CPU E6700 @3.20GHz;内存为 2GB;静态特征提取主要由 Python 脚本编程语言实现;数据挖掘工具为 WEKA3.7。

13.4.3　实验结果与分析

为了检测本章提出方法的效果,首先以单独使用的权限组合与调用的系统 API 为特征,接着通过将实际使用的权限组合与系统 API 合并,并分别对每种特征在五种不同分类算法的分类效果进行检测与分析。其中,实验所采用的五种分类算法分别为 J48、Random Forest、LibSVM、KNN 和 AdaboostM1(J48)。

1. 单独使用权限组合特征

首先,通过对应用程序进行逆向分析,提取了其中实际使用的权限组合特征共计 2266671 个,并依据每个特征出现的频率,采用从大到小的顺序筛选出排名前 15000 的权限组合特征,进一步构建特征向量;其次,采用信息增益特征选择方法选取了 200 个权限组合特征,同时采用 CFS 过滤式特征选择方法选取了 22 个权限组合特征;最后,将基于上述两种特征选择方法筛选的这些具有较好区分能力的权限组合特征作为分类算法的输入,采用 10 折交叉验证方式对未知恶意软件进行了检测分析。

　　基于信息增益与 CFS 两种特征选择方法筛选的权限组合特征在五种不同分类算法上的分类结果如表 13.3 所示。

表 13.3　采用信息增益与 CFS 方法选取的权限组合特征在不同分类器的检测结果

分类算法	信息增益				CFS			
	检测率/%	误报率/%	准确率/%	AUC	检测率/%	误报率/%	准确率/%	AUC
J48	98.2	0.3	98.9	0.986	98.1	0.4	98.9	0.983
Random Forest	98.6	0.2	99.2	0.993	98.6	0.2	99.2	0.993
KNN	98.5	0.3	99.1	0.992	98.2	0.2	99.0	0.991
LibSVM	97.2	0.2	98.5	0.983	98.0	0.4	98.8	0.987
AdaboostM1 (J48)	99.0	0.3	99.3	0.994	99.0	0.3	99.3	0.994

　　由表 13.3 可以得出以下结论：

　　(1) 基于上述两种特征选择方法筛选的特征在不同分类算法上的分类效果较好,检测率均大于 97%、误报率均低于 0.5%、准确率均大于 98%、AUC 在 0.983 与 0.994 之间；

　　(2) 基于上述两种特征选择方法筛选的特征,AdaboostM1(J48)分类算法的分类效果最佳,检测率为 99%、误报率为 0.3%、准确率为 99.3%、AUC 为 0.994；

　　(3) 与 CFS 特征选择方法相比,利用信息增益方法选择的特征在 KNN 分类算法上的检测效果更优,可以得到更高的检测率、准确率及 AUC 值；但经过信息增益方法选择的特征在 LibSVM 分类器上的分类效果较差,检测率较 CFS 方法低 0.8%。

　　2. 单独使用系统 API 特征

　　首先,逆向分析应用程序,提取了其中调用的系统 API 特征共计 1498 个,并进一步构建特征向量；其次,采用信息增益特征选择方法选取 100 个 API 特征,同时采用 CFS 过滤式特征选择方法选取 6 个 API 特征；最后,将基于上述两种特征选择方法筛选的这些具有较好区分能力的系统 API 特征作为分类算法的输入,利用 10 折交叉验证方式实现分类器的构建与评估。

　　基于信息增益与 CFS 两种特征选择方法筛选的系统 API 特征在不同分类算法上的分类结果如表 13.4 所示。

表 13.4　采用信息增益与 CFS 方法选取的 API 特征在不同分类器上的结果

分类算法	信息增益				CFS			
	检测率/%	误报率/%	准确率/%	AUC	检测率/%	误报率/%	准确率/%	AUC
J48	95.5	5.4	95.0	0.958	95.1	7.1	94.0	0.954
Random Forest	96.4	4.4	96.0	0.987	93.8	5.0	94.4	0.982
KNN	96.1	5.6	95.2	0.983	94.4	6.2	93.7	0.98
LibSVM	92.7	5.1	93.8	0.949	94.0	7.9	93.0	0.927
AdaboostM1 (J48)	96.8	3.1	96.8	0.989	93.9	5.6	94.1	0.978

由表 13.4 可以得出以下结论：

（1）基于信息增益与 CFS 两种特征选择方法筛选的系统 API 特征在不同分类算法上的检测率为 92%～97%、误报率均低于 8%、准确率为 93%～97%、AUC 值均大于 0.92。

（2）与 CFS 特征选择方法相比，基于信息增益特征选择方法筛选的系统 API 特征在不同分类算法上的分类效果更优。其中，Random Forest、KNN 与 AdaboostM1(J48)这三个分类算法的检测率都在 96% 以上、误报率都在 6% 以下，准确率均大于 95%、AUC 值均高于 0.98。

（3）基于信息增益方法选择的特征，AdaboostM1(J48)分类算法上的检测效果最佳，基于 CFS 方法选择的特征在 Random Forest 分类算法上的综合检测效果最佳。

3. 权限组合与系统 API 特征

首先，基于单独使用的权限组合与系统 API 两类特征，分别将采用信息增益与 CFS 两种特征选择方法筛选的特征进行合并，最终得到基于信息增益特征选择方法选择的权限组合与系统 API 特征共计 300 个，基于 CFS 特征选择方法选择的权限组合与系统 API 特征共计 28 个；然后，采用上述五种分类算法进行分类与识别。

基于信息增益与 CFS 两种特征选择方法合并的权限组合与系统 API 特征在不同分类算法上的分类结果如表 13.5 所示。

表 13.5　采用信息增益与 CFS 方法合并的权限组合与 API 特征在不同分类器上的结果

分类算法	信息增益				CFS			
	检测率/%	误报率/%	准确率/%	AUC	检测率/%	误报率/%	准确率/%	AUC
J48	99.2	0.5	99.4	0.994	98.8	0.1	99.4	0.996

续表

分类算法	信息增益				CFS			
	检测率/%	误报率/%	准确率/%	AUC	检测率/%	误报率/%	准确率/%	AUC
Random Forest	99.4	0	99.7	0.998	99.3	0.1	99.6	0.999
KNN	99.1	0.3	99.4	0.994	99.2	0.2	99.5	0.997
LibSVM	98.1	0.1	99.0	0.988	98.6	0.2	99.2	0.991
AdaboostM1 (J48)	99.6	0	99.8	0.999	99.3	0.1	99.6	0.998

由表 13.5 可以得出以下结论：

（1）经过信息增益与 CFS 两种特征选择方法合并的权限组合与系统 API 特征在不同分类算法上的检测率均高于 98%、误报率均低于 0.5%、准确率均高于 99%、AUC 值均高于 0.98。

（2）基于信息增益方法选择的特征，AdaboostM1(J48)分类算法的分类效果最佳，检测率为 99.6%、误报率为 0、准确率为 99.8%、AUC 为 0.999。

（3）无论采用信息增益还是 CFS 特征选择方法对提取的特征进行筛选，合并之后的权限组合与系统 API 特征能够在保持较低误报率的同时，具有较高的检测率，进而提高对未知恶意软件的识别能力。

13.4.4　检测方法对比

为了验证本章检测方案的有效性，将本章检测方法与文献[3]提出的基于应用程序申请的权限为特征的检测方法对未知恶意软件的区分能力进行了对比分析。此外，与单独使用权限组合、系统 API 特征时不同分类算法的分类效果进行了对比分析。

首先，本章重现了文献[3]中提出的以应用程序申请的权限为特征的检测方法，并分别采用信息增益与 CFS 两种特征选择方法对提取的 139 个权限进行了筛选，分别选取了 100 与 30 个申请的权限特征。此外，针对相同的实验数据集，采用 10 折交叉验证方式对不同分类算法的分类能力进行了检测。基于上述两种特征选择方法选取的应用程序申请的权限特征在不同分类算法上的分类结果如表 13.6 所示。

表 13.6　采用信息增益与 CFS 方法选取的申请的权限特征在不同分类器上的结果

分类算法	信息增益				CFS			
	检测率/%	误报率/%	准确率/%	AUC	检测率/%	误报率/%	准确率/%	AUC
J48	90.8	5.9	92.5	0.949	91.0	6.1	92.5	0.948

分类算法	信息增益				CFS			
	检测率/%	误报率/%	准确率/%	AUC	检测率/%	误报率/%	准确率/%	AUC
Random Forest	95.6	4.6	95.5	0.987	92.5	4.2	94.2	0.98
KNN	96.8	7.5	94.6	0.984	92.8	6.0	93.3	0.97
LibSVM	90.3	6.5	92.0	0.919	89.2	6.5	91.4	0.919
AdaboostM1 (J48)	96.0	4.6	95.7	0.987	95.2	4.6	95.3	0.987

其次,依据不同的分类算法在基于信息增益与 CFS 两种特征选择方法筛选的应用程序申请的权限、实际使用的权限组合、调用的系统 API 及合并的实际使用的权限组合与系统 API 特征时的分类效果,本节进行了对比分析。

基于信息增益与 CFS 两种特征选择方法得到的分类效果最优的分类器在上述四种不同特征上的检测率、准确率与 AUC 值如图 13.6 所示,误报率如图 13.7 所示。此外,依据信息增益与 CFS 两种特征选择方法得到的最优分类器的检测率与误报率画出的 ROC 曲线分别如图 13.8 与图 13.9 所示。其中,曲线越靠近左上方说明该分类器的分类性能越优。

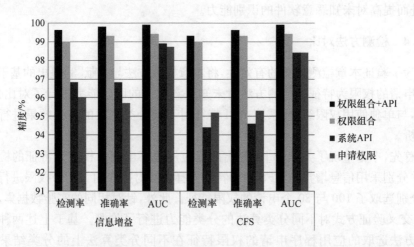

图 13.6　采用两种属性选择方法得到的最优分类器在四种特征上的检测精度

由上述基于信息增益与 CFS 特征选择算法得到的最优分类器在四种不同特征上的检测效果对比可知:

(1) 与文献[3]中只考虑应用程序申请的权限特征检测方法相比,本章通过进一步提取实际使用的权限组合,并与调用的系统 API 特征相结合的检测方案,可

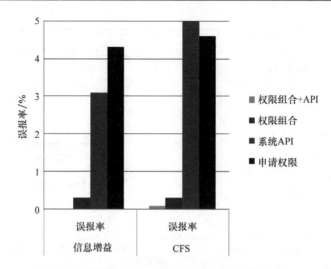

图 13.7　采用两种属性选择方法得到的最优分类器在四种特征上的误报率

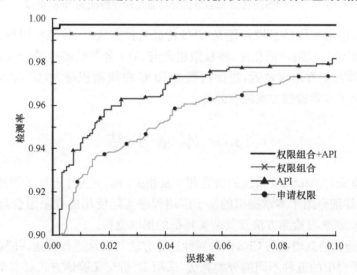

图 13.8　信息增益方法得到的最优分类器在四种特征的 ROC 曲线

以明显地提高分类器的分类能力。同时,可以提高恶意软件的检测率、准确率与 AUC 值,降低对良性软件的误报率,进而提高对应用是否具有恶意性的判定能力。

(2) 与单独基于应用程序申请的权限或调用的系统 API 特征相比,以应用程序实际使用的权限组合特征在不同分类模型上的分类效果更优。

(3) 虽然单独使用权限组合特征可以较好地实现对未知恶意软件的识别,但通过将其与系统 API 进行合并后的特征可以进一步提高对恶意软件的识别能力,更好地实现对未知恶意软件的区分。

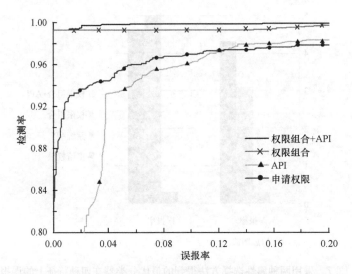

图 13.9　CFS 方法得到的最优分类器在四种特征的 ROC 曲线

（4）无论是采用信息增益还是 CFS 特征选择方法，与单独使用权限组合、系统 API 及申请的权限特征相比，将权限组合与 API 合并后特征的分类效果最佳、ROC 曲线离左上方距离最近，进而得到的 ROC 曲线面积越大，即 AUC 值越高，进一步证明了本章检测方案的有效性。

13.5　本章小结

本章首先对 Android 系统的研究背景及相关的研究工作进行了阐述。

其次，详细介绍了本章提出的基于应用程序实际使用的权限组合与调用的系统 API 的机器学习检测方法及其两类特征的提取流程。

最后，通过信息增益与 CFS 两种属性选择方法对属性进行筛选，并利用 WEKA 数据挖掘平台中的五种不同的分类算法，采用 10 折交叉验证方式对本章提出的未知恶意软件检测方法的分类能力进行了验证。此外，与文献[3]中提出的基于应用程序申请的权限特征的检测方法、单独使用权限组合与系统 API 特征时不同分类算法上的检测结果进行了对比分析。实验表明，本章提出的未知恶意软件检测方法能够进一步提高对恶意软件的检测率，并同时降低对良性软件的误报率，可以提高应用程序是否具有恶意性的判定能力。

参 考 文 献

[1] Net Applications. http://www. netapplications. com[2015-9-5].

[2] 蔡泽廷,姜梅. 基于权限的朴素贝叶斯 Android 恶意软件检测研究. 电脑知识与技术,2013,9

(14):3288-3291.

[3] Huang C Y,Tsai Y T,Hsu C H. Performance evaluation on permission-based detection for Android malware. Advances in Intelligent Systems and Applications,2013,2:111-120.

[4] Au K W Y,Zhou Y F,Huang Z,et al. PScout:Analyzing the Android permission specification. Proceedings of the 2012 ACM Conference on Computer and Communications Security, 2012:217-228.

[5] Aafer Y,Du W,Yin H. DroidAPIMiner:Mining API-level features for robust malware detection in Android. Security and Privacy in Communication Networks,2013:86-103.

[6] Yerima S Y,Sezer S,Mcwilliams G,et al. A New Android malware detection approach using Bayesian Classification. IEEE,2013,12(1):121-128.

[7] Sarma B P,Li N,Gates C,et al. Android permissions:A perspective combining risks and benefits. Proceedings of ACM Symposium on Access Control Models & Technologies Ser Sacmat,2012:13-22.

[8] Zhou Y, Jiang X. Android malware genome project. http://www. malgenomeproject. org [2014-2-1].

第14章 基于敏感权限及其函数调用图的恶意软件检测方法

14.1 引 言

Android 操作系统的开源、低成本开销等特点,使得其在智能手机操作系统中占据了主导优势,大量的第三方安卓应用程序市场也相继成立。但其简单的安全审查机制,使得基于 Android 平台的应用程序与恶意软件的数量也呈现了迅速的增长,且种类也越来越多样化。此外,大多数用户缺乏对恶意软件的判断识别能力,导致 Android 平台上的恶意软件迅猛增长。恶意软件的行为主要分为隐私窃取、恶意扣费、资费消耗、诱骗欺诈与系统破坏五大类。可见,Android 智能手机在给用户带来便利的同时也带了安全威胁。

根据 iiMedia Research 于 2015 年最新发布的一份调查报告[1]中关于手机恶意软件在不同操作系统上的分布情况如图 14.1 所示。

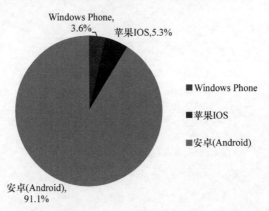

图 14.1 iiMedia Research 发布的 2015 年恶意软件在不同移动操作系统上的分布

其中,有高达 91.1% 的恶意软件源自 Android 平台,相比之下,由于 App Store 对应用程序的审查机制较为严格,恶意软件在苹果 IOS 操作系统的比例仅为 5.3%。Android 作为一个开源的操作系统,在拥有用户数目迅速增加的同时,也给用户带来了严重的安全威胁,其所带来的安全性问题也逐渐得到了人们的广泛关注。

因此,本章从应用程序的语义级别特征出发,提出基于敏感权限及其函数调用图的恶意软件检测方法,基于敏感权限下函数调用图结构的相似性,实现对已知恶意软件的检测与识别。

14.2　相关工作

　　基于行为的恶意软件检测方法通过采用静态或动态分析方法监控应用程序的行为,并与已知恶意软件的行为模式比较,据此实现恶意软件的检测。由于同一恶意代码家族中恶意软件的行为模式的相似度较高,因此该方法对未知恶意软件具有一定的区分能力,是目前恶意软件检测研究的重点。文献[2]提出了一种快速的恶意软件行为匹配方法,通过对恶意软件执行时调用的系统命令序列进行监控,并将其抽象为系统命令调用图,以两个应用程序调用的系统命令图中所具有的最大公共子图为基础,进而判定它们的相似性。同时,实验对 6 个恶意代码家族中的300 个恶意软件进行了检测,结果表明该方法可以区分不同恶意代码家族中的恶意软件,并对良性软件具有较低的误报率。文献[3]以程序调用的 API 为基础,通过将每个应用程序表示为 API 调用关系图形式,其中每个节点代表调用的 API,而每个边代表先后的 API 调用关系。此外,通过构建已知恶意软件的 API 调用图特征库,针对每个待测应用程序,采用图编辑距离算法计算其与特征库中两个 API调用图的相似性,对 514 个恶意软件进行了检测,实验证明该方法具有 98% 的检测率。文献[4]针对 Windows 平台中现有的恶意软件变形技术,通过提取应用程序中用户自定义的本地函数和调用的系统库函数,并将其抽象为函数调用图,依据图编辑距离算法计算两个函数调用图结构的相似性,进而得到两个应用程序的相似度。最后,采用 K 均值聚类(K-means)和基于密度的聚类算法(DBSCAN)对 24个恶意代码家族中的 194 个恶意软件进行了聚类分析。实验结果表明,两类聚类方法对绝大多数恶意代码家族中的恶意软件具有较好的区分能力。文献[5]~[7]同样以 Windows 平台中恶意软件变种为基础,通过反编译应用程序并进一步提取其函数调用关系特征,依据函数内部指令操作码或函数调用之间调用关系的相似性,判定两个应用程序之间的相似性。实验对几个典型的恶意代码家族中的恶意软件之间的相似性进行了验证,结果表明同一恶意代码家族中的恶意软件之间具有较高的相似性,且不同恶意代码家族间恶意软件的相似性较低。文献[8]通过构造应用程序的函数调用图,采用广度遍历方法划分为多个子图,并基于每个子图中调用的系统 API 与预先设定的每个 API 的风险权值,计算每个子图中调用 API的平均危险值。最后通过与阈值的比较,实现了对重打包恶意软件的分析。

　　本章基于应用程序使用的敏感权限及其先后的函数调用关系,从应用程序的语义级别特征出发,提出基于敏感权限及其函数调用流程图的恶意软件检测方法。首先,反编译应用程序,提取敏感权限及其函数调用图特征;其次,基于已知的恶意软件构建包含敏感权限及其函数调用图的特征库;最后,依据恶意软件实现的功能结构的不变性,引入图编辑距离算法衡量待测样本与特征库之间的相似性,实现对已知恶意软件及其变种的识别。

　　此外,本章提出的检测方法在对应用程序进行静态分析的基础上,能够以对恶意软件较高的检测率、良性软件较低的误报率,有效地实现对已知恶意软件的判定,同时避免了动态执行恶意软件进行分析所带来的空间资源占用及可能存在恶意软件执行时给系统带来的影响等问题。

14.3　检测架构

　　基于敏感权限及其函数调用图的恶意软件检测方法框架如图 14.2 所示,主要包括五个部分,分别为应用程序的逆向分析、敏感权限的提取、敏感权限下函数调用图的生成、恶意代码函数调用图特征库的构建及利用图编辑距离算法实现对已知恶意软件的检测与识别。

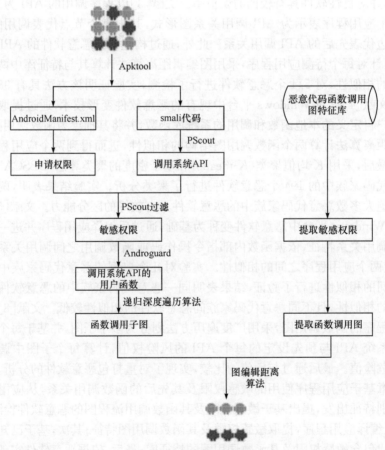

图 14.2　检测方法框架

首先,采用 Apktool 反编译应用程序,提取其实际使用的权限。其中,实际使用用权限的提取方法与第 3 章类似。此外,通过对实验数据集中恶意样本与良性样本实际使用的权限进行统计与分析,提取那些在恶意样本中出现频率明显高于良性样本的权限作为敏感权限。

其次,采用 Androguard 逆向工具提取每个敏感权限下调用系统 API 及其被调用的用户函数,并以每个用户函数为核心,采用递归深度优先遍历算法生成函数调用子图。

接着,针对不同敏感权限下的函数调用子图,在实验数据集中恶意样本的基础上,构建包含敏感权限及函数调用图的恶意代码函数调用图特征库。

最后,针对恶意代码子图特征库,通过采用图编辑距离算法计算待测样本与子图特征库在相同敏感权限下两个子图的编辑距离,依据编辑距离的大小判定它们的相似性,判定两个应用程序之间的相似性,进而判定应用程序是否具有恶意性。

14.3.1　提取敏感权限

Android 操作系统采用权限机制管理应用程序的安装与运行,默认情况下,应用程序是没有权限对系统资源、用户信息进行访问的,例如,读取用户的短信内容、获得具体的地理位置信息等操作。为了限制应用程序开发者对用户隐私信息和系统资源的过度滥用,Android 权限管理机制对应用程序可以执行的操作在权限层面进行了详细划分和访问控制。根据程序访问资源的不同,Android 操作系统定义了 135 种系统权限,并分为四个保护级别[9,10],分别是 normal(普通级)、dangerous(危险级)、signature(签名级)和 system(系统级)。这就要求应用程序在需要访问这些受限的资源时,必须在 AndroidManifest. xml 配置文件中声明相应的权限。一般情况下,一个没有申请任何资源访问权限的应用是不会对用户手机安全造成威胁的,因为它没有任何权限去访问系统和用户的信息。因此,一个应用程序在配置文件中申请的权限在一定程度上反映了其功能与行为。

由第 13 章基于实际使用的权限组合与调用的系统 API 机器学习检测方法的实验结果分析可知,虽然一个应用程序申请的权限很大程度上反映了它的功能,但由于应用程序可以申请比实际使用更多的权限实现权限的提升,因此,仅仅根据应用程序申请的权限来判定它是否具有恶意性是不精确的,本章提出的敏感权限是基于应用程序实际使用的权限而定义的。

其中,实际使用权限的提取方法与第 13 章类似,首先采用 Apktool 反编译应用程序得到配置文件 AndroidManifest. xml 与反汇编文件 smali 代码,其次依据 PScout[7]中权限与 API 映射关系扫描 smali 代码,判定与每个申请的权限相映射的 API 是否在 smali 代码中出现,最后过滤申请的权限得到该应用程序实际使用的权限。

　　本章通过对实验数据集中的 884 个恶意软件与 234 个良性软件实际使用的权限及其出现的频率大小进行统计分析,并着重考虑那些在恶意软件中出现频率高于良性软件的那些权限,进一步依据出现频率的差异度大小,采用从大到小的顺序提取前 20 个权限作为本章提到的敏感权限,如图 14.3 所示。

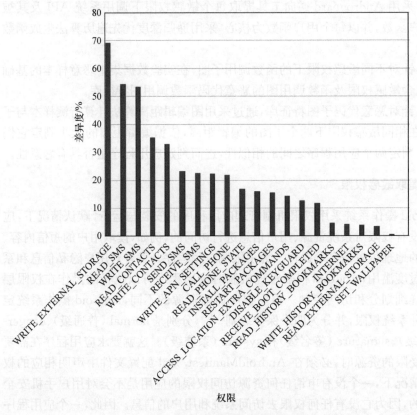

图 14.3　敏感权限组成

　　由图 14.3 可以看出,与良性软件相比,恶意软件更倾向于使用涉及用户隐私数据、扣费服务及网络等相关的权限,如 READ_CONTACTS、CALL_PHONE、READ_SMS、WRITE_SMS、SEND_SMS、INTERNET、ACCESS_WIFI_STATE等,进而实现用户隐私数据的窃取、扣费服务的定制等恶意行为,造成用户的安全威胁。

14.3.2　构建函数调用图

1. 函数调用图定义

　　顾名思义,函数调用图是指一个表示函数之间先后调用关系的图,图中的每个节点代表每个函数,节点之间的每条边代表两个函数之间存在的调用关系。一个应用程序通常由多个不同的函数构成,每个函数实现不同的功能。因此,应用程序可直观地通过函数调用图来表示。由于程序中的每个函数存在调用其他函数或被其他函数调用的可能,因此两个函数之间的调用关系反映在图中就是一条带有方向的有向边,进而构成的函数调用图就是一个有向图。定义 14.1 给出了函数调用图的详细描述。

定义 14.1(函数调用图)　函数调用图用有向图 $G=\langle V,E \rangle$ 来表示。其中,V 表示图 E 中所有顶点的集合,每一个顶点代表一个函数,包括 Android 系统库函数和用户自定义函数。每个函数由其所在包名、类名、方法名及参数组成。E 表示图 G 中所有有向边的集合,即 $E \subseteq V \times V$,且对 $\forall u,v \in V$,$\exists (u,v) \in E$ 每条有向边代表图 G 中节点(函数)之间存在的先后调用关系,即如果函数 u 在函数 v 之前被调用,则存在从节点 u 指向节点 v 的一条有向边,即节点 u 是调用函数,节点 v 是被调用函数。

2. 函数调用图构建流程

大量研究表明,恶意软件主要通过调用系统的一些敏感 API 来实现其恶意的攻击行为,这类函数涉及的主要类型有进程、线程、注册表、网络及文件等。因此,本章利用 Androguard 逆向工具对应用程序进行逆向分析,提取其在敏感权限下调用的系统 API 及该 API 被调用的用户函数。并以该用户函数为核心,采用递归深度遍历算法提取先后的函数调用序列,这些序列代表潜在的恶意行为,并进一步将这些序列抽象为函数调用流程图,以函数调用图结构之间的相似性实现对已知恶意软件及其变种的检测。函数调用图的提取流程如图 14.4 所示。

Step1:利用 Androguard 逆向分析应用程序,提取其在不同敏感权限下调用的系统 API 及其被调用的用户函数。

Step2:以每个用户函数为核心,采用递归深度优先遍历算法获取其被调用的父级函数集合(fList)及其所调用的子级函数集合(cList)。

Step3:递归深度遍历 fList 与 cList,分别提取其中每个函数被调用的父级函数与子级函数;重复执行此步骤,直至 fList 与 cList 为空或满足一定的结束条件;最后得到以该用户函数为核心的父级函数调用序列集合(fPath)与子级函数调用序列集合(cPath)。

Step4:遍历 fPath,分别将其中的每个子序列与 cPath 中的每个子序列以该用户函数为桥梁进行连接,进而得到一条完整的以该用户函数为核心的函数调用序列;重复执行此步骤,直至 fPath 与 cPath 为空;最后得到以该用户函数为核心的函数调用序列集合(mList)。

Step5:遍历 mList,将其中的每个函数调用序列进一步抽象为函数调用图中的一条路径,最后构造出以该用户函数为核心的函数调用图。

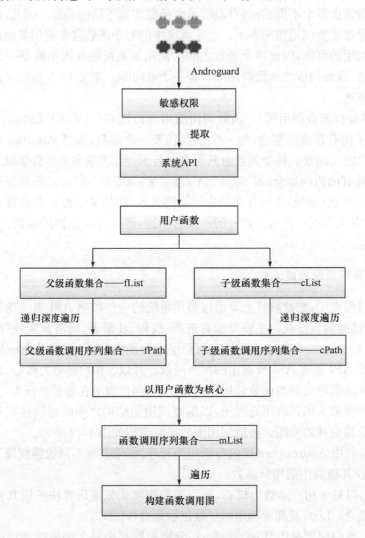

图 14.4　函数调用图提取流程

　　基于上述步骤生成的函数调用图中,每个节点使用函数的签名来表示,包括函数的包名、类名、方法名、参数。然而在对恶意软件进行分析时,发现有些恶意软件采用变形等代码混淆技术对用户函数的名称进行了替换,使用一个或几个简单的英文字母来表示,进而可以躲避基于特征码的反病毒软件的查杀。

　　依据同一个应用程序构造的函数调用图中,虽然每个节点的标签发生了变化,但节点之间存在的先后调用关系是不变的。因此,为了便于采用图编辑距离算法对函数调用图结构之间的相似性进行衡量,本章统一采用给节点编号的方式对函

数调用图进行表示。图 14.5 给出了恶意代码家族 ADRD 中的一个恶意样本
（MD5：9f83dab3edddf0cac9cc34844abaf1ccdbee4019）在其使用的三个敏感权限
SEND_SMS、ACCESS_NETWORK_STATE、READ_PHONE_STATE 下，分别
以调用 sendTextMessage、getActiveNetworkInfo、getDeviceId、getSubscriberId 系
统 API 的用户函数为核心构造的函数调用图。

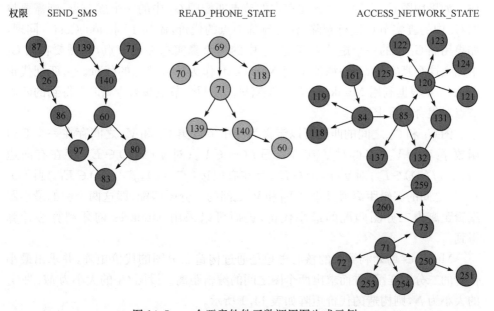

图 14.5　一个恶意软件函数调用图生成示例

实验部分均采用节点编号表示恶意软件图特征库与待测应用程序的函数调用
图。此外，为了使图编辑距离算法更适合于本章提取的函数调用图之间编辑距离
的计算，对编辑距离进行了规范化处理。假设 N 为将图 $G_1 = \langle V_1, E_1 \rangle$ 转换为图
$G_2 = \langle V_2, E_2 \rangle$ 需要的编辑操作，则规范化编辑距离（normalized graph edit dis-
tance，NGED）的定义为 $2N$ 与图 G_1 和 G_2 的节点数和之间的比值，即 NGED$(G_1,$
$G_2) = \dfrac{2N}{|V_1| + |V_2|}$。因此，本章中的编辑距离为规范化图的编辑距离。

14.3.3　图编辑距离算法

图编辑距离（graph edit distance，GED）是一种灵活有效的算法，它是对字符
串编辑距离的扩展，是指将图 $G_1 = \langle V_1, E_1 \rangle$ 转化为另一个图 $G_2 = \langle V_2, E_2 \rangle$ 所需要
编辑的图中点和边操作的最小代价，即两个图之间的最优匹配路径的匹配代
价[11]，并以此来判定两个图之间的相似度。编辑距离代价构成由图 G_1 和 G_2 中节
点匹配代价（NodeCost）和边匹配代价（EdgeCost）组成，其中节点匹配代价包括节

点的插入、删除与重命名，边匹配代价包括边的插入和删除。

设 $G_1=\langle V_1,E_1\rangle$ 和 $G_2=\langle V_2,E_2\rangle$ 是两个节点规模大小不同的函数调用图，为了计算这两个图之间的编辑距离，在图 G_1 和 G_2 中通过增加一些虚节点来对其进行节点集合的扩展，使得 $V_1'=V_1\cup\xi_1$，$V_2'=V_2\cup\xi_2$，且 $|V_1'|=|V_2'|$。其中，ξ_1 和 ξ_2 分别是图 G_1 和 G_2 中增加的虚拟节点，代表图 G_1 和 G_2 中节点的插入或删除操作。如果用图 G_1 中的一个真实存在的节点匹配图 G_2 中的一个虚节点，则需要将图 G_1 中的真实节点进行删除，作为删除节点的代价，添加 1 到 NodeCost。同理，如果用图 G_1 中的一个虚节点匹配 G_2 中的一个真实存在的节点，则需要在图 G_1 中插入这个真实节点，并添加 1 到 NodeCost，作为插入节点的代价。边匹配代价 EdgeCost 根据利用 Munkres 匈牙利算法[12]在两个节点集合 V_1' 和 V_2' 得到的匹配节点对集合进行求解。

图 G_1 和 G_2 之间的匹配可以定义为图中节点集 V_1 和 V_2 之间存在一个双射函数 $f:V_1\rightarrow V_2$，使得对 $\forall v\in V_1'$，$\exists f(v)\in V_2'$；对 $\forall(u,v)\in E_1$，存在有向边 $(f(u),f(v))\in E_2$；对 $\forall(u,v)\in E_2$，存在有向边 $(f^{-1}(u),f^{-1}(v))\in E_1$，则图 G_1 和 G_2 之间的编辑距离就是集合 V_1' 和 V_2' 之间的二分图匹配，即这两个图的最小图编辑距离为二分图匹配的最小代价，进而可以采用 Munkres 匈牙利算法计算得到。

Munkres 匈牙利算法的核心思想是通过构造二分图的代价矩阵，并求出最小代价的二分图匹配，进而求出两个图之间的编辑距离。设图 G_1 的大小为 M，图 G_2 的大小为 N，则构造的代价矩阵如表 14.1 所示。

表 14.1　二分图匹配代价矩阵

M	图 G_1 中真实节点 m 与图 G_2 中真实节点 n 之间的匹配代价	对角线元素为图 G_1 中真实节点与图 G_2 中虚拟节点 ξ_2 之间的匹配代价，其他为 ∞
N	对角线元素为图 G_1 中虚拟节点 ξ_1 与图 G_2 中真实节点 n 之间的匹配代价，其他元素为 ∞	图 G_1 中虚拟节点 ξ_1 与图 G_2 中虚拟节点 ξ_2 之间的匹配代价

其中，左上方的子代价矩阵 $M\times N$ 是在图 G_1 和 G_2 中两个真实节点的匹配代价，包括节点和边匹配代价，如节点或边的插入、删除。由于函数调用图中函数名的不固定性，不考虑函数节点的重命名代价。右下方的子代价矩阵 $N\times M$ 代表图 G_1 和 G_2 中虚拟节点间的匹配代价，此代价为 0。左下方的子矩阵 $M\times M$ 与右上方的子矩阵 $N\times N$ 代表两个图中真实节点与虚拟节点之间的匹配代价，对角线元素为节点和边的匹配代价，非对角线元素匹配代价为无穷大，如此保证一个虚拟的节点只能与一个真实的节点相关。

构造完二分图代价矩阵之后，可以依据匈牙利算法根据下述步骤求出两个图之间代价最小的二分图匹配：①首先，如果图 G_1 中一个真实节点与图 G_2 中的一

个虚拟节点或图 G_1 中的一个虚拟节点与图 G_2 中的一个真实节点之间进行匹配，则 NodeCost＝NodeCost＋1，作为删除图 G_1 中的节点或添加图 G_2 中节点的代价；②其次，依据匈牙利算法得到的 V_1' 和 V_2' 中已匹配的节点对个数得到边数 CE，若对 $\forall(u,v) \in E_1$，$\exists(f(u),f(v)) \in E_2$，则添加 1 到 CE，则边匹配代价 EdgeCost 为图 G_1 和 G_2 节点个数之和与 2 倍已匹配节点对边数 CE 之间的差值，即 Edge-Cost＝$|V_1|+|V_2|-2$CE；③最后，得到图 G_1 和 G_2 之间的编辑距离为两个图中节点和边匹配代价之和，即 GED(G_1,G_2)＝NodeCost＋EdgeCost。

综上所述，如果两个函数调用图 G_1 和 G_2 之间节点和边的匹配代价越小，则计算得到的这两个图的编辑距离就越小，从而反映了这两个图之间结构特征越相似，相似度越大。反之，图 G_1 和 G_2 之间结构特征越不相似，相似度越小。

14.4　实验与分析

为了验证本章提出的恶意软件检测方法的有效性，在提取恶意软件敏感权限及函数调用图的基础上，采用图编辑距离算法对已知恶意软件进行检测分析，并与著名的 Androguard 恶意软件分析工具进行对比。实验主要分为两部分，首先是利用图编辑距离算法检测恶意软件并进行结果分析；其次是与 Androguard 分析工具检测结果的对比分析。

14.4.1　实验样本

为了提取本章需要的敏感权限及其函数调用图，本节总共收集了 1118 个样本。其中，恶意样本来自基因工程[13]，由 11 个恶意代码家族中的 884 个恶意软件构成。此外，从 Google 官网与应用商店爬取了包含多种类型的 234 个应用程序作为实验的良性样本。为了确保实验的准确性，实验所选的测试样本都是经过 360、卡巴斯基、瑞星三个最新版本的杀毒软件检测确定为恶意或良性的软件，具体样本构成如表 14.2 所示。

表 14.2　实验样本数据构成

数据集	样本总数	家族/类别
恶意样本	884	ADRD、AnserverBot、Asroot、BaseBridge、DroidKungFu1、DroidKung-Fu2、DroidKungFu3、DroidKungFu4、FakePlyer、Geinimi、DroidCapon
良性样本	234	游戏、工具、教育、购物、聊天、娱乐、金融等

14.4.2　实验环境

操作系统为 Ubuntu 12.04 的虚拟机；处理器为 Pentium(R)Dual-Core CPU E6700 @3.20GHz；内存为 4GB；程序实现采用 Python 2.7 脚本编程语言。

14.4.3　实验结果与分析

首先,通过采用 Apktool 与 Androguard 逆向工具反编译实验数据集中的 11 个恶意代码家族中的 884 个恶意软件,提取其中使用的敏感权限及函数调用图,并进一步构建包含其敏感权限与函数调用图的恶意代码函数调用图特征库。

其次,将实验数据集中确定的 884 个恶意样本与 234 个良性样本作为测试样本,采用图编辑距离算法计算每个待测样本与恶意代码图特征库在相同敏感权限下函数调用图的平均最小编辑距离,即待测样本在该敏感权限下每个函数调用图与恶意代码图特征库之间最小编辑距离的总和与其所含函数调用图个数的比值。

然后,通过对测试样本与恶意代码图特征库在相同敏感权限下计算得到的平均最小编辑距离进行统计分析,并选取最佳的编辑距离检测阈值。

最后,通过将待测样本在不同敏感权限下与恶意代码图特征库计算得到的平均最小编辑距离与最佳编辑距离检测阈值比较,判定待测样本是否具有恶意性。

经分析,可以发现数据集中绝大多数恶意样本与恶意代码图特征库在相同敏感权限下计算得到的平均最小编辑距离较小,而良性样本与恶意代码图特征库在相同敏感权限下的平均最小编辑距离相对较大,这也进一步说明了本章检测方法的可行性。

由于本章提出的检测方法对编辑距离检测阈值的依赖性比较大,检测阈值的选取将直接影响实验的效果。为了选取最佳的检测阈值,通过对每个待测样本与恶意代码图特征库在相同敏感权限下计算得到的平均最小编辑距离进行统计分析,合理地选取了不同的检测阈值,并在不同的检测阈值下对恶意软件进行了检测识别,检测结果如表 14.3 所示。为了更直观地展示检测结果并便于最佳编辑距离检测阈值的选取,对检测结果进行了图形化表示,不同编辑距离检测阈值下恶意软件的检测率与准确率如图 14.6 所示,误报率如图 14.7 所示。

表 14.3　不同阈值下的检测结果

阈值	检测率/%	准确率/%	误报率/%
0.05	97.85	97.67	2.99
0.06	98.08	98.76	3.42
0.07	98.42	97.85	4.27
0.08	98.98	98.03	5.56
0.09	99.09	97.76	7.26
0.10	99.32	97.58	8.97

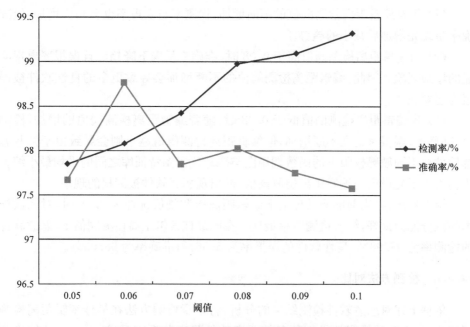

图 14.6　不同编辑距离检测阈值下的检测率与准确率

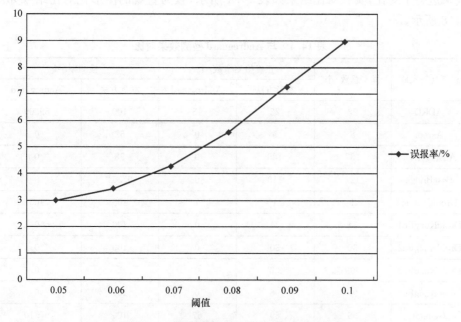

图 14.7　不同编辑距离检测阈值下的误报率

由图 14.6 和图 14.7 可以得出以下结论：

（1）随着编辑距离检测阈值的不断增加,检测率与误报率也会相应增加,但准确率呈现先增加后减小的趋势。

（2）当编辑距离检测阈值高于 0.08 时,准确率呈现下降趋势且误报率出现明显的增加现象。因此,编辑距离检测阈值的不断增加会导致更多的良性软件被误报为恶意软件。

（3）当编辑距离检测阈值低于 0.08 时,随着编辑距离检测阈值的增加,检测率、准确率、误报率也在不断增加,但编辑距离检测阈值越小则会导致由于某些恶意软件在不同敏感权限下的函数调用图与恶意代码图特征库之间的平均最小编辑距离大于事先设定的编辑距离检测阈值,而出现恶意软件被漏报的现象。

综上所述,在当前的测试环境下编辑距离检测阈值选择为 0.08 时,对测试样本的区分能力最好,综合检测效果最佳。在此最佳编辑距离检测阈值下,恶意软件的检测率为 98.98%,良性软件的误报率为 5.56%,准确率为 98.03%。

14.4.4　检测方法对比

依据上述对恶意软件检测结果的分析,将本章检测方法在最佳编辑距离检测阈值为 0.08 时的检测效果与著名的恶意软件静态分析工具 Androguard 的检测效果进行了对比,实验对比结果如表 14.4 所示,较为直观的图形化对比结果如图 14.8 所示。

表 14.4　与 Androguard 检测效果对比

恶意代码家族	样本总数/个	正确检测个数/个		检测率/%	
		本章方法	Androguard	本章方法	Androguard
ADRD	22	22	13	100	59.09
Asroot	8	5	0	62	0
AnserverBot	187	185	0	98	0
BaseBridge	122	119	0	97.54	0
DroidCoupon	1	1	1	100	100
DroidKungFu1	34	34	0	100	0
DroidKungFu2	30	30	0	100	0
DroidKungFu3	309	307	0	99	0
DroidKungFu4	96	96	0	100	0
Geinimi	69	69	67	100	97.10
FakePlayer	6	6	0	100	0

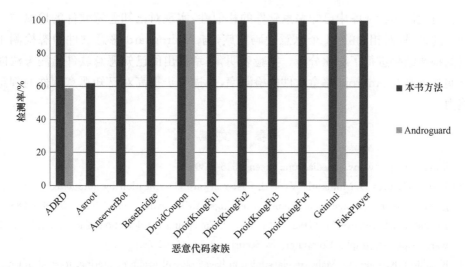

图 14.8　与 Androguard 检测工具的对比

由图 14.8 可以得出以下结论：

（1）本章提出的恶意软件检测方法的检测率明显优于 Androguard，能够实现对绝大多数恶意代码家族中恶意软件的检测。

（2）Androguard 采用基于签名的静态方法实现对恶意软件的区分，但是它只能检测已有签名的恶意软件，而不能检测出那些签名不存在于签名库中的恶意软件。

（3）对那些签名库中存在签名的恶意软件家族，如 ADRD、Geinimi 等，Androguard 的检测结果依然没有本章检测方法对恶意软件的区分能力好。

14.5　本章小结

本章基于恶意软件使用的敏感权限及其函数调用图，并通过构建恶意代码函数调用图特征库，依据待测样本与恶意代码图特征库中函数调用图结构之间的相似性，实现对已知恶意软件的检测与分析。

本章详细地描述了检测方法中涉及的敏感权限及其函数调用图的提取流程，对用于函数调用图之间结构相似性比较的图编辑距离算法进行了介绍；同时对本章提出的基于敏感权限及其函数调用图的恶意软件检测框架进行了详细的说明；最后针对提取的敏感权限及其函数调用流程图，通过构建恶意代码函数调用图特征库，采用灵活的图编辑距离算法计算待测样本与恶意代码图特征库在相同敏感权限下的平均最小图编辑距离，并通过将其与最佳编辑距离检测阈值进行比较，得到待测样本与恶意代码图特征库中函数调用图结构的相似性，进而得到待测样本与恶意代码图特征库中已知恶意软件的相似性,实现对已知恶意软件的检测与识别。此外,针对相同的 11 个恶意代码家族,与 Androguard 恶意软件静态检测工具的检测结果进行了对比分析。实验表明,本章提出的已知恶意软件检测方法能够明显提高对 Android 恶意软件的检测率,并进一步提高对已知恶意软件的判定能力。

参 考 文 献

[1] iiMedia. http://www. iimedia. com. cn/en[2015-6-30].

[2] Park Y, Reeves D, Mulukutla V, et al. Fast malware classification by automated behavioral graph matching. Annual Symposium Proceedings/AMIA Symposium, 2007, (45):681-685.

[3] Elhadi A A E, Maarof M A, Barry B I A, et al. Enhancing the detection of metamorphic malware using call graphs. Computers & Security, 2014, 46:62-78.

[4] Kinable J, Kostakis O. Malware classification based on call graph clustering. Journal in Computer Virology, 2010, 7(4):233-245.

[5] Shang S, Zheng N, Xu J, et al. Detecting malware variants via function-call graph similarity. International Conference on Malicious and Unwanted Software, 2010:113-120.

[6] Xu M, Wu L, Qi S, et al. A similarity metric method of obfuscated malware using function-call graph. Journal in Computer Virology, 2013, 9(1):35-47.

[7] 吴凌飞. 恶意软件变种间相似度的分析技术研究. 杭州:杭州电子科技大学硕士学位论文, 2011.

[8] Hu W, Tao J, Ma X, et al. MIGDroid:Detecting APP-repackaging Android malware via method invocation graph. International Conference on Computer Communication and Networks, 2014:1-7.

[9] AndroidReference:ManifestFile-Permissions. http://developer. android. com/guide/topics/manifest/manifest-intro. html[2015-6-20].

[10] Au K W Y, Zhou Y F, Huang Z, et al. PScout:Analyzing the Android permission specification. Proceedings of the 2012 ACM Conference on Computer and Communications Security, 2012:217-228.

[11] 杨帆, 张焕国, 傅建明, 等. 基于图编辑距离的恶意代码检测. 武汉大学学报(理学版), 2013, 59(5):453-457.

[12] Riesen K, Neuhaus M, Bunke H. Bipartite graph matching for computing the edit distance of graphs. Iapr -Tc -15 International Conference on Graph-Based Representations in Pattern Recognition, 2007:1-12.

[13] Zhou Y, Jiang X. Android malware genome project. http://www. malgenomeproject. org [2014-2-3].

第15章　基于频繁子图挖掘的异常入侵检测新方法

15.1　引　　言

入侵(intrusion)是指有关试图破坏资源的完整性、机密性及可用性的活动的集合。按照入侵策略的角度,入侵可划分为尝试性闯入、伪装攻击、安全控制系统渗透、合法用户泄露、拒绝服务和恶意使用等类型。入侵检测(intrusion detection,ID),顾名思义,是指对入侵行为的检测,通过对计算机网络或计算机系统中的若干关键点收集信息并对其进行分析,从中发现网络或系统中是否存在违反安全策略的行为和被攻击的迹象。

入侵检测系统(intrusion detection system,IDS)是指执行入侵检测功能的软件与硬件的集合。通常情况下,入侵检测系统具备如下功能:①监视分析用户及系统活动;②识别已知入侵行为并报警;③统计分析异常行为;④评估系统关键资源及数据文件的完整性;⑤核查系统安全配置和漏洞。入侵检测系统既可以独立运行,也可以与防火墙等传统静态安全防护技术协同工作,进一步提高网络安全的保护纵深。

根据建模对象与检测方式的不同,入侵检测技术可分为异常入侵检测和误用入侵检测。其中,异常入侵检测是目前入侵检测技术的主要研究方向。

异常入侵检测(anomaly intrusion detection)又称基于行为的检测,其基本思想是任何人(或程序)的正常行为均具备一定的规律性,而入侵行为通常与正常行为存在显著的差异。通过预先构建被监控系统的正常行为模型,即可在实际检测过程中计算当前待检行为与正常行为模型的偏离程度,并以此判断该行为是否构成入侵。异常入侵检测具有较强的通用性,其最显著的优点在于能够检测出未知的入侵行为,然而由于正常行为模型的完备性问题,异常入侵检测往往存在较高的误报率。

误用入侵检测(misuse intrusion detection)又称基于特征的检测,其基本思想是任何已知入侵行为都能够以某种模式加以精准地刻画。误用入侵检测通过分析入侵行为的特征、条件、排列以及事件之间的关系,并结合先验知识对入侵行为进行编码,构建入侵行为模式库。在实际检测过程中,如果当前待检行为与预先定义的入侵行为模式相匹配,则认定该行为构成入侵。

误用入侵检测基于已知的入侵行为模式,故其检测结果具备较低的误报率,同时能够在报警信息中对入侵行为给出明确的界定,适于建立高效的、有针对性的入侵检测系统。其主要缺陷在于检测范围受先验知识及系统平台所限,无法检测未知入侵行为,对诸如合法用户权限泄露等内部入侵行为更是无能为力。此外,入侵行为模式库的更新需要依赖安全专家手工完成,一旦无法紧随入侵方式的发展速度,势必对 IDS 检测率及误报率造成消极影响。

绝大多数入侵,无论采取何种途径(本地或是远程),都是利用操作系统特权程序中存在的漏洞,获取超级用户权限,从而实现破坏系统资源完整性、机密性及可用性的企图。由于系统调用是特权程序与掌管系统资源的内核模块进行交互的唯一手段,入侵行为将最终以非法执行特定系统调用的形式得以体现,同时也会不可避免地在特权程序所对应的系统调用序列中留下入侵痕迹。

系统调用是操作系统提供的某种形式的接口,以便应用程序能够通过该接口与系统内核模块进行交互,利用内核模块所提供的各项系统功能,代为完成自身服务请求,并获得最终执行结果。系统调用位于内核模块的最上层,其本质是经封装处理后的内核函数。

程序在运行期间产生的系统调用序列称为该程序的“执行迹”(trace)。基于系统调用的入侵检测采用程序“执行迹”作为数据源。首先,通过专门的监控程序跟踪特定程序的行为,截获其“执行迹”;然后,以聚类、约简、模式提取等方法对“执行迹”进行建模,构建程序行为模式库;最后,根据该模式库检测系统中是否存在入侵行为发生。

传统的基于系统调用序列的行为异常检测方法,无论是最初单纯对调用序列的研究,还是之后隐马尔可夫或人工免疫等数学模型的引入,其核心思想基本未曾发生改变,均为枚举匹配算法。枚举匹配算法对原始的系统调用序列以各种预设的形式进行划分,最终将符合要求的序列片段——称为系统调用短序列——作为最基本的数据处理单位,并归入特征模式集。所以,尽管在构建行为异常检测模型时所采用的技术手段各具特色,但通过传统方法所获取的特征模式具有不可避免的局限性,即仅仅体现了某段已经训练的系统调用序列的局部特性。同时,一旦遭遇训练时间不足、训练数据匮乏,或被检程序因各种随机因素产生不确定系统调用序列的情况,既有的特征模式集将因其在完备性上的缺陷,不足以完成对被检序列中正常程序行为的精准刻画,也不具备对未知程序行为的匹配能力,从而导致检测误报率相应提升。

针对上述研究现状,本章以入侵检测理论及基于系统调用的入侵检测技术为指导,以程序正常行为粒度、异常行为粒度、入侵行为分布及局部引用原理作为切入点,以相关实验结果作为评判依据,深入剖析程序行为特性,并在此基础上引入频繁子图挖掘技术,给出正常行为建模算法及异常行为检测算法,从而最终完成基于频繁子图挖掘的入侵检测系统的设计与实现。本章首次将频繁子图挖掘技术与基于系统调用的入侵检测技术相结合,能够为入侵检测领域的研究工作提供有益的参考。

15.2　相 关 工 作

1996～1998 年,Forrest 等[1,2]首次将系统调用概念与入侵检测技术相结合,提出了时延嵌入序列算法。时延嵌入序列算法受生物免疫学原理的启发,将程序正常与异常行为分别定义为"自我"与"非我"。利用系统调用序列中具备一定长度且表现相对固定的短序列刻画"自我",并区分"非我"。该方法采用长度为 k、步长为 1 的滑动窗口,对程序正常运行时产生的系统调用序列进行扫描,获取所有无重复的系统调用短序列集,从而完成对程序正常行为模式库的构建。程序运行时,监控系统调用序列与程序正常行为模式库中的所有项进行匹配,匹配异常度由汉明距离(Hamming distance)决定,设定阈值,如果待检测程序的异常度大于阈值,则判定其为异常行为,否则为正常行为。

Tian 等[3]提出了基于隐马尔可夫模型(hidden Markov model,HMM)的入侵检测方法。隐马尔可夫模型 $\lambda=(A,B,\pi)$ 的参数由最大似然估计(maximum-likelihood estimation,ML)中标准的 Baum-Welch(简称 B-W)算法确定,A 是状态转移概率,B 是输出概率,π 是初始状态分布。以程序正常运行时产生的系统调用序列作为训练数据并构成输入序列 O,以训练数据中涵盖的系统调用类别总数作为模型状态数量 N,随机给定初始模型 $\lambda=(A,B,\pi)$。通过不断地重估参数,调整转移概率和输出概率,直到概率 $P(O|\lambda)$ 局部最大。训练结束后,得到的 $\lambda=(A,B,\pi)$ 即表征程序正常行为模式的隐马尔可夫模型。在实际检测中,通常首先用长度为 k 的滑动窗口对某程序产生的待检系统调用序列进行分割,滑动窗口每次向后移动一位,然后对每个短序列计算其输出概率,与给定的阈值进行比较,并最终借此判断是否存在入侵行为发生。

Kayacik 等[4]提出了基于自组织映射(self organizing mapping,SOM)算法的入侵检测方法,该方法首先对训练数据进行预处理,以程序正常运行时产生的系统调用序列作为训练数据,统计其中每个系统调用类别的使用频率。将统计结果向量构成输入样本 x,然后随机初始化神经元权值向量 w_i,给定迭代次数 T 并开始训练。训练结束后,计算获胜神经元与其对应的每个训练向量之间的距离,将上述距离的平均值及标准差分别记为 μ 和 σ,即可基于 $(\mu+\sigma)$ 设定阈值,构建出程序的正常行为模型。对于给定的待检程序,使用相似的数据预处理方法,将其产生的系统调用序列转换为系统调用使用频率向量,然后计算该向量与每个神经元之间的距离。如果该程序的获胜神经元无法归入训练样本的获胜神经元集合,则直接断定该程序出现异常。反之,计算该程序与其获胜神经元之间的距离,如果小于阈值 $(\mu+\sigma)$,断定该程序为正常,否则为异常。

基于系统调用的入侵检测技术以 Forrest 等开创性的时延嵌入序列算法为起

点,至今已取得了长足进展并逐渐成为入侵检测领域的重点研究对象。众多算法,如基于系统调用转移特性的 RIPPER 分类数据挖掘算法[5]、TEIRESIAS 组合模式发现算法[6]、众马尔可夫模型算法[7-9]等,以及基于系统调用频率特性的信息理论度量算法[10,11]、最近邻分类算法[12]、支持向量机算法[13,14]、神经网络算法[15]等,均具备一定的检测能力,但同时也存在以下问题亟待解决:

(1) 入侵检测效果。目前,检测率偏低而误报率居高不下,是基于系统调用的入侵检测乃至整个入侵检测领域面临的普遍境况。在某种程度上,入侵检测效果可以由检测算法及其利用的数据特性之间的契合程度体现。通常,系统调用的转移特性能够刻画序列的时序关系,有利于提高检测精度;而系统调用的频率特性能够考察序列的分布情况,有利于进行全局把握。对系统调用特性的深入分析并加以利用是提高入侵检测效果的关键。

(2) 数据依赖程度。各种复杂数学模型的引入,致使目前绝大部分基于系统调用的入侵检测算法均采用离线训练的方式构建程序正常行为模式库,从而达到在线检测的目的。此类算法均遵从一个预设的前提:离线训练所需的数据必须是充足而完备的,由此保证对程序正常行为的精准刻画。而在实际情况下,由于各种现实因素的制约,上述前提往往无法得以充分满足。此外,过度依赖训练数据的弊端易于产生连锁反应,一旦训练数据缺失,必将对入侵检测效果造成严重影响。

(3) 实时监控能力。程序运行时往往在短时内即可产生规模庞大的系统调用数据量。例如,Forrest 等在监控 sendmail 特权进程的实验中,仅收发 112 条邮件,获取的系统调用超过 150 万条。因此,海量数据处理性能是实时监控能力的直接体现。设计优良的入侵检测算法应当能够在入侵行为尚未造成严重后果之前,及时对其进行捕获,并采取积极的防卫措施保障系统安全。然而,以隐马尔可夫模型算法为例,在具备一定训练数据量的情况下,其训练阶段耗时通常以天为单位,显然无法满足实时入侵检测的需求。

(4) 资源耗用情况。由于数据采集模块运行效率偏低、数据规模相对庞大、训练及检测过程趋于复杂化等诸多影响,基于系统调用的入侵检测系统通常需要耗用大量的系统资源,对系统本身造成严重负担,与其设计初衷相背离。

本章针对实际检测中可能存在的由于离线数据量不足等而导致的特征模式集不够完备,不足以精确刻画程序行为的情况,引入频繁子图挖掘技术,提出了一种基于频繁子图挖掘的异常入侵检测新方法。实验证明,本章方法获取的衍生特征模式能够有效地扩充特征模式集规模,提高对程序行为刻画的准确度,从而提高实际检测效果,并减少离线学习过程对训练数据量的依赖性。其中,入侵检测系统模型综合考虑异常入侵检测技术与误用入侵检测技术,旨在提高频发性异常行为的检测效率;正常行为建模算法与异常行为检测算法以程序行为特性研究为基础,将系统调用与频繁子图挖掘进行有机结合,能够为基于系统调用的入侵检测研究提供有益的参考。

15.3　基本思想及检测模型

为了使行为异常检测系统愈趋完善,将数据挖掘技术引入异常检测系统中是一个重要趋势。数据挖掘技术能够从大量数据中抽取出研究人员感兴趣的知识和规律,同时又摒弃了专家系统和统计方法所固有的缺点——对经验的过分依赖。

与其他数据结构相比,图能够表达更加丰富的语义,且图论作为数学领域的一个重要分支,具有较长的研究历史及成熟完备的理论支持。因此,基于图的数据挖掘技术成为近期兴起的热点研究领域,并迅速被广泛应用于生物、化学等领域。它主要用于挖掘图数据的规律,其中一个重要研究方向就是图的子结构挖掘。本章将频繁子图挖掘理论与系统调用序列分析相结合,构建了基于频繁子图挖掘的软件异常行为检测模型,如图 15.1 所示。

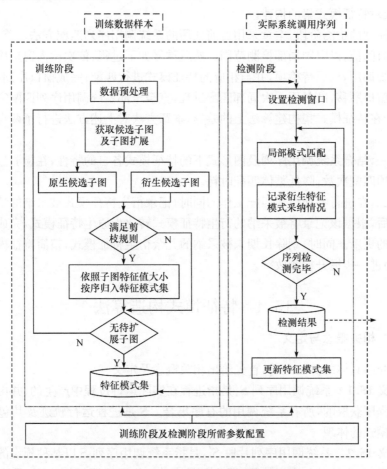

图 15.1　基于频繁子图挖掘的异常入侵检测模型

　　检测模型分为两个阶段:训练阶段和检测阶段。训练阶段用于完成特征模式集的构建;而检测阶段用于完成系统调用序列的匹配及特征模式集的更新。模型的参数配置部分用于设定训练及检测阶段中相关算法所需的各种阈值。

　　模型由训练阶段的数据预处理工作开始,将训练数据样本中的系统调用序列转换为有向图结构,从而使各系统调用之间的关系,无论是序列中既有的(局部性的)或是序列中原本不存在的(全局性的)都能在图中得以结构化地体现。再通过子图挖掘技术,则可以发掘出具有代表性的候选子图结构。其中,一部分候选子图与传统方法中获取的系统调用短序列相对应,称为原生候选子图。原生候选子图体现了局部性的系统调用关系,能够刻画当前系统调用序列的特定行为模式;而另一部分则以当前系统调用序列为基础,由图结构衍生而来,称为衍生候选子图。衍生候选子图体现了全局性的系统调用关系,具备检测未知程序行为的价值和能力。最后,对所有的候选子图结构进行重复性的剪枝及再扩展工作,经过合理地取舍之后,完成对特征模式集的构建。

　　在模型的检测阶段,本章采用目前惯用的系统调用序列匹配方法。首先,设置检测窗口阈值,以限制局部检测范围。然后重复如下过程:依次读入窗口序列中的单体系统调用,构成待检项,并与相应的特征模式进行匹配;完成窗口序列的匹配,将检测窗口顺移,准备下一次局部匹配过程,直至全部系统调用序列匹配完毕。同时,由于在特征模式集构建算法上的差异,本章方法对上述方法进行了两点改进及延展:

　　第一,结合系统调用序列及图形式下的特征模式各自的特性,在检测过程中减少待检项匹配次数,降低整体匹配时耗。

　　第二,在进行特征模式匹配工作的同时,记录衍生特征模式被采纳的情况。检测结束后,根据该记录将被采纳的衍生特征模式转化为原生特征模式,完成对特征模式集的更新。同时,剔除长期未被采纳的冗余衍生特征模式,精简特征模式集规模,从而进一步提升检测效率。

15.4　特征模式构造算法

15.4.1　相关概念与定义

　　在介绍具体的算法之前,首先给出相关概念及定义。

　　定义 15.1　系统调用序列 S,是指进程在实际运行过程中产生的、并由系统调用捕捉程序获取的,所有系统调用的有序集合。S 是进程运行轨迹及其包含的所有行为模式的体现。

　　定义 15.2　系统调用序列片段 S',是指系统调用序列 S 以某种预设的形式进行划分后,其中的某一序列片段,即 $S' \subseteq S$。S' 又称系统调用短序列,是进程运行轨迹中某一特定行为模式的体现。

定义 15.3　系统调用总图 G,是指系统调用序列 S 经数据预处理后产生的有向图。G 为一个三元组,即 $G=\langle V,E,W\rangle$。其中:

(1) V 为系统调用总图 G 中非空有穷节点集,$V=\{\text{label}^i\}$,label^i 为相应系统调用的标号,$i\in\{1,2,\cdots,n\}$。V 中元素与系统调用一一对应。

(2) E 为系统调用总图 G 中有向边集,$E=\{e_{\text{label}^i},\text{label}^j\}$,$e_{\text{label}^i}$、$\text{label}^j$ 为节点 label^i 到节点 label^j 的边,$i,j\in\{1,2,\cdots,n\}$。E 中元素与系统调用序列 S 中相邻系统调用对的先后关系一一对应。

(3) W 为系统调用总图 G 中有向边权值集,$W=\{w_{\text{label}^i},\text{label}^j\}$,$w_{\text{label}^i}$、$\text{label}^j$ 为对应边 e_{label^i}、label^j 的权值,代表系统调用 $\text{label}^i\rightarrow\text{label}^j$ 在系统调用序列 S 中出现的次数,$i,j\in\{1,2,\cdots,n\}$。W 中元素与 E 中相应边一一对应。

定义 15.4　子图特征值 C,是指与该子图相对应的系统调用序列片段 S' 所反映出的进程运行时的正常程度。C 值越大,说明该子图部分越趋于表征一个正常的进程行为;否则,说明该子图越趋于表征一个异常的进程行为。

定义 15.5　候选子图 G^S,是指在特征模式抽取过程中产生的任意连通子图。G^S 为一个四元组,即 $G^S=\langle V,E,W,C\rangle$。其中,$V$、$E$、$W$ 的含义与系统调用总图 G 中相应定义相同;C 为候选子图 G^S 的特征值。

定义 15.6　原生特征模式 G^N,是指与系统调用序列 S 中原本存在的、具有系统调用序列 S 局部特性的某种调用关系相对应的,并以图结构形式表征的特征模式。G^N 可以与系统调用序列 S 中的某一序列片段 S' 相互转化,即 $G^N\sqsubseteq G$。

定义 15.7　衍生特征模式 G^D,是指以系统调用序列 S 在转化为图结构后所展现出的全局特性为基础,通过子图挖掘过程衍生出来的,并以图结构形式表征的特征模式。G^D 不与系统调用序列 S 中任何一种调用关系相对应,即 $G^D\not\sqsubseteq G$。

定义 15.8　可序列化子图 G^{Seqable},是指在特征模式抽取过程中产生的边可遍历子图。可序列化子图与系统调用序列间可以相互转换。

定义 15.9　不可序列化子图 $G^{\text{UnSeqable}}$,是指在特征模式抽取过程中产生的边不可遍历子图。不可序列化子图与系统调用序列间不可以相互转换,是子图挖掘结果中无意义、无价值的衍生产物,故不能归入最终的特征模式集,需要对其进行剪枝。

图 15.2 所示子图均为不可序列化子图。

15.4.2　数据预处理

数据预处理过程首先将各个单体系统调用以某种特定形式符号化,然后按照进程实际运行时产生的系统调用的先后顺序,将其转换成有向图。以 Linux 系统下 Sendmail 邮件服务器各进程的统一启动流程为例,经过数据预处理过程后,转

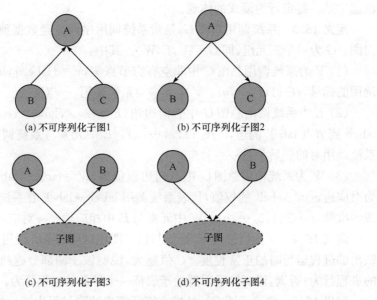

(a) 不可序列化子图1   (b) 不可序列化子图2

(c) 不可序列化子图3   (d) 不可序列化子图4

图 15.2   不可序列化图

化结果如图 15.3 所示。

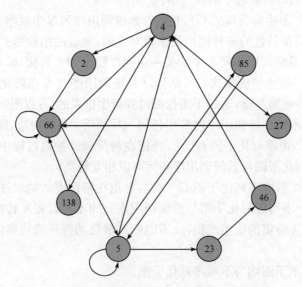

图 15.3   经数据预处理得到的有向图结构

图中每个节点代表一个系统调用,节点标签与该系统调用所预设的符号相对应,节点间的有向连线则体现了各个系统调用间的先后顺序。

15.4.3　子图特征值设定

在本节中,子图特征值具有两个主要作用:

(1) 在特征模式集构造算法的子图挖掘与剪枝工作中,用于辅助判断衍生候选子图的衍生价值,即其所表征的程序行为的正常程度,最终决定将其舍弃还是保留并参与再衍生过程。

(2) 在实际系统调用序列检测过程的特征模式匹配工作中,用于辅助判断特征模式的选取。特征模式集中的各元素以特征值由高到低的顺序排列,因此特征值较高的特征模式相应地具有较高的匹配权。

因此,尽管子图特征值不直接作为判断进程行为正常与否的标准,但定义良好的子图特征值设定能够在保证所获取的衍生特征模式尽量与原系统调用序列相贴近的情况下,具有更高的衍生价值。同时,也对检测过程中的误报、漏报情况具有良性的影响。

根据多次实验及结果分析,采用如下子图特征值设定:

$$C(G^S) = \text{Size}(V(G^S))\min(W(G^S))$$

式中,G^S 为待评估候选子图;$C(G^S)$ 为 G^S 的子图特征值;$V(G^S)$ 为 G^S 的非空有穷节点集;$\text{Size}(V(G^S))$ 为 G^S 的节点集 $V(G^S)$ 中的节点个数,$\text{Size}(V(G^S)) \geqslant 1$;$W(G^S)$ 为 G^S 的有向边权值集;$\min(W(G^S))$ 为 G^S 的有向边权值集 $W(G^S)$ 中的最小权值,$\min(W(G^S)) \geqslant 1$。

依照上述设定,对于节点数目较少的候选子图,仅当该子图所对应的系统调用短序列在训练样本数据中频繁出现时,才会具有较高的子图特征值;对于与出现频度较低的系统调用短序列相对应的候选子图,即使其节点数目较多,依然会具有相应较低的子图特征值;而节点数目较小,且相应出现频度又较低的候选子图,则倾向于表征一种非惯用的或者程序运行时偶然发生错误的程序行为。该设定能够依照系统调用序列自身的不同情况,自动衡量特征模式长度的取舍,从而减小因特征模式过长或过短而引发的对检测结果误报率及漏报率的负面影响。同时,也为衍生特征模式的提取提供了良好的衍生基础。

15.4.4　子图扩展与剪枝

对于待扩展的候选子图 G^S,采用如下两种不同的扩展方法。

方法 1:每次扩展添加一个节点 label^i,以及该节点所有的相应边 e_{label^j}、label^i,其中:

$\text{label}^j \in V(G^S)$;$\text{label}^i \in (V(G) - V(G^S))$;$e_{\text{label}^j}$,$\text{label}^i \in (E(G) - E(G^S))$

方法 2:每次扩展仅仅添加一条边 e_{label^i}、label^j,其中:

e_{label^i},$\text{label}^j \in (E(G) - E(G^S))$;$\text{label}^i$,$\text{label}^j \in V(G^S)$

目前,无论采取何种子图挖掘算法,都可能会产生冗余候选子图。如果置之不理,将导致每层子图扩展所需处理的数据量以指数级递增,严重影响挖掘效率。此外,扩展过程中产生的某些衍生候选子图具有较低的子图特征值,代表了一种非惯用甚至可能为异常的程序行为。这些候选子图的引入等于为后续的扩展过程增加了噪声,势必会影响离线学习及实际检测结果的准确率。因此,必须对生成的候选子图进行合理而有效的剪枝。本章方法综合考虑有向图结构自身特性与系统调用检测需求,主要采用如下剪枝规则。

规则 1:为特征模式集构造算法设定各种限制性阈值,其中:

(1) 阈值 BeamWidth:用于设定每层子图扩展所需处理的候选子图数量上限。在扩展过程中,如果候选子图数量达到该扩展域宽上限,则对所有的候选子图依照特征值留大弃小的原则进行取舍。

(2) 阈值 MaxSubSize:用于设定候选子图节点数目上限,即应满足 Size$(V(G^S)) \leqslant$ MaxSubSize。

(3) 阈值 MinSubSize:用于设定候选子图节点数目下限,即应满足 Size$(V(G^S)) \geqslant$ MinSubSize。

(4) 阈值 MinChValue:用于设定候选子图特征值下限,即应满足 $C(G^S) \geqslant$ MinChValue。如果当前候选子图的特征值低于该下限,表明该子图不具备足够的衍生价值,不能参与下一层的衍生过程。

(5) 阈值 MaxBest:用于设定特征模式集规模上限,一旦超过该上限,取舍原则同阈值 BeamWidth 中的设定。

(6) 阈值 LoopLimit:用于限制子图扩展层数。

规则 2:忽略子图扩展过程中产生的所有不可序列化子图 $G^{\text{UnSeqable}}$。

规则 3:在进行子图扩展时,只考虑待扩展节点的出边,忽略其入边。

15.4.5　PatternsMining 算法实现

目前,频繁子图挖掘领域中已经存在诸多高效的算法,但由于应用的对象及问题背景的不同,这些算法的实际效果也具有极大的差异。Cook 等[16]提出了一种通用的频繁子图挖掘算法——Subdue 算法。随后,Padmanabhan 等[17]针对 Subdue 算法中数据处理规模的可控性进行了有效的扩展。本章方法以此为基础,设计出适用于基于系统调用序列的异常行为检测的特征子图挖掘算法——PatternsMining 算法。

PatternsMining 算法以符合阈值 MinSubSize 限定的所有候选子图的集合作为特征模式挖掘的起点,对初始候选子图集进行逐层扩展、剪枝及衍生操作,并将获取的特征模式划分为原生特征模式和衍生特征模式两种。原生特征模式用于完成对当前系统调用序列中程序行为的准确刻画;而衍生特征模式则用于完成对特征模式集的扩充,减小离线训练过程对训练数据量的过分依赖。具体算法描述如图 15.4 所示。

算法: PatternsMining //基于频繁子图挖掘及系统调用序列的特征模式集构造算法

输入:
- 系统调用总图 G
- 扩展域宽阈值 BeamWidth
- 模式节点数目阈值 MaxSubSize, MinSubSize
- 子图特征值阈值 MinChValue
- 模式集规模阈值 MaxSubs
- 子图扩展次数阈值 LoopLimit

输出:
- 特征模式集 PatternList

方法:

通过数据预处理过程,将系统调用序列 S 转换为系统调用总图 G;

调用　PatternsMining(G, BeamWidth, MaxSubSize, MinSubSize, MinChValue, MaxSubs, LoopLimit);

procedure PatternsMining(G, BeamWidth, MaxSubSize, MinSubSize, MinChValue, MaxSubs, LoopLimit);

(1)　　ParentList ← ∅;　　　　　　//ParentList 为待扩展候选子图链表
(2)　　ChildList ← ∅;　　　　　　//ChildList 为扩展候选子图链表
(3)　　PatternList ← ∅;　　　　　//PatternList 为特征模式集链表
(4)　　LoopsNumber ← 0;　　　　//LoopsNumber 为扩展次数变量
(5)　　获取所有长度以阈值 MinsubSize 限定的原生候选子图,并以此完成对 ParentList 的初始化;
(6)　　**repeat**
(7)　将 Parent 子图结构依照特征值降序插入到 PatternList 中;
(8)　**if** PatternList 中特征模式数目超出阈值 MaxBest 的限定 **then**
(9)　　移除 PatternList 末尾的特征模式;
(10)　　**repeat**
(11)　移除 ParentList 头部的候选子图,并将其保存为 Parent 子图结构;
(12)　依照本书中的子图扩展方法,以各种可能的形式对 Parent 进行扩展,并将结果保存为 Children 子图结构;
(13)　**foreach** Child **do**
(14)　**if** Child 的节点数满足阈值 MaxSubSize 限定 **then**
(15)　　**if** Child 为衍生候选子图 **then**
(16)　　　依照本书中的子图剪枝规则,对 Child 进行取舍;
(17)　　　计算 Child 的子图特征值,并将其依照特征值降序插入 ChildList 中;
(18)　　**if** ChildList 中子图数目超出阈值 BeamWidth 限定 **then**
(19)　　　移除 ChildList 末尾的候选子图;
(20)　　**until** ParentList 为空;
(21)　将 ParentList 和 ChildList 中内容进行互换;
(22)　　**until** LoopsNumber 超出阈值 LoopLimit 限定 **or** ParentList 为空;
(23)　　**return** PatternList;

图 15.4　特征模式集构造算法

PatternsMining 算法本质上属于贪心算法。外层循环用于扩展候选子图集层次,内层循环则用于挖掘当前层次中局部最优子结构,最终得到整体近似最优解。结合子图剪枝规则,PatternsMining 算法具有线性时间复杂度。

采用的系统调用序列匹配算法与目前惯用的检测手段差异不大,且其基本思想及特征模式集更新过程已在 15.3 节中予以了较为详尽的介绍,故在此均不再赘述。

相对于传统的异常入侵检测模型构建方法,本书中提出的方法主要具有如下特色。

1) 较强的特征模式衍生能力

图结构丰富的语义表达能力决定了其强大的特征模式衍生能力。将系统调用序列转化为有向图结构后,序列形式下无法展现的全局性调用关系得以结构化地展现,为特征模式的衍生奠定了基础。

例如,假设在某训练数据样本中存在两个序列片段,分别如图 15.5(a)和(b)所示。其中,A、B、C 分别为相应系统调用的标号,且系统调用序列中不存在Ⓐ→Ⓑ→Ⓒ的调用关系。将系统调用序列转化为有向图结构后,系统调用关系Ⓐ→Ⓑ和Ⓑ→Ⓒ不再作为进程的局部行为孤立存在,而是融成一个整体(图 15.5(c)),从而衍生出新的系统调用关系Ⓐ→Ⓑ→Ⓒ。本书中的方法正是利用这一特性,结合子图剪枝规则,实现对特征模式集的大幅且有效的扩充,从而减小离线学习过程对训练数据量的依赖性。

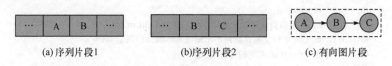

(a)序列片段1　　　　　(b)序列片段2　　　　　(c)有向图片段

图 15.5　系统调用序列模式

2) 快速的特征模式匹配能力

通过对系统调用序列的研究发现,经入侵的系统调用序列具有以下特征。

特征 1:正常行为仍构成系统调用序列的绝大部分成分;异常行为往往"体积"较小,且较为"孤立",零散地分布在系统调用序列中。

特征 2:在正常行为当中,各种特定行为模式的自身、交叉、嵌套循环往往占据相当一部分比例,平均约为系统调用序列的 40% 以上。

由特征 1 可知,如何快速"跳"过正常行为部分,直接定位到异常行为部分,是提高特征模式匹配速度的关键;而特征 2 则为上述目标提供了一条行之有效的途径。在本节所描述的方法中,特征 2 中提及的各种循环将以图 15.6 所示的形式得以展现。

其中,实线箭头连接所有参与循环的系统调用,表示一个基本循环;虚线箭头表示基本循环中可能存在的各种自身、交叉或嵌套循环。

　　在实际检测中,算法在转向下一个待检项之前,首先检查后续节点是否包含在当前特征模式子图中,借此完成对整个循环序列的匹配。由于不必像传统方法那样产生一个待检项,则查找一次特征模式集,且特征模式子图中节点数目远远小于特征模式集规模,可以有效地提高实际检测速度。

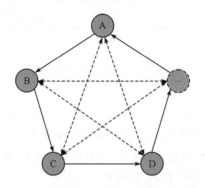

图 15.6　图结构中的各种循环调用关系

3) 简洁的特征模式表达能力

　　以图形式表征的特征模式具有简洁而完整的表达能力。考虑系统调用关系Ⓐ→Ⓑ→Ⓓ→Ⓐ及Ⓐ→Ⓒ→Ⓓ→Ⓐ,假设原系统调用中存在两者自身的循环调用或交叉循环调用(如前文所述,各种循环调用情况往往在系统调用序列中占据很大比例)。以传统的定长特征模式获取方法为例,如果将模式长度取值为 3,则两种关系将分别产生三个特征模式;而将节点数取值为 3 的子图结构则仅分别对应于 1 个特征模式,且如果在特征模式挖掘过程中采纳如图 15.7 所示的衍化结果,相应特征模式的表达能力则得到进一步的提升。

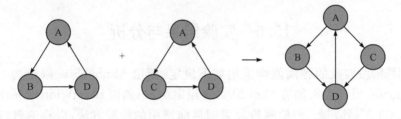

图 15.7　特征模式表达能力提升

　　不难发现,图结构形式下的特征模式所具备的匹配能力和表达能力均以其衍生能力为基础。将在 15.6 节验证衍生能力这一特性的实际效果。表 15.1 给出本书方法与传统的定长模式、变长模式方法之间的简要对比与总结。

表 15.1　本书方法与传统方法间的对比总结

检测方法	衍生模式	模式长度	序列匹配	匹配速度
传统定长模式	无	定长	定长匹配	较快
传统变长模式	无	变长	固定变长匹配	快
本书方法	有	变长	灵活变长匹配	较快

15.5　实验数据描述

本书采用 Sendmail 守护进程分别在正常运行及遭受入侵情况下所产生的各种系统调用序列作为实验数据集。该数据集由美国新墨西哥大学(UNM)计算机科学实验室[18]采集而来,目前已被广泛应用于基于系统调用序列的行为异常检测研究当中。该数据集描述如表 15.2 所示。

表 15.2　实验数据描述

数据类型	数据名称	系统调用数	进程数
正常测试数据	bounce 系列	1850	11
	plus	98180	26
	queue	96330	12
	sendmail daemon	1571583	147
	sendmail log	31821	147
异常测试数据	decode 系列	3067	12
	fwd-loops 系列	2569	10
	sscp 系列	1119	3

15.6　实验结果与分析

训练阶段涉及的各阈值均采用如下设定:阈值 MinSubSize 限定为 5;阈值 MaxSubSize 限定为 8;阈值 MinChValue 限定为 60;阈值 BeamWidth、MaxBest 及 LoopLimit 不做限制。而检测阶段采用目前惯用的检测方法,以检测窗口(window size)大小取值为 20 时的局部序列匹配率作为最终的检测结果。

实验 1　取 bounce 系列样本作为训练数据;取 plus 样本作为被检数据,为了便于对比,将其按序列长度平均划分为 10 段,用于验证衍生特征模式的衍生价值,即其对正常被检数据误报率的影响。限定检测窗口的局部匹配结果如图 15.8 所示,未限定检测窗口的全局匹配结果如表 15.3 所示。

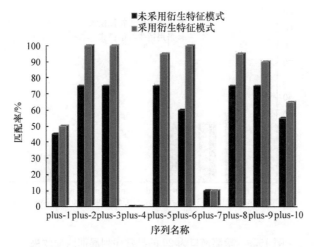

图 15.8　检测窗口为 20 的正常序列局部匹配结果

表 15.3　未限定检测窗口的正常序列全局匹配结果　　　　　（单位：%）

序列文档	匹配率		匹配率增幅
	采用衍生特征模式	未采用衍生特征模式	
plus-1	99.64	90.43	9.21
plus-2	100.00	87.29	12.71
plus-3	100.00	87.30	12.70
plus-4	97.89	86.24	11.65
plus-5	99.99	87.29	12.70
plus-6	100.00	87.28	12.72
plus-7	98.28	86.45	11.83
plus-8	99.99	87.25	12.74
plus-9	99.98	87.28	12.70
plus-10	99.71	87.18	12.53

　　结果分析：在衍生特性所必需的单体系统调用数目完备的情况下，无论对于限定检测窗口的局部匹配，还是对于未限定检测窗口的全局匹配，采用衍生特征模式都能够较大幅度地提高正常系统调用序列的匹配率，相应地，降低了正常系统调用序列被误报的可能。

　　实验 2　取 sendmail 特权进程所有正常数据样本的约 20% 作为训练数据，用于产生较大规模的特征模式集；取所有异常数据样本作为被检数据，用于验证在较大特征模式集规模的情况下，其中的衍生特征模式是否具有负面作用，即其对异常被检数据漏报率的影响。限定检测窗口的局部匹配结果如图 15.9 所示。

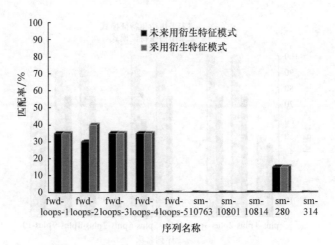

图 15.9　检测窗口为 20 的异常序列局部匹配效果

　　结果分析：在采用衍生特征模式的情况下，异常数据样本 fwd-loops-2 的匹配率有所提升，但远未超出异常序列匹配阈值；而其他异常数据样本的匹配率均未发生变化。结合实验 1 可知，衍生特征模式能够保证在较大幅度降低正常系统调用序列误报率的情况下，不会对异常系统调用序列的漏报率产生显著影响。

　　实验 3　取 bounce 系列样本作为训练数据，用来模拟训练数据不足的情况，并记录特征模式集中不同特征模式的原始比例；取 plus 样本作为被检数据，用于模拟实际检测中，衍生特征模式被采纳及转化情况。衍生特征模式被采纳情况如图 15.10 所示，不同特征模式原始比例及转化情况如表 15.4 所示。

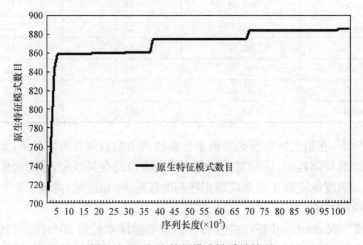

图 15.10　衍生特征模式被采纳情况

表 15.4　不同特征模式原始比重及转化情况

特征模式类型	转化前数目	所占比例/%	转化后数目	转化幅度/%
原生特征模式	714	42.45	886	+24.09
衍生特征模式	968	57.55	796	−17.56

结果分析:通过本书方法获取的特征模式集中,衍生特征模式占据较大比例。结合实验 1 可知,当训练数据不足时,衍生特征模式能够对特征模式集进行显著而有效的扩充,减小离线学习过程对训练数据量的依赖。且图 15.10 中的转化曲线并没有在达到一定的序列长度后趋于稳定,而是处于一种持续上升的状态,即随着更多被检序列的加入,表 15.4 中的转化幅度必将相应提升。

15.7　本 章 小 结

随着网络安全态势的日益严峻,入侵检测技术在网络安全领域的重要性日益凸显。构建基于系统调用的入侵检测系统的重要前提是对程序行为特性的深刻理解,以及对程序行为特性的合理利用。本章用软件的系统调用序列构造频繁子图,通过数据挖掘的方法建立频繁子图与恶意软件的入侵行为之间的联系,提出了入侵行为检测的 PatternsMining 算法,详细介绍了使用该算法构造的检测模型,重点说明了算法中的概念和定义、数据预处理过程、子图特征值的设定以及子图扩展与剪枝的方法。在软件仿真平台上,分析了 PatternsMining 算法采用长度限定和未限定的两类检测窗口对异常行为序列的检测结果,通过局部和全局匹配实验结果可以得出结论:衍生特征模式能够保证在较大幅度降低正常系统调用序列误报率的情况下,不会对异常系统调用序列的漏报率产生显著影响。

虽然各种技术在异常行为异常检测系统中得到了广泛的应用,但将频繁子图挖掘理论与系统调用序列相结合的研究却尚未见诸报道。本章构建的基于频繁子图挖掘的异常行为检测模型能够挖掘出原始系统调用序列中隐藏的全局性的系统调用关系,因而,提取的特征模式集更精准而完备,也更具合理性。其中的衍生特征模式能够对特征模式集进行大幅且富有成效的扩充,使离线学习过程较大限度地摆脱对训练数据量的依赖。同时,经扩充的特征模式集具备识别未知程序行为的能力,能够有效降低检测结果的误报率。此外,快速的特征模式匹配能力及简洁的特征模式表达能力也是该方法的显著特色。

作为入侵检测领域的重要分支之一,基于系统调用的入侵检测技术所涵盖的内容十分广泛。因此,本章的工作相对十分有限,尚存在众多问题亟须在后续工作当中加以解决及改进,其中主要包括:

　　（1）程序行为特性是基于系统调用的入侵检测算法设计的基础,本章仅从程序正常行为粒度、异常行为粒度、入侵行为分布及局部引用原理四个方面考察程序行为特性,同时受限于时延嵌入序列算法自身的局限性,对程序行为特性的研究有待扩展与加深。

　　（2）本章方法中的正常行为建模算法与异常行为检测算法仅以系统调用数字序列作为入侵检测的数据源,忽略了系统调用参数的影响,因而可能导致部分程序行为描述信息的丢失。

　　（3）算法中涉及的部分阈值在设定上过度依赖于主观经验,缺乏必要的理论支撑。

参 考 文 献

[1] Forrest S, Hofmeyr S A, Somayaji A, et al. A sense of self for Unix processes. Proceedings of the 1996 IEEE Symposium on Research in Security and Privacy, 1996: 120-128.

[2] Hofmeyr S A, Somayaji A, Forrest S. Intrusion detection using sequences of system calls. Journal of Computer Security, 1998, 6(3): 151-180.

[3] Tian X G, Duan M Y, Sun C L. Intrusion detection based on system calls and homogeneous Markov chains. Journal of Systems Engineering and Electronics, 2008, 19(3): 598-605.

[4] Kayacik H G, Heywood M. On the capability of an SOM based intrusion detection system. Proceedings of the International Joint Conference on Neural Networks, 2003, 3: 1808-1813.

[5] Lee W, Stolfo S. A framework for constructing features and models for intrusion detection systems. ACM Transactions on Information and System Security, 2000, 3(4): 227-261.

[6] Wespi A, Dacier M, Debar H. Intrusion detection using variable length audit trail patterns. Proceedings of the Third International Workshop on the Recent Advances in Intrusion Detection(RAID 2000), LNCS, 2000: 110-129.

[7] Zeng F P, Yin K T, Chen M H. A new anomaly detection method based on rough set reduction and HMM. Proceedings of the 8th IEEE/ACIS International Conference on Computer and Information Science, 2009: 285-289.

[8] Joshi S, Phoha V V. Investigating hidden Markov model for anomaly detection. Proceedings of the 43rd ACM Annual Southeast Regional Conference, 2005: 98-103.

[9] Tan X B, Xi H S. Hidden semi-Markov model for anomaly detection. Applied Mathematics and Computation, 2008, 205(2): 562-567.

[10] Lee W, Xiang D. Information-theoretic measures for anomaly detection. Proceedings of the 2001 IEEE Symposium on Security and Privacy, 2001: 130-143.

[11] Yeung D Y, Ding Y. Host-based intrusion detection using dynamic and static behavioral modes. Pattern Recognition, 2008, 36(1): 229-243.

[12] Liao Y H, Vemuri V R. Use of K-nearest neighbor classifier for intrusion detection. Computer & Security, 2009, 21(5): 439-448.

[13] Yu Z W,Tsai J J P,Weiqert T. An automatically tuning intrusion detection system. IEEE Transactions on Systems,Man,and Cybernetics-Part B:Cybernetics,2007,37(2):373-384.

[14] Lemos R D,Timmis J,Ayara M. Immune-inspired adaptable error detection for automated teller machines. IEEE Transactions on Systems,Man,and Cybernetics-Part C:Application and Reviews,2007,37(5):873-886.

[15] Han S J,Cho S B. Evolutionary neural networks for anomaly detection basedon the behavior of a program. IEEE Transactions on Systems,Man,and Cybernetics-Part B:Cybernetics, 2006,36(3):559-570.

[16] Ketkar N S,Holder L B,Cook D J. Subdue:Compression-based frequent pattern discovery in graph data. Proceedings of the 1st International Workshop on Open Source Data Mining: Frequent Pattern Mining Implementations,2005:71-76.

[17] Padmanabhan S,Chakravarthy S. HDB-subdue:A scalable approach to graph mining. Proceedings of the 11th International Conference on Data Warehousing and Knowledge Discovery,2009:325-338.

[18] System Call Data Sets from the Computer Science Department of UNM. http://www. cs. unm. edu/~immsec/data[1998-2-10].